临沂市水资源调查评价

临　沂　市　水　利　局
临　沂　市　水　文　局　　编著
山东省临沂市水利勘测设计院

黄河水利出版社
·郑　州·

内 容 提 要

本书是第三次临沂市水资源调查评价总结，依据地表水资源及水资源总量、地下水资源、水资源质量、水资源开发利用、水生态调查评价五个专题研究成果，对临沂市降水、径流、蒸发、地下水、水质、可利用量、水生态等进行了全面分析评价。本书主要内容包括区域概况与分区、水资源数量、水资源质量、水资源开发利用、水生态调查评价、水资源综合评价等。

本书可供从事水资源规划、国民经济相关行业发展规划等工作的技术人员以及高等院校相关专业师生阅读参考。

图书在版编目（CIP）数据

临沂市水资源调查评价 / 临沂市水利局，临沂市水文局，山东省临沂市水利勘测设计院编著 . —郑州：黄河水利出版社，2021.9

ISBN 978-7-5509-3112-1

Ⅰ . ①临… Ⅱ . ①临… ②临… ③山… Ⅲ . ①水资源—资源调查—临沂②水资源—资源评价—临沂 Ⅳ . ① TV211.1

中国版本图书馆 CIP 数据核字（2021）第 201193 号

组稿编辑：王路平　电话：0371-66022212　E-mail：hhslwlp@126.com

出 版 社：黄河水利出版社　网址：www.yrcp.com

地址：河南省郑州市顺河路黄委会综合楼 14 层　邮政编码：450003

发行单位：黄河水利出版社

发行部电话：0371－66026940、66020550、66028024、66022620(传真)

E-mail：hhslcbs@126.com

承印单位：山东水文印务有限公司

开本：787 mm × 1 092 mm　1/16

印张：16.25

字数：375 千字

版次：2021 年 9 月第 1 版　印次：2021 年 9 月第 1 次印刷

定价：136.00 元

临沂市水资源调查评价
项目组工作分工

一、领导小组

组　　　长：丰绍明

副　组　长：高正鹏　孙廷玺　胡遵福

成　　　员：胡　娜　崔恩贵　陈鸿飞　张俊敬

二、总报告

审　　　定：丰绍明

审　　　核：孙廷玺　胡遵福

项目负责人：崔恩贵　周玉华

技术负责人：高正鹏　朱连发　崔海滨　张俊敬

报告编写人：崔海滨　张聿超　张　磊　郭小东　邵秀丽　董西芳

三、专题工作组

1. 地表水资源及水资源总量评价工作组

专题技术负责人：崔海滨　郭小东

主要参加人员：王宝彩　王庆红　类　潇　秦福惠　杜　静　段伟华

2. 地下水资源评价工作组

专题技术负责人：张聿超　周　亮　王　凯

主要参加人员：李　蔚　杨慧玲　韩玉冬

3. 水资源质量评价工作组

专题技术负责人：张　磊　王　慧　刘永华

主要参加人员：赵光武　高　磊　李　佩　郭　超　宋宜彤

4. 水资源开发利用工作组

专题技术负责人：邵秀丽　曹振勇

主要参加人员：徐洪彪　许少杰　张桂富

5. 水生态工作组

专题技术负责人：董西芳　李　蔚

主要参加人员：秦福惠　张世功　蒋有雷　丁荣浩

第三次临沂市水资源调查评价报告评审意见

2020 年 7 月 25 日，临沂市水利局在临沂主持召开了《第三次临沂市水资源调查评价报告》（以下简称《报告》）评审会，会议成立了专家组（名单附后）。与会专家和代表听取了报告编制单位临沂市水文局、临沂市水利勘测设计院的汇报，经质询与讨论，形成评审意见如下：

一、根据山东省水利厅、山东省发展和改革委员会统一部署，临沂市水利局组织开展了第三次临沂市水资源调查评价工作。该项工作对满足新时期水资源管理、健全水安全保障体系、促进经济社会可持续发展和水生态文明建设具有重要意义。

二、《报告》符合《全国水资源调查评价技术细则》和《全省水资源调查评价技术细则》的要求和规定，编制依据充分，基础资料翔实，技术路线正确，评价方法合理。

三、《报告》在充分利用已有资料、成果的基础上，科学合理划定了水资源评价分区，系统评价了全市降水量、蒸发量、地表水资源量、地下水资源量、水资源总量、水资源可利用量、地表水质量、地下水质量、水资源开发利用、水生态状况等内容，评价成果基本合理，符合临沂市实际。

四、《报告》分析提出临沂市多年平均年降水量 815.8 mm（1956—2016 年），近期下垫面条件下多年平均地表水资源量 445 588 万 m^3、浅层地下水资源量 194 493 万 m^3，水资源总量 530 340 万 m^3。

五、《报告》依据 55 处地表水监测断面和 19 眼地下水监测井水质监测资料，对全市地表水和地下水水质进行了评价，评价结果符合临沂市实际。

六、《报告》对主要河流河道内径流变化、河流断流（干涸）、河流岸线开发利用、主要河湖生态水量等进行了调查评价，成果基本合理。

建议按照专家意见修改完善后按程序报批。

专家组组长：

2020 年 7 月 25 日

《临沂市水资源调查评价》专家签名表

职务	姓名	单位	职称	签名
组长	曹升乐	山东大学	教　授	
成员	李修岭	临沂大学	教　授	
	庄会波	山东省水文局	研究员	
	娄山崇	山东省水文局	研究员	
	陈学群	山东省水利科学研究院	高　工	

前 言

水是生命之源、生产之要、生态之基。水资源是基础性自然资源、战略性经济资源，是生态环境的重要控制性要素，也是一个国家综合国力的重要组成部分。水资源调查评价是对某一地区或流域水资源的数量、质量及其时空分布特征，开发利用状况和供需发展趋势做出调查和分析评价，是制定水资源规划和实行最严格水资源管理制度的基础，是水资源开发、利用、节约、保护、管理工作的前提，是制定流域和区域经济社会发展规划的依据。临沂市按照山东省的统一部署，分别于20世纪80年代初、21世纪初相继开展了两次全市范围的水资源调查评价工作，基本摸清了水资源的“家底”，对水资源总体状况、存在问题与演变规律进行了系统调查评价，调查评价成果在科学制定水资源规划、实施重大工程建设、强化水资源调度与管理、优化经济结构和产业布局等方面发挥了重要基础性作用。

随着全球气候变化影响加剧、土地利用和城镇化建设等对下垫面的剧烈改变以及水土资源开发利用的影响，水循环及水文过程发生了显著变化，水资源形势和水安全状况更趋严峻，水资源短缺、水生态损害、水环境污染等问题愈加凸显。为及时准确掌握临沂市水资源情势出现的新变化，系统评价水资源及其开发利用状况，摸清水资源消耗、水环境损害、水生态退化情况，适应新时期经济社会发展和生态文明建设对加强水资源管理的需要，有必要在全市范围内开展新一轮的水资源调查评价工作。

2017年4月，水利部、国家发展和改革委员会联合召开第三次全国水资源调查评价工作启动视频会议，启动第三次全国水资源调查评价工作。山东省水利厅、发展和改革委员会、工业和信息化厅、国土资源厅、环境保护厅、住房和城乡建设厅、交通运输厅、农业厅、海洋与渔业厅、林业局、气象局等单位参加视频启动会。随后，水利部、国家发展和改革委员会以水规计〔2017〕139号文印发《关于开展第三次全国水资源调查评价工作的通知》，分全国、流域和省级行政区三个层面启动第三次水资源调查评价工作。山东省水利厅、发展和改革委员会也专门下发了文件、召开了会议进行安排。根据国家和山东省的要求，为做好临沂市水资源调查评价的编制工作，为综合规划提供可靠的依据，2017年12月，临沂市水文局受委托开展《临沂市水资源调查评价》工作。

为组织完成好《临沂市水资源调查评价》的编制工作，临沂市水文局组织技术人员，成立了地表水资源及水资源总量、地下水资源、水资源质量、水资源开发利用、水生态调查评价五个专题工作组。各工作组按照全国、全省《水资源评价技术细则》和有关技术标准、规范、规程的要求，扎实开展了临沂市水资源调查评价工作。

工作中调查搜集了水文、气象、地质、水文地质、供水、用水等基础资料；历年省、市、县（区）等有关部门完成的水资源评价成果和其他与水资源评价有关的资料，对有些资料进行了补充监测。在调查、搜集、监测的基础上，对降水、径流、蒸发、地下水、水质、可利用量等进行了全面分析和评价。

本书对临沂市水资源总体状况、存在问题与演变规律进行了系统调查评价，评价成果在科学制定水资源规划、实施重大工程建设、强化水资源调度与管理、优化经济结构和产业布局等方面提供了基础性支撑。对满足新时期水资源管理、健全水安全保障体系、促进经济社会可持续发展和水生态文明建设具有重要意义。

本次水资源评价工作，得到了山东省水利厅有关处室、单位和有关大专院校专家的技术指导，特别是山东省水文局的有关领导专家给予了大力的支持，市、县（区）水利部门和市直有关部门为这次水资源调查评价工作提供了大量的资料，为顺利完成这次水资源调查评价工作给予了大力的支持，在此一并表示感谢！

由于编者水平所限，加之时间紧、任务重，不当之处在所难免，敬请读者指正。

编　者

2021 年 6 月

目 录

前 言
第1章 区域概况与分区 ……(1)
1.1 区域概况 ……(1)
1.2 评价分区 ……(5)
第2章 水资源数量 ……(7)
2.1 降 水 ……(7)
2.2 蒸 发 ……(20)
2.3 地表水资源量 ……(22)
2.4 地下水资源量 ……(32)
2.5 水资源总量 ……(60)
2.6 水资源可利用量 ……(62)
第3章 水资源质量 ……(70)
3.1 地表水质量 ……(70)
3.2 地下水资源质量 ……(77)
3.3 主要污染物入河量 ……(89)
第4章 水资源开发利用 ……(94)
4.1 社会经济 ……(94)
4.2 供水量 ……(96)
4.3 用水量 ……(106)
4.4 用水效率与开发利用程度 ……(121)
第5章 水生态调查评价 ……(124)
5.1 河 流 ……(124)
5.2 生态流量（水量）保障 ……(134)
第6章 水资源综合评价 ……(141)
6.1 水资源禀赋条件分析 ……(141)
6.2 水资源演变情势分析 ……(142)

6.3 水生态环境状况 ……………………………………………………………（146）
6.4 水资源及其开发利用状况综合评述 ……………………………………（147）
附 录………………………………………………………………………（152）
附 图 ………………………………………………………………………（152）
附 表 ………………………………………………………………………（167）
参考文献 …………………………………………………………………（248）

第 1 章　区域概况与分区

1.1　区域概况

1.1.1　地理位置及行政区划

临沂市位于山东省东南部，地处北纬 34°17′ ～ 36°23′、东经 117°25′ ～ 119°11′，东隔日照市与黄海相望，南界江苏，北与淄博、潍坊二市接壤，西与枣庄、济宁、泰安三市为邻。南北最长处距离 201 km，东西最长处距离 161 km，总面积 17 186 km^2。

根据截至 2016 年 12 月 31 日的最新行政区划，全市划分为兰山区、罗庄区、河东区、郯城县、兰陵县、莒南县、沂水县、沂南县、蒙阴县、平邑县、费县、临沭县 12 个县（区）。

1.1.2　地形地貌

本市地形属鲁中南低山丘陵区，总的地势是西北高、东南低，呈倾斜状态。在总面积中，山区丘陵地形约占 71.8%，平原地形约占 28.2%。在峰峦叠嶂的北部山区，耸立着山东第二峰——蒙山龟蒙顶，海拔 1 155.8 m，沂山地处沂水县和潍坊市交界处，海拔 1 031 m，突兀挺拔的七十二崮镶嵌其中，沟壑交错，地形陡峻，基岩裸露，V 形谷发育，形成独特的山岳景观；丘陵地形多分布在中部地区；沂沭河下游则形成北窄南宽的广阔冲积平原。

本市地貌按其成因类型划分为侵蚀、侵蚀剥蚀、剥蚀、剥蚀堆积及堆积五大类。

1.1.3　土壤植被

全市土壤主要有棕壤土和褐土，并有部分潮土，其中棕壤土主要分布在沙石山区、褐土主要分布在石灰岩地区、潮土主要分布在冲积平原。由于棕壤土疏松而质粗，抗腐蚀能力低，保水、保肥能力差，不仅水土流失严重，且土壤易旱；褐土虽质地黏重，具有较强的抗蚀能力，但由于入渗能力低，易形成地表径流而冲蚀土壤，导致水土流失。

全市植被属于暖温带落叶阔叶林区，按植被类型可分为暖温带常绿落叶林，暖温带落叶灌木草丛、草甸、沼泽，暖温带次生植被和少量水生植被等。由于人类的生产活动和掠夺式经营，原始森林早已砍伐殆尽，现存植被属次生。本市主要树种有油松、赤松、侧柏、杨类、麻栎、刺槐、榆树、臭椿等；经济树种主要有板栗、柿子、核桃、山楂、梨、枣、桃、苹果等；引进的树种有马尾松、华山松、水杉、杜仲、乌桕、茶树等；灌木类主要有紫穗槐、胡枝子、酸枣、白腊、荆条等；花类主要有金银花、黄花菜等；

草类主要有黄背草、马唐草、狗尾草、白洋草、鬼针草、结缕草等。主要作物有小麦、玉米、谷子、高粱、大豆、地瓜、棉花、黄烟、花生、水稻等。

1.1.4 区域地质

全市地质构造较复杂，其主要特征：一是除南部冲积平原外，全市太古界古老变质岩系广泛出露，褶皱紧密剧烈；二是古生界碳酸盐岩类岩石及页岩出露于沂河以西，此区以断裂构造为主，褶皱不很发育，岩浆活动多与构造相关；三是地层出露较为齐全，其分布规律明显受构造控制。著名的沂沭断裂带把全市大致分为三个区块：即沂沭断裂带本身；沭河以东；沂河以西。各个区块的地层时代、岩性分布各具明显特点。

在本市出露的地层从老到新主要介绍如下。

1.1.4.1 太古界

泰山群万山庄组、太平顶组、雁翎关组及山草峪组的片岩、片麻岩和混合岩，分布于西北向的单断凸起北侧及低山丘陵区；胶南群苍山组、洙边组及坪上组的片麻岩夹有大理岩透镜体，主要分布于莒南、临沭一带。

1.1.4.2 元古界

震旦系土门组，分布于兰陵、沂水、兰山区北部及白芬子—浮来山一带。其岩性为钙质页岩、泥质灰岩、石英砂岩等。

1.1.4.3 古生界

下古生界寒武系上、中、下统及奥陶系中、下统，大面积分布于沂河以西单断凸起的南部及平邑、费县、兰陵、兰山、罗庄一带。岩性为石灰岩、页岩及砂岩。

上古生界发育有中、上石炭及二叠系。岩性为石灰岩、页岩、砂岩、铝土层、煤层，多保留在断陷盆地内。

1.1.4.4 中生界

侏罗系及白垩系，广泛分布于各断陷盆地内。侏罗系上统蒙阴组分布于蒙阴、平邑盆地、临沂城区东南部及沂沭断裂带南部，莱阳组则分布在沂沭断裂带以东，岩性为砂页岩及砾岩。白垩系分布于蒙阴、平邑盆地及临沭、莒南等地，下统青山组以火山岩、火山碎屑岩为主，上统王氏组以砾岩、砂岩、泥页岩为主。

1.1.4.5 新生界

新生界第三系和第四系。第三系主要分布于蒙阴南部及西北部、平邑和费县北部、兰山区的北部及中新生代盆地中，岩性为砾岩、砂岩、泥岩及石膏、煤层等；第四系分布于临郯苍平原、山间盆地及河谷地带。堆积物类型为冲积、洪积、坡积、残积和混合类型，岩性主要为亚砂土、亚黏土及砂砾石类。

根据与地层、构造的关系，岩浆活动时代可分为四个时期，即太古代、元古代、中生代燕山期及新生代喜马拉雅山期，其中以中生代燕山期活动最为强烈，出露最广，区内常见的闪长岩类、花岗岩类、各种斑岩多为该期岩浆岩。

全市区域构造活动频繁，断裂发育，褶皱强烈，形成纵横交错的地质构造网格。最主要的就是构成沂沭断裂带的鄌郚—葛沟、沂水—汤头、安邱—莒县、昌邑—大店四条主干断裂，大致以北东 12° ～ 25° 方向平行展布，北部撒开，宽 40 km，南部收敛，宽仅 15 km。沂沭断裂的活动，使其发展范围内形成一个地垒和两个地堑的构造格局，这对于断裂带两侧的主要构造、沉积作用、岩浆活动、地形、地貌等地质发展史和地质构造轮廓都起着明显的控制作用。

次一级的构造还有韩旺断裂、夏蔚断裂、马牧池断裂、孙祖断裂、新泰—垛庄断裂、蒙山断裂、汶泗断裂、白彦—苍山断裂等。一般倾向南西，上盘为新地层，下盘为太古代老地层。

由于受深大断裂的影响，在两侧及中间地带分布有与其平行或斜交的断裂组，局部形成棋盘格状，它是影响市内水文地质条件的主要而根本的控制因素。

区域内褶皱构造不甚发育，主要是在古老变质岩地层内形成的紧密褶皱，在沂沭断裂带内形成的一些挤压褶皱，未对全市水文地质特征形成明显影响。

1.1.5　水文气候

全市属北暖温带季风区、半湿润过渡性气候，四季分明，光照充足，气候温和，雨量集中。春季风和日暖，气候干燥；夏季酷热多雨；秋季晴朗气爽；冬季干冷，雨水偏少，春旱、夏涝、秋旱，旱涝交替发生，同时受海洋气候调节，造成春来迟、夏湿热、冬干长的气候特点。

气温：全市平均气温在 11.8 ～ 13.3 ℃，历年极端最高气温 40.5 ℃，极端最低气温 −25.6 ℃。

降水：全市 1956 ～ 2016 年平均年降水量 815.8 mm，最大年降水量为 2003 年的 1 153.2 mm，最小年降水量为 2002 年的 494.8 mm。

径流：全市 1956 ～ 2016 年平均年径流深 259.3 mm，最大年径流深为 1963 年的 590.2 mm，最小年径流深为 2014 年的 26.0 mm。

蒸发：全市 1980 ～ 2016 年平均陆地蒸发量为 505 ～ 560 mm，年水面蒸发量为 917 ～ 1 124 mm。

干旱指数：全市平均年干旱指数为 1.0 ～ 1.5。

无霜期：临沂市素有“清明断雪、谷雨断霜”之谚，年平均无霜期为 180 ～ 200 d，最长 266 d，最短 155 d。

冻土厚：北部山区冻土厚一般为 0.4 m，南部平原一般为 0.3 m，最大冻土厚 0.42 m。

1.1.6　河流水系

市内群山环抱，雨量集中，有利于河系的发育；以沂蒙山脉为中心，形成一辐射状水系。长度在 10 km 以上的河流有 309 条，主要有山东半岛沿海诸河水系、滨海诸小河水系、中运河水系、沭河水系、沂河水系等五大水系。主要水系是沂、沭、中运河水系。各水系在区域划分上均属淮河流域。

1.1.6.1　山东半岛沿海诸河水系

山东半岛沿海诸河位于临沂市东北部，包括沂水县东北部，流域面积 300 km^2，主要河流有向东北流的浯河，进入潍坊后汇流入渤海。

1.1.6.2　滨海诸小河水系

滨海诸小河位于临沂市东部和东南部，包括莒南县东部、临沭县局部，流域面积876 km^2，主要河流有向东流的绣针河，进入日照后汇流入黄海；向南流的青口河，进入江苏省后汇流入黄海。

1.1.6.3　中运河水系

中运河位于临沂市的西南部，包括罗庄区、兰陵县全部，兰山区南部、郯城县西部及费县南部的局部地区。流域面积2 600 km^2。中运河水系多为南行流入江苏省的河流，主要有武河、邳苍分洪道、陶沟河、运汝河等。在这些河流中，除邳苍分洪道外，其他河流均较小，邳苍分洪道的主要支流有陷泥河、南涑河、燕子河、东洳河、西洳河、吴坦河、汶河等。

1.1.6.4　沭河水系

沭河位于临沂市东部，是全市第二大河流。在市内的流域面积为3 847 km^2。

沭河发源于沂水县沙沟镇沂山南麓，自北向南流经沂水、莒县（属日照市）、莒南、河东、临沭、郯城6县（区）。沭河在临沭县大官庄处分成两河，向南流的为老沭河，流经郯城、江苏新沂后汇入新沂河；向东流的为新沭河，流经临沭、江苏石梁河水库后，经临洪闸流入黄海。沭河的主要一级支流有袁公河、浔河、高榆河、汤河等。

1.1.6.5　沂河水系

沂河是临沂市内最大的山洪河道，自北至南纵贯全市，在临沂市流域面积为9 563 km^2。

沂河发源于淄博市沂源县西部鲁山南麓，从沂水县西北部入境。流经沂水、沂南、兰山、河东、罗庄、郯城至江苏境内入骆马湖。为了分洪的需要，在下游刘家道口附近分别开挖了分沂入沭水道和邳苍分洪道，以减少沂河下游的洪水压力。分沂入沭水道汛期将沂河洪水分入沭河，邳苍分洪道汛期将沂河洪水分入中运河流域。沂河的主要一级支流有东汶河、蒙河、祊河等。

区内河流水系的分布特征主要是：除南部中小河流外，多系季节性山洪河道，尤其是沂、沭两河，上游山区切割深、山高坡陡、比降大、河道弯曲，具有洪峰高、流量大、历时短、水势猛、河道内淤积量大、断面宽而浅等特点。

1.1.7　社会经济概况

全市行政区划共三区九县，分别为兰山区、罗庄区、河东区、郯城县、兰陵县、莒南县、沂水县、沂南县、蒙阴县、平邑县、费县、临沭县，辖28个街道办事处、119个镇、9个乡，共3 990个村居。

临沂市地域南北最长距离达201 km，东西最宽距离161 km。总面积17 186 km^2，人口总计1 140.8万（以2016年为准，下同），国内生产总值4 026.75亿元，其中：第一产业增加值358.95亿元，占8.9%；第二产业增加值1 736.25亿元，占43.1%；第三产业增加值1 931.55亿元，占48.0%；人均国内生产总值达35 298元。

1.2　评价分区

根据全省水资源调查评价技术细则要求，本次调查评价原则上沿用第二次调查评价分区及计算面积。

1.2.1　水资源分区

全市属于淮河流域1个一级分区，以河流水系的分水线为研究区的界限。根据《山东省水资源评价》的水资源分区划分，结合本区河流水系的实际情况，把全市分成2个水资源二级区：山东半岛沿海诸河、沂沭泗河区。在水资源二级区基础上，根据河流水系进一步细划，将全市进一步划分为4个三级区（日赣区、潍弥白浪区、沂沭河区、中运河区），5个四级区（日赣区、潍河区、沂河区、沭河区、苍山区）。

每个四级区内都包含有若干个县（区）的部分面积。以上分区也就是地表水资源计算区和汇总区。

1.2.2　行政分区

临沂市各级水资源分区、行政分区其名称及面积见表1-1。

表1-1　临沂市各级水资源分区、行政分区其名称及面积　（单位：km^2）

县（区）	沂沭泗河区				山东半岛沿海诸河	合计
	沂沭河区		日赣区	中运河区	潍弥白浪区	
	沂河区	沭河区	日赣区	苍山区	潍河区	
沂水	1 411	724			300	2 435
蒙阴	1 602					1 602
平邑	1 825					1 825
费县	1 524			131		1 655
沂南	1 554	160				1 714
兰山	735			153		888
罗庄	64			503		567
河东	242	589				831
莒南		913	839			1 752
临沭		970	37			1 007
兰陵				1 719		1 719
郯城	606	491		94		1 191
四级区	9 563	3 847	876	2 600	300	17 186
三级区	13 410		876	2 600	300	17 186

1.2.3　计算单元与汇总分区

计算单元是水资源分析计算及成果汇总、协调、上报的基本单元。本次评价以水资源四级区套县级行政区为计算单元，全市划分为23个计算单元。

本次调查评价市级层面汇总分区包括：4个水资源三级区套地级行政区，5个水资源三级区、2个水资源二级区、1个水资源一级区，12个县级行政区。比第二次水资源调查评价增加了以县级行政区为单元的汇总分区。

第 2 章　水资源数量

2.1　降　水

2.1.1　评价基础

降水是地表水、土壤水、地下水的补给来源，降水资源被称为广义水资源。一个区域的降水量大小及其时空分布变化特征同该区域水资源量的大小及其时空分布变化特征有着极其重要的关系。

2.1.2　资料分析

2.1.2.1　降水量资料的选取

本次评价共选用了 52 处雨量站，站网密度 358.0 km^2/ 站。选用雨量站共分为两种情况：① 1956 ～ 2000 年系列借用第二次水资源调查评价成果；② 2001 ～ 2016 年采用完整系列整编资料，无插补延长情况。临沂市北部为山区，各县（区）采用站点较多，分别为蒙阴 7 处、费县 6 处、兰陵 6 处、平邑 6 处，站点密度分别为 228.9 km^2/ 站、275.8 km^2/ 站、286.5 km^2/ 站、304.2 km^2/ 站。

降水量首先统计单站逐年总降水量，采用泰森多边形法计算区域面积比例，分别计算四级区套县的降水量年系列，再采用面积加权汇总形成各分区降水量。

临沂市选用雨量站降水量资料情况见表 2-1。

表 2-1　临沂市选用雨量站降水量资料情况

站名	实测资料系列		插补年数	站名	实测资料系列		插补年数
	时段	年数			时段	年数	
东里店	1956 ～ 2016 年	61	0	刘庄	1958 ～ 2016 年	59	2
斜午	1956 ～ 2016 年	61	0	郯城	1956 ～ 2016 年	59	2
蒙阴	1956 ～ 2016 年	61	0	跋山水库	1960 ～ 2016 年	57	4
贾庄	1956 ～ 2016 年	61	0	前城子	1960 ～ 2016 年	57	4
水明崖	1956 ～ 2016 年	61	0	岸堤水库	1960 ～ 2016 年	57	4
蔡庄	1956 ～ 2016 年	61	0	公家庄	1960 ～ 2016 年	57	4
傅旺庄	1956 ～ 2016 年	61	0	岳庄	1960 ～ 2016 年	57	4
葛沟	1956 ～ 2016 年	61	0	马庄	1960 ～ 2016 年	57	4
垛庄	1956 ～ 2016 年	61	0	沙沟水库	1960 ～ 2016 年	57	4

续表 2-1

站名	实测资料系列		插补年数	站名	实测资料系列		插补年数
	时段	年数			时段	年数	
高里	1956～2016年	61	0	会宝岭水库	1960～2016年	57	4
王家邵庄	1956～2016年	61	0	小马庄	1958～2016年	57	4
许家崖水库	1956～2016年	61	0	大山	1960～2016年	57	4
姜庄湖	1956～2016年	61	0	临涧	1961～2016年	56	5
角沂	1956～2016年	61	0	白彦	1961～2016年	56	5
临沂	1956～2016年	61	0	陈家庄	1960～2016年	56	5
刘家道口	1956～2016年	61	0	夏庄	1961～2016年	56	5
西石壁口	1956～2016年	61	0	双河	1960～2016年	56	5
陡山水库	1956～2016年	61	0	兰陵	1957～2016年	56	5
石拉渊	1956～2016年	61	0	双后	1961～2016年	55	6
大官庄	1956～2016年	61	0	高桥	1961～2016年	55	6
卞庄	1956～2016年	61	0	重坊	1962～2016年	55	6
上冶	1956～2016年	60	1	马站	1961～2016年	55	6
摩天岭	1956～2016年	59	2	朱苍	1962～2016年	55	6
盘车沟	1956～2016年	59	2	相邸	1960～2016年	52	9
唐村水库	1958～2016年	59	2	墨河	1965～2016年	52	9
昌里	1957～2016年	59	2	西哨	1965～2016年	51	10

2.1.2.2　降水量资料审查

选用的降水资料源自按照国家规范进行观测和整编的水文资料、取自山东省水文数据库，资料录入之前经过严格审核；缺测资料采用多元线性回归方程组进行插补，方法正确、偏差小、效果好；为确保成果质量，对各选用站资料又做了进一步审查。

2.1.3　年降水量系列代表性分析

临沂市境内无长系列的降雨资料，选用邻近青岛市青岛雨量站长系列（1899～2016年）进行代表性分析，其丰枯变化规律与临沂市平均年降水量系列基本一致。分别计算青岛雨量站1956～2016年、1956～1979年、1980～2016年、2001～2016年和长系列年降水量均值和变差系数，通过长短系列对比分析和不同年型的频次分析，对四个短系列的代表性做了初步的分析与评价。

2.1.3.1　长系列站不同长度系列统计参数对比分析

计算青岛雨量站1956～2016年、1956～1979年、1980～2016年和2001～2016年4个统计系列和长系列降水量均值和变差系数（见表2-2），据此分析各系列的代表性。年降水量均值采用算术平均法计算，变差系数C_v采用适线值，适线线型采用P－Ⅲ分布，C_s/C_v=2.0。此外，还计算了不同长度系列不同保证率的年降水量及相对长系列年降水量的相对误差（见表2-3）。

表 2-2　长系列站不同统计年限年降水量特征值对比

雨量站	统计年限	年数	统计参数			K 均值	KC_v
			年均值（mm）	C_v	C_s/C_v		
青岛	1899 ～ 2016 年	118	673.5	0.30	2	1.000	1.000
	1956 ～ 2016 年	61	693.1	0.31	2	1.029	1.033
	1956 ～ 1979 年	24	767.8	0.29	2	1.140	0.967
	1980 ～ 2016 年	37	644.7	0.31	2	0.957	1.033
	2001 ～ 2016 年	16	677.4	0.34	2	1.006	1.133

表 2-3　不同长度系列不同保证率年降水量及相对长系列年降水量的相对误差统计

雨量站	统计年限	年数	P=20%		P=50%		P=75%		P=95%	
			年降水量（mm）	相对误差（%）	年降水量（mm）	相对误差（%）	年降水量（mm）	相对误差（%）	年降水量（mm）	相对误差（%）
青岛	1899 ～ 2016 年	118	835.0	0	653.4	0	528.5	0	379.0	0
	1956 ～ 2016 年	61	864.5	3.5	671.0	2.7	538.7	1.9	381.4	0.6
	1956 ～ 1979 年	24	946.2	13.3	746.4	14.2	608.3	15.1	441.7	16.5
	1980 ～ 2016 年	37	804.1	–3.7	624.2	–4.5	501.1	–5.2	354.7	–6.4
	2001 ～ 2016 年	16	859.8	3.0	651.5	–0.3	511.2	–3.3	348.0	–8.2

从表 2-2 中可以看出，青岛站 4 个系列中，1956 ～ 2016 年系列代表性最好，均值和变差系数 C_v 的相对误差分别为 2.9% 和 3.3%；1980 ～ 2016 年系列代表性次之，相对误差分别为 –4.3% 和 3.3%；2001 ～ 2016 年和 1956 ～ 1979 年两个系列代表性都较差。

从表 2-3 来看，以青岛站 1899 ～ 2016 年长系列为基准，4 个系列中，1956 ～ 2016 年系列的代表性最好，4 个不同保证率（20%、50%、75% 和 95%）的年降水量对长系列的相对误差都比较小，其相对误差绝对值为 0.6% ～ 3.5%；其次为 1980 ～ 2016 年，相对误差绝对值为 3.7% ～ 6.4%；再次为 2001 ～ 2016 年，相对误差绝对值为 0.3% ～ 8.2%；1956 ～ 1979 年系列代表性最差，相对误差绝对值为 13.3% ～ 16.5%。

2.1.3.2　**不同系列丰、平、枯水年统计分析**

用适线后的频率曲线，以频率 12.5%、37.5%、62.5%、87.5% 的计算值为分界点，将年降水量划分为丰、偏丰、平、偏枯、枯水年 5 种情况，统计各种情况出现的概率，分析各系列频率曲线经验点据分布的代表性。青岛站年降水量长系列丰、平、枯年出现概率详见表 2-4。

表 2-4 长系列站不同系列丰平枯年出现概率统计

站名	系列	丰水年		偏丰年		平水年		偏枯年		枯水年	
		次数	频次（%）	次数	频次（%）	次数	频次（%）	次数	频次（%）	次数	频次（%）
青岛	N=118	9	7.6	33	28.0	31	26.3	33	28.0	12	10.2
	1956～2016年	4	6.6	19	31.1	17	27.9	15	24.6	6	9.8
	1956～1979年	3	12.5	5	20.8	8	33.3	6	25.0	2	8.3
	1980～2016年	3	8.1	8	21.6	12	32.4	11	29.7	3	8.1
	2001～2016年	1	6.3	4	25.0	5	31.3	5	31.3	1	6.3

由表 2-4 可知，1956～2016 年系列代表性较好。

临沂市平均年降水量系列的丰枯变化规律与同步期青岛市相似，连续枯水年组的出现也相近，因此可以认为临沂市平均年降水量系列中 1956～2016 年、1980～2016 年两个系列具有较好的代表性。

临沂市平均、青岛站同期年降雨量过程线见图 2-1。

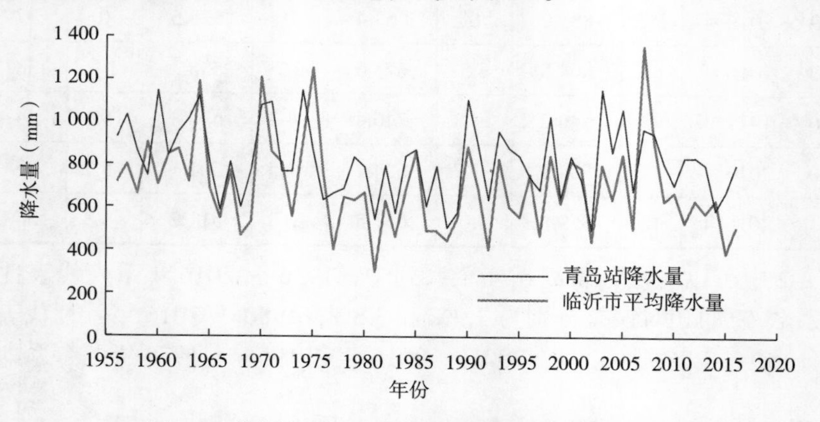

图 2-1 临沂市平均、青岛站同期年降水量过程线

2.1.4 年降水量统计参数等值线图的绘制

2.1.4.1 单站年降水量统计参数的确定

单站多年平均降水量采用算术平均法计算，公式为

$$\overline{P}=\frac{1}{n}(P_1+P_2+\cdots+P_n)=\frac{1}{n}\sum_{i=1}^{n}P_i \qquad (2\text{-}1)$$

单站年降水量的变差系数 C_v 值用矩法公式计算，即

$$C_v=\sqrt{\frac{1}{n-1}\sum_{i=1}^{n}(K_i-1)^2} \qquad (2\text{-}2)$$

式中：K_i 为降水量模比系数，$K_i=\frac{P_i}{\overline{P}}$。

用适线法调整确定 C_v 值，适线采用 P-Ⅲ型分布曲线，取年降水量偏差系数 $C_s=2C_v$，年降水量中的极大值、极小值不做处理。适线时主要考虑频率曲线与频率 20% ～ 95% 的平、枯水年份的点据配合良好。

临沂市选用雨量站年降水量特征值（1956 ～ 2016 年系列）统计见表 2-5。

表 2-5　临沂市选用雨量站年降水量特征值（1956 ～ 2016 年系列）统计

站名	1956 ～ 2016 年系列		1956 ～ 2000 年系列		1980 ～ 2016 年系列	
	平均年降水量	C_v	平均年降水量	C_v	平均年降水量	C_v
西石壁口	722.3	0.26	733.2	0.25	697.7	0.26
跋山水库	757.0	0.28	762.7	0.28	711.8	0.27
摩天岭	767.5	0.28	759.5	0.30	750.0	0.28
斜午	785.0	0.25	792.4	0.26	756.8	0.25
蒙阴	804.1	0.27	804.6	0.27	777.4	0.28
前城子	874.1	0.26	871.1	0.25	851.4	0.27
贾庄	771.0	0.28	758.6	0.29	749.2	0.28
水明崖	777.3	0.28	791.6	0.28	726.0	0.27
蔡庄	743.4	0.26	752.8	0.26	712.9	0.26
岸堤水库	773.8	0.28	775.5	0.29	727.2	0.30
傅旺庄	788.6	0.28	783.9	0.28	763.6	0.27
葛沟	862.0	0.25	875.9	0.25	817.0	0.26
垛庄	833.3	0.27	838.9	0.28	785.0	0.28
双后	840.7	0.29	840.9	0.29	804.2	0.28
高里	846.0	0.27	853.1	0.28	806.7	0.27
临涧	764.9	0.25	757.9	0.25	745.3	0.25
唐村水库	775.6	0.26	767.7	0.25	757.2	0.27
公家庄	741.3	0.23	735.4	0.24	721.0	0.26
昌里	785.4	0.24	790.1	0.24	756.7	0.24
岳庄	807.9	0.25	805.3	0.25	757.1	0.26
上冶	750.9	0.24	754.5	0.23	731.2	0.25
白彦	786.0	0.22	792.4	0.21	760.3	0.22
王家邵庄	848.7	0.26	860.9	0.27	787.1	0.23
高桥	885.1	0.25	889.7	0.26	841.6	0.23
许家崖水库	851.7	0.25	855.1	0.26	799.9	0.23
姜庄湖	829.2	0.24	836.8	0.24	786.2	0.24

续表 2-5

站名	1956～2016 年系列		1956～2000 年系列		1980～2016 年系列	
	平均年降水量	C_v	平均年降水量	C_v	平均年降水量	C_v
刘庄	812.4	0.26	822.9	0.26	787.5	0.26
角沂	857.2	0.25	861.4	0.26	811.1	0.24
马庄	834.5	0.25	845.2	0.24	778.2	0.25
临沂	860.8	0.24	862.4	0.25	835.1	0.21
刘家道口	850.1	0.23	840.9	0.24	824.1	0.23
重坊	851.0	0.23	851.7	0.23	827.7	0.23
沙沟水库	744.2	0.26	755.2	0.26	705.7	0.28
马站	737.7	0.27	753.9	0.28	688.1	0.28
陡山水库	770.2	0.22	782.6	0.22	736.6	0.22
石拉渊	843.3	0.24	855.9	0.24	799.9	0.22
大官庄	891.9	0.20	889.2	0.19	889.6	0.22
朱苍	853.6	0.25	849.0	0.25	834.8	0.26
郯城	860.3	0.23	861.9	0.21	852.0	0.25
墨河	820.5	0.22	821.0	0.22	814.8	0.22
双河	913.2	0.24	910.1	0.25	882.4	0.24
会宝岭水库	861.5	0.22	854.1	0.24	830.9	0.21
兰陵	812.3	0.24	805.8	0.25	786.0	0.23
小马庄	867.9	0.25	866.4	0.25	820.0	0.24
卞庄	838.6	0.22	832.2	0.23	807.1	0.20
西哨	833.3	0.22	830.7	0.22	818.1	0.23
大山	847.8	0.24	871.2	0.24	797.7	0.23
相邸	822.9	0.24	835.9	0.23	784.9	0.22

2.1.4.2　**降水量均值、C_v 等值线图的绘制**

根据工作区内 52 个雨量站和区外 11 个雨量站的年降水量统计参数的分析计算结果，点绘“临沂市 1956～2016 年平均年降水量等值线图”（见附图 1），“临沂市 1956～2016 年平均年降水量变差系数等值线图”（见附图 2）。

勾绘等值线图时，均以选用雨量站的均值和 C_v 值的点据为主要依据，并充分考虑地理位置、地形和气候等因素对降水的影响，不拘泥于个别站的统计数据，以免造成等值线过于曲折或产生许多小中心，但符合地理、气候规律的高低值区，在等值线图上适当地反映出来。年降水量等值线图的线距为 50 mm，C_v 等值线图的线距为 0.05。

2.1.4.3　**等值线图的合理性检查**

从以下三个方面对绘制的等值线图进行合理性检查：

（1）年降水量等值线图和 C_v 等值线图的地区分布（走向、梯度及高低值区），基本符合当地的地理位置、地形地貌、气候等因素的变化特点。

（2）进行了全市平均年降水量的检查，即先算出区域内各雨量站平均年降水量的算术平均值，以其作为计算值，然后从年降水量等值线图上量算出区域内的年降水量作为量算值。量算值与计算值的相对误差为 0.19%。

另外，将各选用站年降水量的计算值同查图值作了对比。从全市各选用雨量站 1956 ～ 2016 年平均年降水量来看，查图值与计算值的相对误差全部在 3% 以内，说明年降水量的等值线图中各雨量站数据配合良好，符合大纲要求。

（3）将绘制的等值线图与以往编制的有关图件进行对照，总体趋势基本一致；与邻市的等值线也进行了对照，衔接良好、趋势合理。

2.1.5　分区年降水量计算

首先，依据单站年降水量系列采用泰森多边形法计算各计算单元（水资源四级区套县级行政区）1956 ～ 2016 年降水量系列；然后，采用面积加权法统计汇总水资源四级区、三级区、二级区和县级、市级行政区 1956 ～ 2016 年降水量系列。

根据各分区年降水量系列，计算各分区年降水量统计参数和不同保证率年降水量。分区年降水量均值采用算术平均值，适线时不作调整；变差系数 C_v 值初步采用矩法计算值，再用适线法调整确定；偏差系数与变差系数的比值（C_s / C_v）采用 2.0。经验频率采用数学期望公式计算，频率曲线采用 P- Ⅲ型。适线时照顾大部分点据，主要按平、枯水年份点据趋势定线，对系列中特大、特小值不作处理。

临沂市 1956 ～ 2016 年降水量计算成果见表 2-6。

表 2-6　临沂市 1956 ～ 2016 年降水量计算成果

年份	年降水量（mm）	年降水总量（万 m^3）	年份	年降水量（mm）	年降水总量（万 m^3）
1956	925.8	1 591 082	1987	791.3	1 359 973
1957	1 028.4	1 767 491	1988	503.8	865 763
1958	859.8	1 477 609	1989	575.4	988 838
1959	746.5	1 282 883	1990	1 104.0	1 897 275
1960	1 143.7	1 965 485	1991	888.2	1 526 439
1961	840.1	1 443 759	1992	635.0	1 091 277
1962	951.0	1 634 328	1993	954.3	1 640 003
1963	1 012.6	1 740 308	1994	876.5	1 506 289
1964	1 119.7	1 924 290	1995	839.7	1 443 139
1965	806.1	1 385 439	1996	741.9	1 275 063
1966	585.5	1 006 318	1997	681.5	1 171 264
1967	810.1	1 392 213	1998	1 024.1	1 760 003
1968	599.2	1 029 850	1999	642.1	1 103 429
1969	773.9	1 329 987	2000	837.9	1 440 061

续表 2-6

年份	年降水量（mm）	年降水总量（万 m³）	年份	年降水量（mm）	年降水总量（万 m³）
1970	1 076.3	1 849 802	2001	728.5	1 252 051
1971	1 090.9	1 874 776	2002	494.8	850 335
1972	766.8	1 317 818	2003	1 153.2	1 981 840
1973	772.2	1 327 026	2004	857.7	1 474 018
1974	1 146.8	1 970 862	2005	1 059.1	1 820 177
1975	866.4	1 488 929	2006	677.6	1 164 540
1976	633.7	1 089 010	2007	965.8	1 659 830
1977	665.4	1 143 595	2008	944.3	1 622 833
1978	686.7	1 180 203	2009	803.1	1 380 289
1979	833.9	1 433 160	2010	704.9	1 211 419
1980	787.6	1 353 607	2011	833.0	1 431 628
1981	541.6	930 785	2012	835.2	1 435 303
1982	794.6	1 365 571	2013	799.3	1 373 641
1983	570.1	979 738	2014	588.7	1 011 701
1984	838.8	1 441 518	2015	674.7	1 159 508
1985	868.6	1 492 691	2016	802.3	1 378 754
1986	603.8	1 037 752	平均	815.8	1 402 042

2.1.5.1 水资源分区年降水量统计

本次评价对 1956 ～ 2016 年系列各水资源四级区多年平均降水量特征值进行统计，沂河区、沭河区、苍山区、日赣区、潍河区多年平均降水量分别为 802.8 mm、827.7 mm、850.3 mm、833.4 mm、727.7 mm，各水资源四级区降水量特征值见表 2-7。

表 2-7 各水资源四级区降水量特征值（1956 ～ 2016 年系列） （单位：mm）

水资源四级区	年平均降水量	不同频率年降水量			
		20%	50%	75%	95%
沂河区	802.8	949.5	789.3	674.8	530.5
沭河区	827.7	966.1	816.1	707.8	569.7
苍山区	850.3	996.5	837.7	723.4	578.2
日赣区	833.4	985.7	819.4	700.6	550.7
潍河区	727.7	875.8	712.4	597.1	454.5

对 1980 ～ 2016 年系列各水资源四级区多年平均降水量特征值进行统计，沂河区、沭河区、苍山区、日赣区、潍河区多年平均降水量分别为 770.3 mm、800.7 mm、818.8 mm、794.9 mm、694.2 mm。各水资源四级区降水量特征值见表 2-8。

临沂市水资源分区年降水量特征值见附表 1。

表 2-8　各水资源四级区年降水量特征值（1980 ～ 2016 年系列）　（单位：mm）

水资源四级区	年平均降水量	不同频率年降水量			
		20%	50%	75%	95%
沂河区	770.3	911.1	757.4	647.6	509.1
沭河区	800.7	936.5	789.2	683.0	547.8
苍山区	818.8	955.6	807.4	700.2	563.6
日赣区	794.9	932.8	782.9	675.2	538.4
潍河区	694.2	839.3	678.8	566.0	427.2

2.1.5.2　行政区年降水量统计

本次评价对 1956 ～ 2016 年系列各县级行政区多年平均降水量特征值进行统计，最大为临沭县的 871.9 mm，最小为沂水县的 755.3 mm，其他县（区）为 772.9 ～ 855.7 mm，各县级行政区多年平均降水量特征值见表 2-9。

表 2-9　各县级行政区多年平均降水量特征值（1956 ～ 2016 年系列）　（单位：mm）

县级行政区	年平均降水量	不同频率年降水量			
		20%	50%	75%	95%
兰山区	841.9	1 007.5	825.4	696.4	535.9
罗庄区	851.3	1 002.2	837.8	719.9	570.6
河东区	855.7	1 011.3	841.5	719.9	566.6
沂南县	813.1	979.9	795.7	666.0	505.7
郯城县	851.6	994.7	839.6	727.7	585.0
沂水县	755.3	905.0	740.2	623.6	478.8
兰陵县	849.3	996.0	836.6	722.0	576.4
费县	828.2	984.6	813.3	691.3	538.3
平邑县	772.9	914.7	759.8	649.1	509.7
莒南县	825.9	973.6	812.6	697.3	551.4
蒙阴县	790.2	946.8	774.4	652.4	500.9
临沭县	871.9	1 021.1	859.1	742.4	594.1

对 1980 ～ 2016 年系列各县级行政区多年平均降水量特征值进行统计，最大为临沭县的 860.2 mm，最小为沂水县的 720.4 mm，其他县（区）为 746.7 ～ 840.0 mm，各县级行政区多年平均降水量特征值见表 2-10。

临沂市行政分区年降水量特征值见附表 2。

2.1.6　降水量时空分布

全市 1956 ～ 2016 年平均年降水总量为 1 402 042 万 m^3，相当于面平均年降水量 815.8 mm。由于受地理位置（经纬度、离海远近）、地形等因素的影响，全市年降水量在地区分布上很不均匀。

表 2-10　各县级行政区多年平均降水量特征值（1980 ～ 2016 年系列）　（单位：mm）

县级行政区	年平均降水量	不同频率年降水量			
		20%	50%	75%	95%
兰山区	802.6	956.1	787.8	668.1	518.4
罗庄区	821.6	962.3	809.6	699.7	559.9
河东区	821.3	963.2	809.0	698.2	557.4
沂南县	778.8	937.9	762.3	638.4	485.4
郯城县	840.0	992.2	826.1	707.3	557.3
沂水县	720.4	862.1	706.2	595.9	458.5
兰陵县	819.5	956.6	808.1	700.9	564.1
费县	783.8	927.1	770.7	658.9	518.0
平邑县	746.7	889.5	732.9	621.6	482.3
莒南县	787.5	921.1	776.2	671.7	538.8
蒙阴县	758.7	911.9	742.9	623.6	475.9
临沭县	860.2	1 015.4	846.2	725.0	571.9

2.1.6.1　年降水量区域分布的总体趋势

从全市 1956 ～ 2016 年平均年降水量等值线图（见附图 1）可以看出，年降水量总的分布趋势是东大西小、南大北小，从东南向西北递减。东南部为丘陵和平原，多年平均降水量大于 800 mm；西北部大部分为山区和丘陵，为背风坡，降雨量均小于 800 mm。

2.1.6.2　年降水量分布地带的划分

根据临沂市年降水量的分布，按照全国年降水量五大类型地带划分标准。全市有 3/5 左右的地区属于湿润带，2/5 左右属于过渡带。

全国年降水量划分的五大类型地带标准如下：

（1）十分湿润带：相当于年降水量 1 600 mm 以上的地带；

（2）湿润带：相当于年降水量 800 ～ 1 600 mm 的地带；

（3）过渡带：相当于年降水量 400 ～ 800 mm 的地带；

（4）干旱带：相当于年降水量 200 ～ 400 mm 的地带；

（5）严重干旱带：相当于年降水量 200 mm 以下的地带。

从附图 1 可以看出，800 mm 年降水量等值线东南部的莒南、临沭、兰山、罗庄、河东、兰陵、郯城等县（区）的全部地区，费县、沂南等县的大部分地区以及平邑、沂水、蒙阴县的局部地区为湿润带，其他地区属于过渡带，过渡带的特点是：降水量主要集中在夏秋季节，降水量变率大，容易受旱涝威胁。

2.1.7　降水量的年际、年内变化

2.1.7.1　降水量的年内变化特征

临沂市各地降水量的年内分配很不均匀，全年降水量主要集中在汛期 6 ～ 9 月，约占全年降水量的 73%，年降雨量的 50% 集中在 7 ～ 8 月，最大月降水量大多集中在 7 月，这说明市内雨季较短，雨量集中，降水量的季节变化较大，春旱、夏涝严重。详见附表 4。

2.1.7.2　降水量的年际变化特征

降水量的年际变化可从变化幅度和变化过程两个方面来分析。年际变化幅度可用年降水量变差系数 C_v 来反映，变差系数 C_v 大，则表示年降水量的年际变化大；反之亦然。也可以用年降水量极值比和极差来反映。年降水量的年际变化过程可以用年降水量过程线和年降水量模比系数差积曲线来反映。

从多年平均年降水量的变差系数 C_v 来看，降水量的年际变化较大，东南部丘陵、平原区一般小于 0.23，西北部的山区和丘陵区在 0.23 ～ 0.25，C_v 值呈东南向西北递增的趋势。

从各站年降水量最大值与最小值的比值和极差来看，全市各地最大年降水量一般为最小年降水量的4.5倍左右，最大年降水量比最小年降水量大699 ～ 1 147 mm。这表明，临沂市降水量的年际变化是相当大的，详见附表 2。

从各雨量站年降水量变化过程可以看出，丰枯水年交替出现，且枯水段（连续枯水年数）较长，这也是临沂市降水量变化的主要特征之一。从全市平均年降水量年际变化过程线（见图 2-2）可以看出，连丰连枯也是临沂市降水量年际变化的特征之一。从全市平均年降水量模比系数差积曲线（见图 2-3）可以看出，1956 ～ 1975 年为上升段（丰水期），自 1976 年开始转为下降段。且在每一个上升段或下降段内都有若干个较小的上升或下降的波动段。这表明临沂市年降水量存在一个比较长的丰、枯年的变化周期。

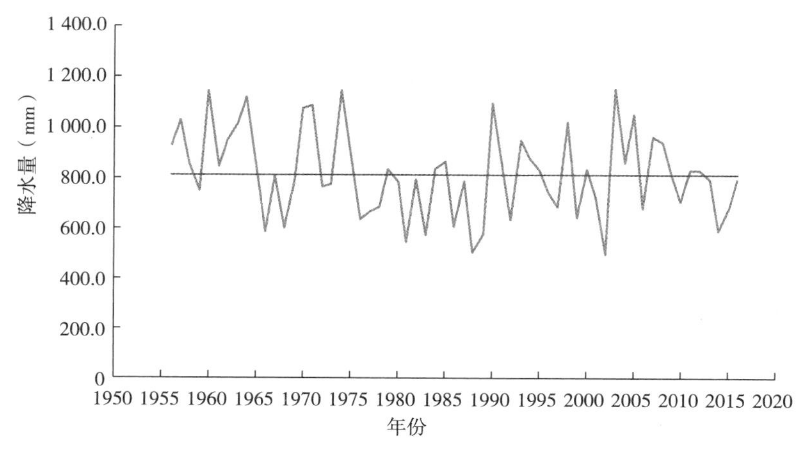

图 2-2　临沂市年降水量年际变化过程线

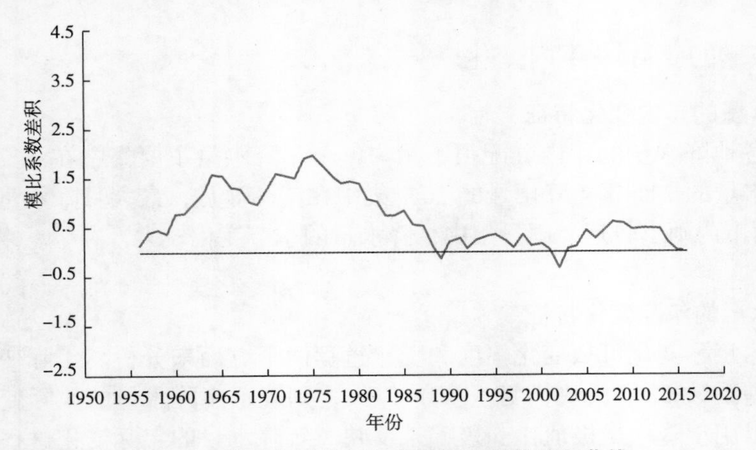

图 2-3　临沂市平均年降水量模比系数差积曲线

2.1.7.3　各水资源区年降水量变化趋势

从沂河区、沭河区、苍山区、日赣区以及潍河区年降水量过程线（见图 2-4～图 2-8）可以看出，各分区年降水量系列变化趋势基本一致。丰、枯水年交替出现，连续枯水年较长，各分区略有不同，这也是临沂市降水量变化的主要特征之一。

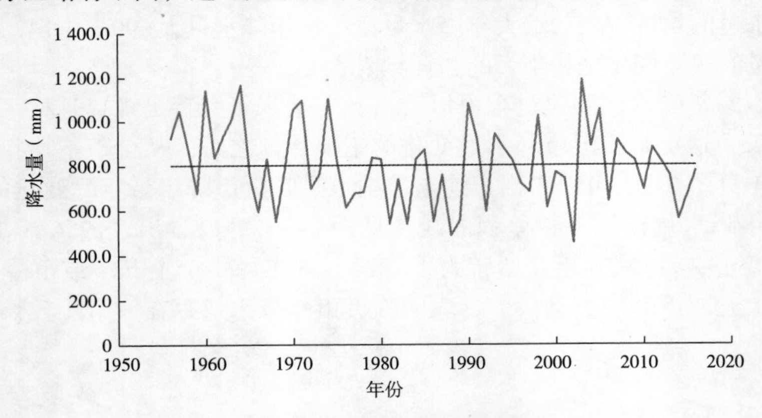

图 2-4　沂河区年降水量过程线

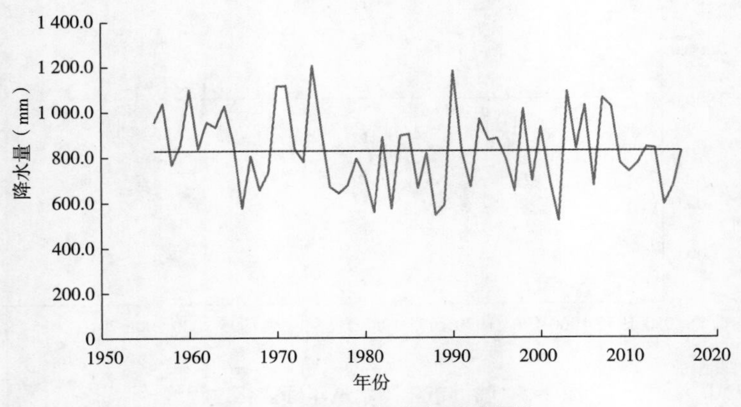

图 2-5　沭河区年降水量过程线

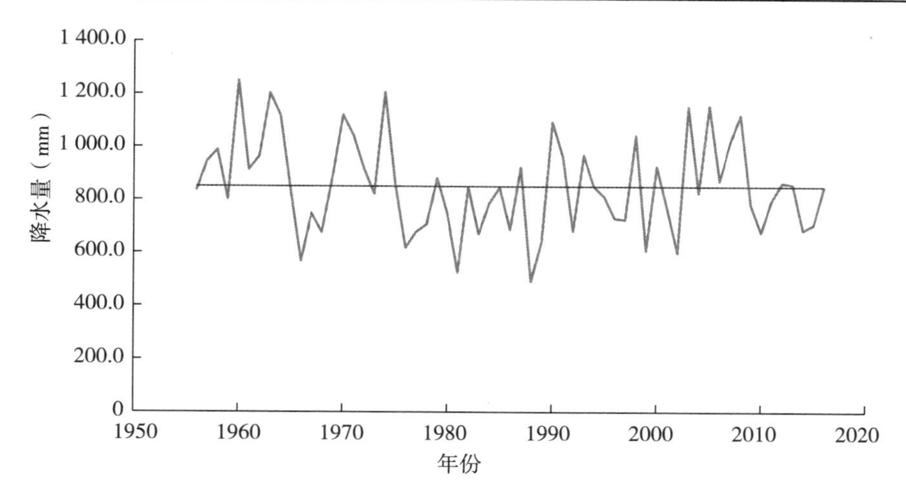

图 2-6　苍山区年降水量过程线

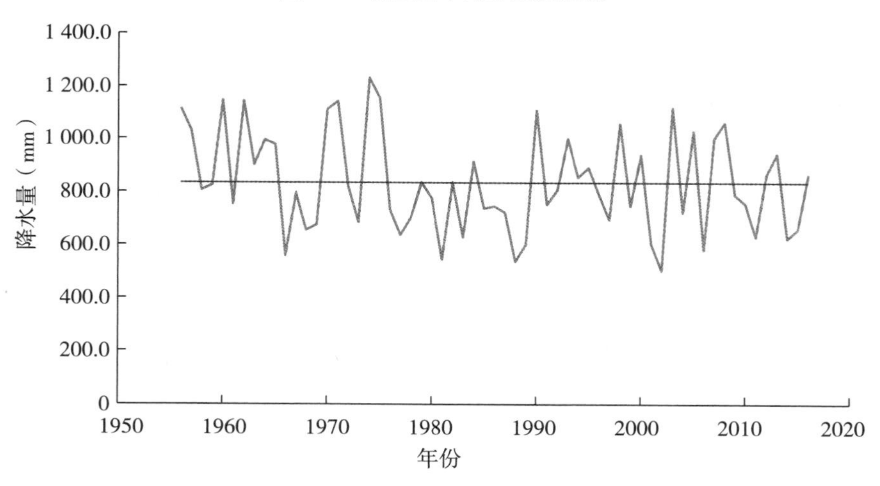

图 2-7　日赣区年降水量过程线

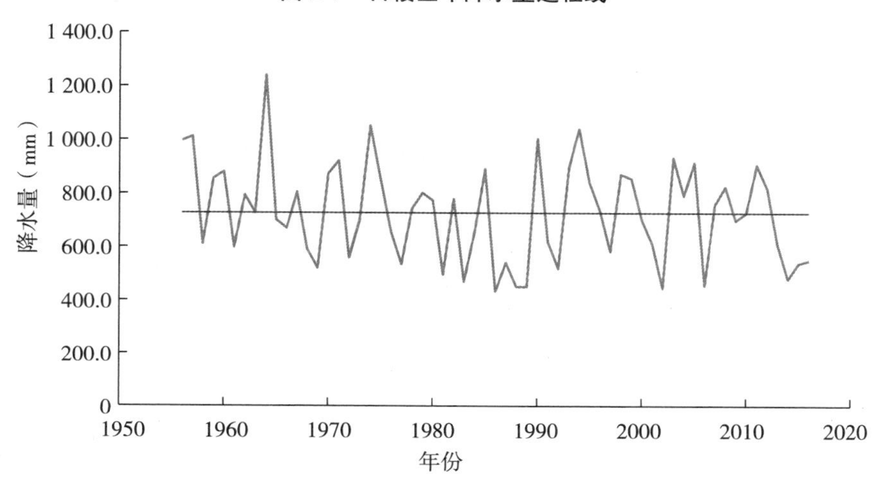

图 2-8　潍河区年降水量过程线

2.1.8　小结

本次对临沂市 1956 ～ 2016 年降水量进行评价，主要结论如下：

（1）临沂市 1956 ～ 2016 年年均降水量为 815.8 mm，折合降水总量 140.2 亿 m^3。

（2）临沂市降水地区分布的总体特点为：东大西小、南大北小，从东南向西北递减。

（3）临沂市降水的年际变化较为剧烈，极值比较大，年降水量变差系数较大，有明显的丰、枯水交替出现的特点。多年平均降水年内分配的特点表现为汛期集中，季节分配不均匀，最大、最小月悬殊。

（4）选取省内青岛长系列雨量站，进行年降水量系列代表性分析，综合而言，1956 ～ 2016 年系列代表性总体较好、略微偏丰。

2.2　蒸　发

2.2.1　评价基础

蒸发能力是指充分供水条件下的蒸发量。近似用 E-601 型蒸发皿观测的水面蒸发量代替。

全市选用气象部门蒸发站 9 处，资料系列为 1980 ～ 2016 年，均为实测资料。水面蒸发站观测仪器为 *Φ*20 型蒸发器。在进行单站分析时，借鉴了上次评价成果及以往分析的相关成果，将单站蒸发量按照相应折算系数折算为 E-601 型蒸发皿蒸发量，再用分区蒸发量折算系数成果表算术平均法求得各站 1980 ～ 2016 年平均蒸发量；亦可将 1980 ～ 2016 年平均 *Φ*20 蒸发量按照相应折算系数折算为 E-601 蒸发量。折算系数采用山东省水文局提供的资料，见表 2-11。临沂市选用站多年平均蒸发能力和干旱指数成果见表 2-12。

表 2-11　分区蒸发量折算系数成果

分区名称	折算系数	水文资料分析系数													气象资料年折算系数
		1	2	3	4	5	6	7	8	9	10	11	12	年	
泰沂山南区	*R*=E-601/*Φ*80			0.90	0.90	0.82	0.82	0.81	0.87	0.92	0.96	1.04	1.00		
	R=E-601/*Φ*20	0.62	0.56	0.68	0.66	0.66	0.67	0.67	0.75	0.78	0.76	0.78	0.63	0.69	0.64

2.2.2　水面蒸发量

以各蒸发站 1980 ～ 2016 年平均年蒸发量为主要依据，综合考虑地形、气象等因素，结合以往相关图的等值线走向、高低值区，绘制临沂市 1980 ～ 2016 年平均年蒸发能力等值线图（见附图 3）。

表 2-12　临沂市选用站多年平均蒸发能力和干旱指数成果

流域	选用站名	多年平均			备注
		蒸发能力（mm）	降水量（mm）	干旱指数	
沂河	沂水气象站	1 073.5	720.4	1.46	
	蒙阴气象站	1 123.1	758.7	1.43	
	沂南气象站	1 049.2	778.8	1.38	
	平邑气象站	1 035.7	746.7	1.43	
	费县气象站	1 067.0	783.8	1.32	
	临沂气象站	1 071.8	815.2	1.27	
沭河	莒南气象站	985.4	787.5	1.21	
	临沭气象站	929.4	860.2	1.06	
中运河	苍山气象站	917.3	819.5	1.16	

等值线合理性检查：首先，结合自然地理条件检查等值线的分布；其次，借助于蒸发能力与气象因子（如湿度、温度、风速和日照时数等）的关系对等值线进行检查，干旱高温地区的蒸发能力大于植被良好、湿度较大的地区；最后，将本次绘制的等值线图与以往编制的有关图进行对照，总体趋势一致；与邻近市的等值线图进行对照，等值线衔接良好。由此说明，全市 1980 ～ 2016 年平均年蒸发能力等值线图是合理的。

蒸发量的地区分布：临沂市 1980 ～ 2016 年平均年蒸发量为 917 ～ 1 124 mm，总体变化趋势是由西北向东南递减，具有较好的规律性。

蒸发量多年变化分析：将本次评价的 21 年平均蒸发量与 1956 ～ 1979 年均蒸发量对比，发现绝大部分地区的 1980 ～ 2016 年平均年蒸发量均较 1956 ～ 1979 年的小，由此说明临沂市年蒸发量近期略有变小。

2.2.3　干旱指数

干旱指数是指年蒸发能力与年降水量的比值，是反映气候干湿程度的指标。干旱指数小于 1，表明该地区蒸发能力小于降水量，气候湿润；干旱指数大于 1，表明该地区蒸发能力大于降水量，气候偏于干旱。干旱指数越大，干旱程度就越严重。临沂市各站 1980 ～ 2016 年平均年蒸发量及干旱指数见表 2-12。

从表 2-12 可以看出，临沂市各地 1980 ～ 2016 年平均年干旱指数一般在 1.0 ～ 1.5，根据我国气候干湿分带与干旱指数的关系表，临沂市属于半湿润气候带。

2.2.4　小结

本次依据 1980 ～ 2016 年蒸发量序列，主要评价结论如下：

（1）临沂市年平均水面蒸发量在 917 ～ 1 124 mm，总体变化趋势是由西北向东南递减。

（2）临沂市蒸发能力年际变化的幅度较小。多年平均水面蒸发量年内分配的特点表现为集中在 3 ～ 10 月，最大、最小月蒸发量值悬殊。

（3）临沂市各地 1980 ～ 2016 年平均年干旱指数一般在 1.0 ～ 1.5，总体趋势是由东南向西北递增。根据我国气候干湿分带与干旱指数的关系，临沂市属于半湿润气候带。

2.3　地表水资源量

2.3.1　评价基础与方法

2.3.1.1　评价基础

地表水资源量是河流、湖泊、水库等地表水体中由当地降水形成的可以逐年更新的动态水量，用天然河川径流量表示。随着经济社会的发展，人类活动的影响改变了河川径流的天然时空变化过程。为使资料系列一致，本次评价通过实测径流还原计算和天然径流量系列一致性分析与处理，提出将系列一致性较好、反映近期下垫面条件下的天然年径流量作为地表水资源量。

本次评价在全市选用了径流资料系列较长的 15 个水文站，共计 915 站年资料，均为实测资料。全市选用站平均站网密度 1 146 km^2/ 站。资料系列为 1956 ～ 2016 年，采用的径流实测资料全部按照国家规范要求进行严格审核，资料可靠。

2.3.1.2　评价方法

1. 单站天然河川径流量的还原、修正等情况

此次径流还原计算采用分项调查分析法对控制站以上地表水的蓄、引、提、用水量进行还原，将实测径流量系列还原为近期下垫面条件下的径流量系列。对第二次全市水资源评价已经还原计算的单站 1956 ～ 2000 年径流系列，一律不作重新还原计算。但是人类活动较大程度地改变了流域下垫面条件，导致产汇流条件发生了变化，本次评价对各站 1956 ～ 2016 年天然年径流系列进行一致性分析，对同量级降水情况下 1956 ～ 2000 年点据明显偏离 2000 ～ 2016 年点据的站点，对其 1956 ～ 2000 年天然径流量系列进行了修正。

本次评价对主要控制站进行了逐月还原计算，提出历年逐月的天然径流量系列；对某些逐月还原计算确有困难的站，按照用水的不同发展阶段选择丰、平、枯典型年份，调查其年用水消耗量及年内分配情况，并据之推求其他年份的月还原水量。对于其他选用站，只进行年径流还原计算，提出历年天然径流系列。还原计算分河系自上而下、按水文控制断面分段进行，逐级累计成全流域的天然径流量。

径流还原计算采用分项调查法，根据历年水文调查资料，应用下列水量平衡方程式进行还原计算：

$$W_{天}=W_{实测}+W_{农耗}+W_{工业}+W_{生活}\pm W_{蓄}\pm W_{引水}\pm W_{分洪}\pm W_{其他} \quad (2\text{-}3)$$

式中：$W_{天}$为还原后的天然径流量；$W_{实测}$为水文站实测径流量；$W_{农耗}$为农业灌溉耗损量；$W_{工业}$为工业用水耗损量；$W_{生活}$为城镇生活用水耗损量；$W_{蓄}$为水库蓄水变量，增加为正，减少为负；$W_{引水}$为跨流域（或跨区间）引水量，引出为正，引入为负；$W_{分洪}$为河道分洪决口水量，分出为正，分入为负；$W_{其他}$为其他还原项，可根据各站具体情况而定。

各项水量的确定方法如下：

（1）实测径流量 $W_{实测}$。全省各选用水文站历年逐月实测径流量，均根据水文年鉴相应月份平均流量乘以各月秒数求得，年径流量为各月径流量之和。

（2）农业灌溉耗损量 $W_{农耗}$。指农田、林果、草场引水灌溉过程中，因蒸发消耗和渗漏损失掉而不能回归到河流的水量。山东省大型水库和部分引河灌区有实测引水量资料，中小型水库、灌区有当年水文调查的用水量资料。

农业灌溉耗损量为主要还原项，在总还原水量中占有较大比重，对还原成果有较大影响。为保证还原成果质量，对当年水文调查的农业灌溉耗损量资料进行了合理性检查。检查时主要采用绘制各控制站以上或区间历年降水量过程线及灌溉还原水量与年降水量的比值 K 值过程线进行对比的方法。

对明显不合理的年份采用如下方法重新进行核算：

①灌区内有年引水总量资料，按下式计算：

$$W_{农耗}=(1-\beta)W_{总} \tag{2-4}$$

式中：$W_{农耗}$为灌溉耗损水量；β 为灌区（包括渠系和田间）回归系数；$W_{总}$为渠道引水总量。

回归系数的确定，有实测引退水资料时，采用实测资料分析确定；无实测资料时，考虑各灌区的气候、地形、土壤、作物组成、渠道土壤和水文地质条件、衬砌情况、灌溉方式、灌溉管理水平和灌区规模大小等情况，并参考第二次水资源调查评价采用值，综合分析确定。临沂市各选用站 2001 ～ 2016 年回归系数为 0 ～ 0.2。

②根据灌溉定额、灌溉面积和灌溉次数确定：用净灌溉用水量近似地作为灌溉耗水量，即考虑田间回归水和渠系蒸发损失两者相抵消，采用下式计算：

$$W_{农耗}=nmF \tag{2-5}$$

式中：n 为灌水次数，根据作物组成，以及当年的降水、蒸发、气温等气象条件，对丰、平、枯降雨情况采用不同的灌水次数，本次评价取值范围在 2 ～ 6；mF 可理解为 $mF=m_1f_1+m_2f_2+m_3f_3+m_4f_4+\cdots+m_if_i$，$m_i$ 为不同灌水季节不同作物的净灌溉定额，m^3/（亩・次），本次评价取值范围在 20 ～ 100 m^3/（亩・次），f_i 为不同灌水季节不同作物的次实灌面积，亩，根据季节性作物种植面积和可能灌溉比例来计算。

农业灌溉耗水量的月分配有实测引水资料时，按实测引水过程分配；无实测引水资料时，移用流域内或相邻流域灌区的实测引水过程进行月分配。

（3）工业耗水量 $W_{工耗}$。对提供城市工业用水的水库，根据实测引水量和损耗系数确定。损耗系数根据工矿企业的水平衡测试、废污水排放量监测和典型调查、丰枯程度、入河口到测验断面距离、地下水埋深等有关资料综合确定。工业耗水量年内变化不大，将年还原计算水量平均分配到各月，得到各月工业耗水量。

（4）居民生活耗水量 $W_{生活}$。城镇居民生活用水量通过自来水厂调查收集，耗水量由下式计算：

$$W_{生活}=\beta' W_{用水} \tag{2-6}$$

式中：$W_{生活}$为生活耗水量；β'为生活耗水率；$W_{用水}$为生活用水量。

收集资料时，仅调查地表水用水量。在径流还原时主要考虑城镇生活用水，农村生活用水面广量小，且多为地下水，对测站径流影响很小，不作还原计算。

城镇生活用水的年内变化小，各月生活耗水量由年还原水量按月平均分配求得。

工业、城镇生活用水耗水系数（率），本次评价取值范围在 0.3 ～ 1.0。

（5）水库蓄水变量 $W_{蓄}$。大中型水库历年逐月蓄水变量，根据历年逐月实测水位及库容曲线查算；小型水库根据调查值分配至月。月分配采用以下两种方法：

①直接移用流域内实测月过程。

②当年蓄水变量为正时，分配到年内汛期各月，分配时考虑汛期各月降水量大小；当年蓄水变量为负时，分配到枯水期各灌溉月份，分配时考虑各月需水量大小。

（6）跨流域引水量 $W_{引水}$。山东省跨流域引水量，主要是指引黄水量汇入河道中的部分水量、控制站以上流域间调配水量。引黄灌溉退水量的计算采用各引黄闸实测引黄水量，乘以退水系数求得，退水系数为 0 ～ 0.3。

（7）水库渗漏量 $W_{库渗}$。本次评价仅对渗漏量较大的水库站进行水量还原计算，并采用如下水量平衡方程式估算水库渗漏量：

$$W_{库渗}=W_{入}+W_{雨}-W_{出}-W_{蒸}\pm W_{库蓄} \tag{2-7}$$

式中：$W_{入}$为月入库径流量，即从库区水面周边上游流入水库的水量；$W_{雨}$为月水库水面降水量；$W_{出}$为月出库径流量；$W_{蒸}$为月水库水面蒸发量；$W_{库蓄}$为水库月蓄水变量。

在有实测入库径流资料时，用式（2-7）直接计算 $W_{库渗}$。无实测入库径流资料时，选用枯水季节入库径流量为零的月份，用式（2-7）估算 $W_{库渗}$。然后，点绘该库月平均水位与月渗漏量相关图，并用各月平均水位在相关线上查得相应月份水库渗漏水量。

水库渗漏量仅用于水库本站的还原计算。对于其下游站来说，水库渗漏水量一般会汇流到测流断面，故不予考虑。

2. 天然年径流系列的一致性处理

第二次水资源调查评价已经进行还原计算的各站系列成果，本次评价一律不作重新还原。但由于人类活动影响，某些流域下垫面条件发生了较大变化，在同量级降水的情况下近期的天然年径流量较第二次水资源调查评价成果明显偏小，表明系列需进行一致性修正。本次评价在分析原因的基础上，对第二次水资源调查评价还原的单站径流成果进行了修正，使计算成果能较好地反映近期下垫面条件下的地表水资源量。

3. 单站径流资料的插补延长

单站径流还原计算只针对有实测径流资料的年份，为得到 1956 ～ 2016 年同步期天然年径流量系列，需要对无实测径流资料的年份进行插补延长。

本次分析主要采用以下方法进行资料系列的插补展延：

（1）相关分析法：采用插补站流域平均年降水量—天然年径流深或参证站—插补站天然年径流深相关关系进行插补。选用的参证站一般是插补站的上下游站或相邻流域水文站，且与插补站的气候和下垫面条件基本一致。

（2）水文比拟法：直接采用参证站（上下游站或相似流域站）的天然年径流深或年径流系数，插补延长缺测年份的天然径流资料。

4. 单站成果的合理性检查

对单站径流还原成果，主要从如下几个方面进行合理性审查：

（1）单站流域平均年降水量—年径流深关系检查：点绘还原修正后的各站历年降水量—年径流深关系图，绝大部分站点点据分布比较集中、无系统偏差、相关性较好。对有些站个别偏离关系线较远的点据进行了深入分析，找出了偏离原因，并对个别不合理的点据进行修正。

（2）上下游水量平衡检查：对具有两个或两个以上选用站的河流都作了水量平衡检查，基本上符合一般规律。

（3）对上下游、不同地区间年降水量、年径流深、年径流系数以及年降水—径流关系进行了对照检查，均符合一般规律。

（4）逐站对月天然径流过程进行了合理性检查。汛期，各月天然径流量与月降水量相应；枯水期，月天然径流量的变化过程符合天然径流的退水规律。对降水、径流不相应或天然月径流量出现负值的情况，都查明了原因，并视不同情况进行了适当调整。

5. 分区年径流量计算

各水资源四级区内各县（区）面积上的年天然径流量的计算方法如下：

（1）分区内有控制站时，根据选用控制站近期下垫面条件下的天然径流量系列，用水文比拟法求得未控区的天然年径流量系列，二者逐年相加，求得该分区的天然年径流量系列。

未控区的径流量计算方法如下：

①面积比缩放法：当分区内选用水文站能控制该区面积的绝大部分，且控制站上下游降水、产流等条件相近时，由控制站以上天然年径流量除以控制站集水面积，求得控制站以上的平均年径流深，并直接借用到未控区上计算未控区的天然年径流量。

②径流系数法：当分区内控制站上下游降水量差异较大而产流条件相似时，借用控制站以上的年径流系数，乘以未控区的年降水量，求得未控区的年径流量。

（2）分区内没有控制站时，借用邻近自然地理特征相似流域的年径流系数或年降水—径流关系，并根据本分区面平均年降水量，求得分区年径流量；或直接借用邻近相似流域的年径流深，乘以该分区面积求得。

四级区年径流量由该四级区内所含各县（区）面积上的年径流量相加求得。三级区年径流量由其所含四级区年径流量相加求得。以此类推，便可求得各二级区和全临沂市的年径流量。由各级分区的年径流量除以相应的分区面积，求得各级分区的年径流深，进而求出各级分区 1956 ～ 2016 年的年径流量和年径流深系列。

将各四级区中同一县（区）各部分面积上的年径流量相加，求得县（区）年径流量。由各县（区）年径流量除以该县（区）的面积，求得该县（区）的径流深。由此可算出 1956 ～ 2016 年各县（区）年径流量和年径流深系列。

临沂市 1956 ～ 2016 年径流量计算成果见表 2-13。

表 2-13　临沂市 1956 ～ 2016 年径流量计算成果

年份	年径流深（mm）	年径流量（万 m^3）	年份	年径流深（mm）	年径流量（万 m^3）
1956	327.0	561 986	1987	181.0	311 111
1957	523.9	900 338	1988	102.1	175 544
1958	224.6	385 948	1989	62.4	107 308
1959	113.5	195 096	1990	408.1	701 328
1960	486.1	835 376	1991	347.0	596 366
1961	223.5	384 093	1992	112.0	192 531
1962	432.4	743 061	1993	340.6	585 272
1963	590.2	1 014 253	1994	316.2	543 491
1964	443.0	761 424	1995	306.3	526 417
1965	299.3	514 456	1996	207.6	356 712
1966	128.2	220 320	1997	217.7	374 124
1967	199.2	342 325	1998	472.7	812 396
1968	91.7	157 631	1999	148.5	255 145
1969	131.2	225 517	2000	254.9	438 094
1970	374.8	644 201	2001	239.9	412 281
1971	498.6	856 977	2002	58.3	100 125
1972	192.6	330 947	2003	435.0	747 608
1973	236.0	405 658	2004	286.7	492 722
1974	519.8	893 373	2005	502.7	863 920
1975	289.6	497 673	2006	202.3	347 591
1976	176.5	303 415	2007	357.9	615 076
1977	160.2	275 314	2008	401.6	690 219
1978	185.6	318 978	2009	290.6	499 442
1979	188.6	324 053	2010	161.5	277 609
1980	287.6	494 263	2011	193.4	332 463
1981	125.8	216 224	2012	340.3	584 837
1982	231.2	397 402	2013	186.4	320 332
1983	90.2	154 961	2014	26.0	44 710

续表 2-13

年份	年径流深（mm）	年径流量（万 m^3）	年份	年径流深（mm）	年径流量（万 m^3）
1984	246.5	423 559	2015	59.3	101 948
1985	291.3	500 601	2016	137.3	235 924
1986	150.6	258 814	平均	259.3	445 588

2.3.2　地表水资源量

2.3.2.1　分区天然径流量

分区水资源量，即现状条件下的区域天然径流量。本次评价对各分区分别计算 1956 ～ 2016 年、1980 ～ 2016 年多年平均地表水资源量以及不同频率（20%、50%、75%、95%）地表水资源量。

频率计算采用 P- Ⅲ型曲线，各分区均值采用算术平均法计算，变差系数 C_v 值采用适线成果，$C_s / C_v = 2.0$。

分区水资源量的计算，与降水部分相同，包括水资源分区、水资源四级区套县级行政区和县级行政区三类分区水资源量的计算。

1956 ～ 2016 年全市水资源三、四级区天然径流量计算成果见表 2-14。

表 2-14　1956 ～ 2016 年临沂市水资源分区天然年径流量成果

水资源三级区	水资源四级区	计算面积（km^2）	统计参数				不同频率水资源总量（万 m^3）			
			年均值（万 m^3）	年均值（mm）	C_v	C_s / C_v	20%	50%	75%	95%
沂沭河区	沂河区	9 563	245 052	256.3	0.57	2.0	347 999	219 381	142 972	68 904
	沭河区	3 847	104 019	270.4	0.48	2.0	142 055	96 150	67 511	37 543
中运河区	苍山区	2 600	70 201	270.0	0.70	2.0	104 773	59 203	34 186	12 894
日赣区	日赣区	876	20 066	229.1	0.59	2.0	28 748	17 810	11 394	5 292
潍弥白浪区	潍河区	300	6 250	208.3	0.69	2.0	9 293	5 300	3 094	1 193
沂沭河区		13 410	349 071	260.3	0.53	2.0	487 517	317 193	213 950	110 073
临沂市		17 186	445 588	259.3	0.52	2.0	622 045	405 048	273 443	140 908

对 1956 ～ 2016 年系列，就多年平均年径流深而言，全市各水资源三级区中中运河区年径流深最大，为 270.4 mm；潍弥白浪区最小，为 208.3 mm。各水资源分区年径流深均大于 200 mm。就多年平均年径流量而言，沂沭河区年径流量最大，为 349 071 万 m^3；潍弥白浪河区最小，为 6 250 万 m^3。

2.3.2.2　县级行政区天然径流量

县级行政区的天然径流量等于其被水资源四级分区界线所分割的各单元天然径流量之和。在计算出各县（区）天然年径流量系列之后，再分别计算出 4 个系列的统计参数和不同保证率的天然年径流量。

1956 ～ 2016 年临沂市不同系列各县级行政分区天然径流量计算成果见表 2-15。

表 2-15　1956 ～ 2016 年临沂市不同系列各县级行政分区天然年径流量成果

县级行政区	计算面积（km^2）	统计参数				不同频率水资源总量（万 m^3）			
		年均值（万 m^3）	年均值（mm）	C_v	C_s/C_v	20%	50%	75%	95%
兰山区	888	23 069	259.8	0.69	2.0	34 275	19 579	11 454	4 432
罗庄区	567	15 017	264.8	0.75	2.0	22 763	12 348	6 814	2 321
河东区	831	23 735	285.6	0.52	2.0	32 982	21 656	14 744	7 724
沂南县	1 714	46 189	269.5	0.60	2.0	66 555	40 749	25 752	11 669
郯城县	1 191	32 472	272.6	0.56	2.0	46 055	29 104	19 019	9 214
沂水县	2 435	54 399	223.4	0.63	2.0	79 113	47 477	29 370	12 742
兰陵县	1 719	46 835	272.5	0.68	2.0	69 490	39 828	23 392	9 121
费县	1 655	45 365	274.1	0.59	2.0	64 968	40 283	25 793	12 002
平邑县	1 825	41 501	227.4	0.64	2.0	60 695	35 982	21 948	9 246
莒南县	1 752	44 830	255.9	0.51	2.0	62 179	40 962	27 983	14 757
蒙阴县	1 602	42 554	265.6	0.61	2.0	61 412	37 476	23 600	10 617
临沭县	1 007	29 623	294.2	0.47	2.0	40 340	27 437	19 359	10 868
临沂市	17 186	445 588	259.3	0.53	2.0	622 045	405 048	273 443	140 908

对 1956 ～ 2016 年系列，就多年平均年径流深而言，全市各县级行政区中临沭县年径流深最大，为 294.2 mm；沂水县年径流深最小，为 223.4 mm。各县（区）年径流深均大于 200 mm。就多年平均年径流量而言，沂水县年径流量最大，为 54 399 万 m^3；罗庄区年径流量最小，仅为 15 017 万 m^3。

2.3.3　时空分布

2.3.3.1　空间分布

临沂市 1956 ～ 2016 年平均年径流深 259.3 mm（年径流量为 44.56 亿 m^3）。年径流深在地区上分布很不均匀，全市年径流深在 220 ～ 300 mm。

1. 径流分布的基本趋势

全市河川径流主要由降雨补给，年径流在地区上的分布趋势同年降水一致，径流受下垫面条件影响十分明显，年径流深地区分布不均匀性比年降水量更大。从 1956 ～ 2016 年平均年径流深等值线图（见附图 4）上可以看出其分布总趋势是：南大北小、东大西小，山区大、丘陵平原小。

临沂市内 1956 ～ 2016 年平均年径流深 275 mm 的等值线从费县南部的梁邱镇、县城、西北的上冶水库经蒙阴县南部的郭家水营转孟良崮，到沂南县的孙祖镇、杨家坡镇进入莒县出市界。

该等值线西北部即蒙阴县、沂南县大部，费县少部和平邑、沂水全部地区，年径流深均小于 275 mm，是市内河川径流量的最低值。该等值线东南部，即市内的大部分地区年径流深都大于 275 mm。蒙山东北部黄仁水库到青驼附近和苍山西北部山区年径流深达 300 mm 以上，是高值区。高值区的年径流深比低值区大 140 mm 以上，是低值区的 1.7 倍，但高值区的年降水量仅是低值区年降水量的 1.2 倍。

2. 年径流深分布地带的划分

按照全国划分的五大类型地带，全市一小部分区域属于年径流深分布的多水带，大部分区域为过渡带。

全国按年径流深多寡划分的五大地带是：

（1）丰水带：年径流深在 1 000 mm 以上，相当于降水的十分湿润带，年径流系数大多在 0.50 以上。

（2）多水带：年径流深在 1 000 ～ 300 mm，相当于降水的湿润带，年径流系数大多在 0.50 ～ 0.30。

（3）过渡带：年径流深在 300 ～ 50 mm，相当于降水的过渡带，年径流系数大多在 0.30 ～ 0.10。

（4）少水带：年径流深在 50 ～ 10 mm，相当于降水的干旱带，年径流系数大多在 0.10 以下。

（5）干涸带：年径流深在 10 mm 以下。

兰陵县大部、临沭县全部及莒南县南部和蒙阴、沂南、费县的部分地区为多水带，其他大部分地区为过渡带，多水带面积占全市总面积的很小一部分。

3. 主要河流年径流深沿程变化趋势

受年径流深分布总趋势和地带的影响，以及各河流所处的地理位置和流向的不同，归纳起来区内各主要河流年径流深沿程变化有以下三种趋势：

（1）年径流深自上游向下游逐渐减少。如东、西洳河，上游为山区，下游为平原，上下游降水量无太大变化（上游稍大）。上游径流系数大，下游径流系数小。

（2）年径流深自上游向下游逐渐增加。如祊河，上下游地形条件基本相似，产流条件基本相同，但年降水量自上游向下游递增，上游径流系数小，下游径流系数大，为自西向东流的河流。

（3）年径流深自上游到下游无明显变化。如沂、沭河干流及东汶河。这些河流或者是上下游地形条件相似，年降水量无明显变化（东汶河），或者是上游为山区，下游为平原，但中下游地区降水量比上游降水量大。

2.3.3.2 年际变化

全市年径流量的年际变化比降水量更为剧烈。如沂河临沂水文站 1964 年天然年径流量为 622 058.2 万 m^3（修正后），是 2014 年径流量 18 365.0 万 m^3 的 33.9 倍。

临沂市 1956 ～ 2016 年平均径流深变差系数等值线图（见附图 5）在 0.47 ～ 0.75，变化的总趋势是中部较大、四周较小，中部的兰山区、罗庄区一般在 0.69 ～ 0.75，东南部的临沭、莒南两县一般在 0.47 ～ 0.51，其他县（区）一般在 0.52 ～ 0.68。年径流变差系数 C_v 和年径流深两种等值线图对照表明：在同一流域或地区，年径流量变差系数 C_v 一般随着年径流深的减少而加大。C_v 值在地区上的分布趋势是平原小、山区大；干旱地区大、湿润地区小。

临沂市内径流量的年际变化特征是：变化幅度大，丰、枯水年交替出现，往往发生连续丰水或连续枯水的情况。

2.3.3.3　年内分配

临沂市内河川径流以雨水补给为主，径流量年内变化十分剧烈，汛期洪水暴涨暴落，易形成水灾，枯水期径流量很小，甚至断流，水源严重不足。代表站临沂站及大官庄站河川径流月分配过程见表 2-16。

表 2-16　临沂市代表站径流月分配过程

水系	站名	月份	1	2	3	4	5	6	7	8	9	10	11	12	全年	6～9月
沂河	临沂站	径流深（mm）	4.7	3.5	3.3	4.1	5.3	12.5	81.2	76.6	33.6	11.8	8.0	6.2	250.8	203.9
		月分配（%）	1.9	1.4	1.3	1.6	2.1	5.0	32.4	30.6	13.4	4.7	3.2	2.5	100.0	81.3
沭河	大官庄站	径流深（mm）	4.3	3.3	3.8	4.0	5.9	12.5	78.5	75.2	34.1	12.3	7.6	5.5	246.9	200.3
		月分配（%）	1.8	1.3	1.6	1.6	2.4	5.0	31.8	30.5	13.8	5.0	3.1	2.2	100.0	81.1

从表 2-16 可以看出，全市的河川年径流量 80% 以上集中在汛期的 6～9 月 4 个月，最大径流量出现在 7 月，枯季 8 个月的径流量不到年径流量的 20%。

临沂市天然径流量年内变化非常不均匀，汛期洪水暴涨暴落，突如其来的特大洪水，不仅无法充分利用，还会造成严重的洪涝灾害；枯季河川径流量很少，导致河道经常断流，水资源供需矛盾突出。临沂市多年平均 6～9 月天然径流量占全年的 75%左右，其中 7 月、8 月天然径流量约占全年的 57%，而枯季 8 个月的天然径流量仅占全年径流量的 25%左右。河川径流年内分配高度集中的特点，给水资源的开发利用带来了困难，严重制约了临沂市社会经济的快速健康发展。

2.3.4　出入境水量

2.3.4.1　入境水量

入境水量指的是从外市实际流入本市境内的水量。从总体上看，外区流入本区的河流是：沂河从淄博市的沂源县通过沂河干流流入沂水县和通过周边的一些小支流流入沂水、蒙阴、平邑、费县等县；沭河从中游的莒县通过沭河干流进入莒南县和通过周边的一些小支流进入莒南、临沭、郯城等县；中运河水系的西泇河从枣庄市通过小支流进入兰陵县。以上这些入境河流中入境水量较大的是从沂源县通过沂河干流进入沂水县的水量和沭河从莒县通过沭河干流进入莒南县的水量，其他小支流进入的水量均较小，对本市水资源的开发利用影响甚微。

入境水量仅计算对全市水资源开发利用影响较大的沂沭河流域通过干流流入的水量。计算方法是将控制站（沂河东里店站、沭河大公书站）实测年径流量，作为沂河、沭河干流年入境水量。

通过计算可知，沂河、沭河干流多年平均年入境水量为 59 076 万 m^3。

2.3.4.2　出境水量

出境水量是指实际流出本市边界进入邻市或邻省的水量。全市出境水情况是：沂河从郯城出境流入江苏；沭河从上游沂水流入莒县，到下游大官庄分为两条，新沭河向东流入江苏省，老沭河自郯城出境流入江苏省；龙王河从临沂市临港区流入江苏省；中运河区通过一些边界河沟流入江苏省。以上这些出境水量中较大的是沂河、沭河出境水量，中运河区支流的出境水量，龙王河的出境水量。

1. 沂、沭河干流出境水量计算

沭河从沂水县进入莒县的水量是以青峰岭水库的入库来水量反推求得，新沭河的根据大兴镇站的实测资料推求，老沭河的根据新安站的实测资料推求，沂河的以堪上站的实测径流量推求。

通过计算可知，沂河、沭河干流多年平均出境水量为 316 301 万 m^3。

2. 中运河区支流的出境水量计算

根据 2011 ～ 2016 年西伽河大桥站、汶河南桥站、吴坦河沙元站、燕子河季庄站、邳苍分洪道付村站的实测资料推求。

通过计算可知，中运河区支流的出境水量平均年出境水量为 40 321 万 m^3。

3. 龙王河的出境水量

根据 2011 ～ 2016 年龙王河壮岗站的实测资料推求。

通过计算可知，龙王河的出境水量平均年出境水量为 11 630 万 m^3。

2.3.4.3　出、入境水量变化趋势

临沂市沂河、沭河不同统计系列平均年出境水量成果见表 2-17。出境水量多年变化趋势见图 2-9。

表 2-17　临沂市沂沭河流域不同统计系列平均年出境水量　（单位：亿 m^3）

统计年限	出省境水量	
	沂河	沭河
1956 ～ 2000 年	19.53	13.22
2001 ～ 2016 年	18.30	10.16
1956 ～ 2016 年	19.21	12.42

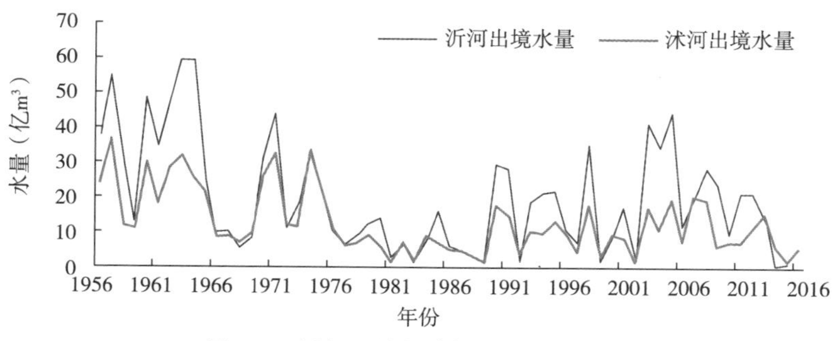

图 2-9　沂河、沭河出境水量变化趋势

2.3.5　小结

本次对临沂市 1956 ～ 2016 年地表水资源量进行评价，主要结论如下：

（1）临沂市 1956 ～ 2016 年系列多年平均地表水资源量为 44.56 亿 m^3。

（2）临沂市年径流深的分布很不均匀，总的分布趋势是从南向北递减。多年平均年径流深多在 220 ～ 300 mm。

（3）临沂市地表水资源量的年际变化较为剧烈，极值比较大，年径流量变差系数较大，有连续丰水年和连续枯水年现象。多年平均地表水资源量年内分配的特点表现为汛期集中，最大、最小月悬殊。

（4）临沂市 1956 ～ 2016 年沂、沭河多年平均入境水量 5.91 亿 m^3，多年平均出境水量为 31.63 亿 m^3。

2.4　地下水资源量

2.4.1　评价基础

地下水是指赋存于地面以下饱水带岩土空隙中的重力水。本次评价的地下水资源量是指与当地降水和地表水体有直接水力联系、参与水循环且可以逐年更新的动态水量，即浅层地下水资源量。

在第二次全省水资源调查评价、第一次全省水利普查、水资源公报等成果的基础上，考虑下垫面条件变化，采用新资料、新参数、新方法开展调查评价。

本次地下水资源量评价内容包括：评价类型区与评价单元划分，近期下垫面条件下 2001 ～ 2016 年（简称评价期）多年平均地下水资源量评价，平原区及山丘区多年平均地下水可开采量评价，重点地下水水源地可开采量复核；同时，为进行水资源总量评价，计算 1956 ～ 2016 年逐年降水入渗补给量及其形成的河道排泄量。

考虑人类活动影响、与第二次全省水资源调查评价成果相衔接等因素，在近期下垫面条件下，对 1980 ～ 2000 年地下水资源量评价成果进行修正（主要修正降水入渗补给量），形成 1980 ～ 2016 年多年平均地下水资源量，进行对比分析。

本次重点评价矿化度 $M \leqslant 2$ g/L 的地下水资源量（其中 $M \leqslant 1$ g/L 的需单列）。对矿化度 $M > 2$ g/L 的地区，本次按照 2 g/L $< M \leqslant$ 3 g/L、3 g/L $< M \leqslant$ 5 g/L、$M >$ 5 g/L 共 3 级划分，只评价地下水补给量，但不作为地下水资源量。

2.4.1.1　**基础资料**

（1）临沂市最新的地形、地貌以及水文地质资料（临沂市 1∶25 万水文地质图）；近期（2001 ～ 2016 年）水文气象资料；近期（2001 ～ 2016 年）开采条件下的地下水动态监测资料（临沂市 2016 年年均地下水埋深分区图）；各县（区）水利局提供的地下水实际开采量资料，引水灌溉资料；山东省水均衡试验场、抽（压）水试验等试（实）验成果资料等。

（2）地下水资源量评价中所采用的降水量、蒸发量、地表水资源量应与本次水资源调查评价的相应成果衔接协调，地下水实际开采量应与供水量调查评价成果衔接协调，各级矿化度界线采用本次地下水质量评价的相关成果。

2.4.1.2　评价分区

地下水资源评价类型区的划分是地下水资源量评价的基础。临沂市地形地貌、水文地质条件、开发利用条件、降水特征等各处差异较大，造成地下水赋存、分布及动态变化特征各有不同。为提高地下水资源量评价成果精度，必须合理地划分评价类型区。

根据近期资料，复核第二次全市水资源调查评价的地下水资源量评价类型区成果，以水资源三级区套市级行政区为基础按Ⅰ～Ⅲ级依次划分类型区。

1. Ⅰ级类型区

根据区域地形地貌特征，将临沂市划分为平原区、山丘区两类Ⅰ级类型区。平原区地下水类型以松散岩类孔隙水为主，山丘区地下水类型以基岩裂隙水、碳酸盐岩类岩溶水为主。

2. Ⅱ级类型区

根据次级地形地貌特征和地下水类型，将临沂市划分为一般平原区、山间平原区、一般山丘区、岩溶山丘区四类Ⅱ级类型区。

根据次级地形地貌特征，将临沂市平原区划分为一般平原区（主要是山前倾斜平原区）和山间平原区（包括山间盆地平原区、山间河谷平原区等）两类Ⅱ级类型区。本次评价规定，被山丘区围裹、连续分布面积大于 200 km^2 或连续分布面积不大于 200 km^2 但 2012～2016 年年均实际开采量大于 1 000 万 m^3 的地势较低、相对平坦区域，一般应单独划分为平原区。

根据地下水类型，将临沂市山丘区划分为一般山丘区（以基岩裂隙水为主）和岩溶山区（以碳酸盐岩类岩溶水为主）两类Ⅱ级类型区。当某一山丘区内一般山丘区和岩溶山区相互交叉分布时，可按其中分布面积较大者确定Ⅱ级类型区。本次评价规定，被平原区围裹、连续分布面积大于 1 000 km^2 的残丘，可单独划为山丘区。

3. Ⅲ级类型区

在Ⅱ级类型区划分的基础上，根据区域地质构造、水文地质条件和水系流域的完整性，划分出若干水文地质单元；对平原区再依据包气带岩性（可按以下 8 级划分：卵砾石、粗砂、中砂、细砂、粉细砂、亚砂土、亚黏土、黏土）、多年平均地下水埋深、矿化度等分区；对山丘区根据水文测站控制范围和岩溶分布块段、地下水系统边界等把水文地质单元划分为若干个计算区，即Ⅲ级类型区。其中，面积小于 50 km^2 的计算区合并到相邻较大的计算区内。Ⅲ级类型区划分不跨水资源三级区界限。各Ⅲ级类型区总面积扣除水面面积和其他不透水面积后，称为计算面积。

本次评价主要按照水资源分区将临沂市划分为中运河山前倾斜平原区、沂沭河山前倾斜平原区、中运河山间平原区、沂沭河山间平原区、沂河一般山丘区、沭河一般山丘区、日赣一般山丘区、潍弥白浪一般山丘区、中运河岩溶山丘区、沂河岩溶山区共 10 类Ⅲ级类型区。

临沂市地下水评价类型区分区见表 2-18，分布图见图 2-10。

表 2-18　临沂市地下水评价类型区分区

Ⅱ级类型区		水资源三级区	Ⅲ级类型区		总面积（km^2）	涉及区（县）
名称	类型		名称	编号		
临郯苍平原区	一般平原区	中运河区	中运河山前倾斜平原区	P–1	872	罗庄区、郯城县、兰陵县
		沂沭河区	沂沭河山前倾斜平原区	P–2	1 913	兰山区、罗庄区、河东区、郯城县
临郯苍平原区	山间平原区	中运河区	中运河山间平原区	P–3	60	罗庄区
		沂沭河区	沂沭河山间平原区	P–4	500	沂南县、沂水县、费县、莒南县、临沭县
临沂山丘区	一般山丘区	沂沭河区	沂河一般山丘区	S–1	5 284	兰山区、罗庄区、河东区、沂南县、郯城县、沂水县、费县、平邑县、蒙阴县
			沭河一般山丘区	S–2	2 847	河东区、沂南县、郯城县、沂水县、莒南县、临沭县
		日赣区	日赣山丘区	S–3	876	莒南县、临沭县
		潍弥白浪区	潍弥白浪山丘区	S–4	300	沂水县
临沂山丘区	岩溶山区	中运河区	中运河山丘区	S–5	1 668	兰山区、罗庄区、兰陵县、费县
		沂沭河区	沂河岩溶山区	S–6	2 866	兰山区、沂南县、沂水县、费县、平邑县、蒙阴县
全市合计					17 186	

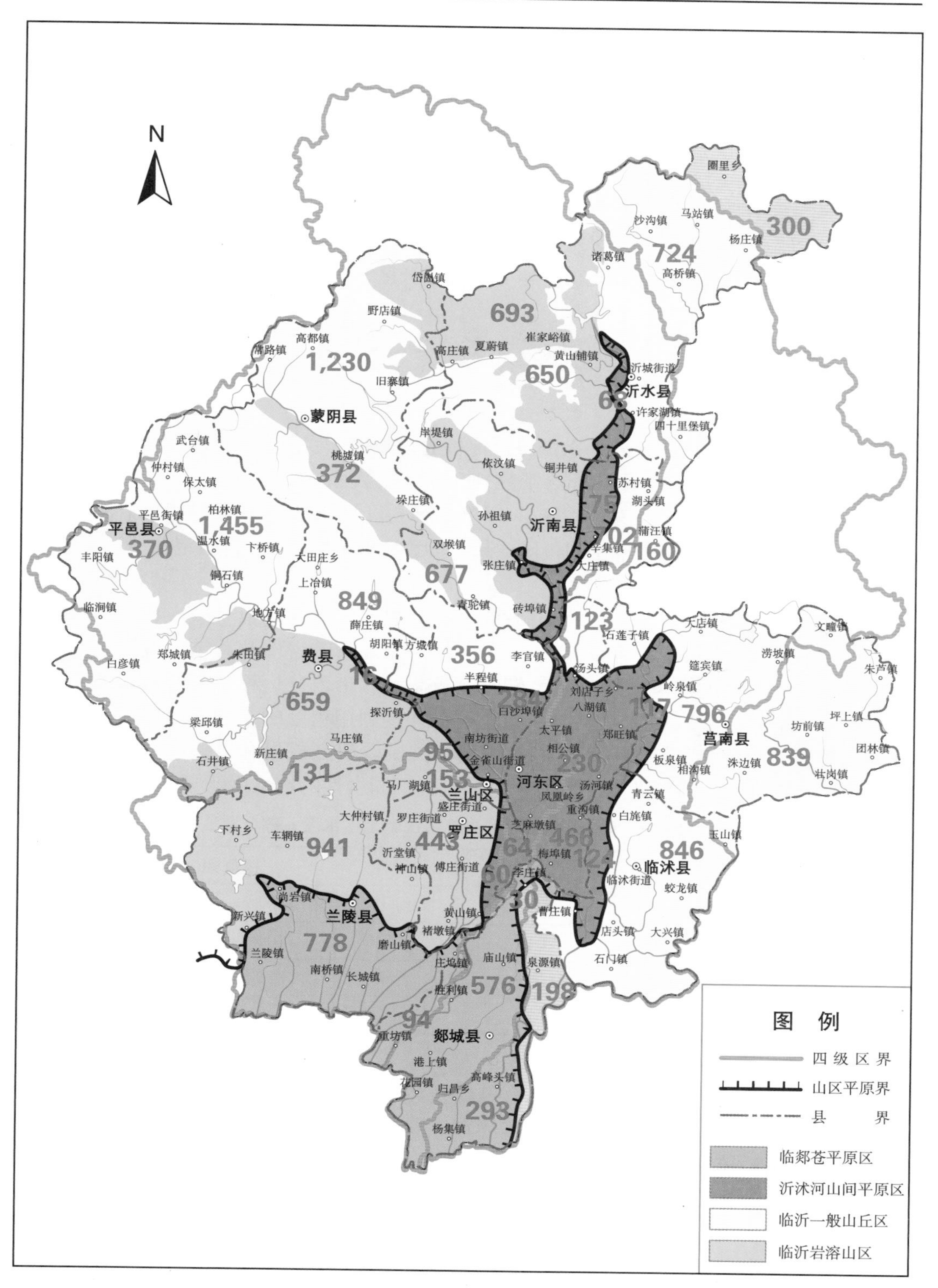

图 2-10　临沂市地下水评价类型区分区图　（单位：km^2）

2.4.1.3 评价方法与参数

1. 评价方法

本次将Ⅲ级类型区作为地下水资源量评价的计算单元，将Ⅱ级类型区的水资源四级区套县级行政区、Ⅱ级类型区的水资源三级区套地级行政区分别作为地下水资源量评价的分析单元，将水资源四级区套县级行政区，水资源三级区套地级行政区、县级行政区分别作为汇总单元。

本次按计算单元开展地下水资源量评价工作，在此基础上依次计算分析、汇总单元的地下水资源量，并将成果汇总至相应水资源分区、行政分区。

2. 水文地质参数

地下水赋存于地质介质中，其补给、径流和排泄均受水文地质条件制约。水文地质参数是地下水资源计算评价的重要依据，因而水文地质参数的分析确定也是地下水资源评价的关键。

水文地质参数是平原区地下水资源量评价的重要依据，包括给水度μ、渗透系数K、降水入渗补给系数α、井灌回归补给系数β^*、潜水蒸发系数C等。

本次评价利用多年来全省各均衡试验场试验研究成果、地下水动态长期监测资料和水文地质勘查资料以及相关单位的科研成果，采用多种方法综合分析确定各项计算参数。

1）潜水变幅带给水度μ

给水度μ指饱和岩土在重力作用下自由排出的重力水的体积与该饱和岩土体积的比值，是衡量含水层给水性能的指标，它不仅与变幅带的岩性及其结构特征、地下水埋深及水位下降速度有关，还与包气带岩性及非饱和带水分运移速度有密切关系。本次评价根据不同类型区水文地质条件和地下水开发利用程度的差异，运用地下水动态资料分析法，结合20世纪80年代以来省内有关试验研究成果和以往取得的科研成果进行综合分析研究，确定平原区采用山前平原区不同岩性的给水度（见表2-19）。

表 2-19　山东省山前平原区各种松散岩土给水度μ综合取值

岩性	变化范围	采用值	岩性	变化范围	采用值
黏土	0.02 ～ 0.05	0.035	细砂	0.07 ～ 0.15	0.08
亚黏土	0.03 ～ 0.06	0.045	中砂	0.09 ～ 0.20	0.14
亚砂土	0.04 ～ 0.07	0.055	粗砂	0.15 ～ 0.25	0.18
粉砂	0.05 ～ 0.11	0.070	砾石	0.20 ～ 0.35	0.25

2）降水入渗补给系数α

降水入渗补给系数α是指降水入渗补给量与相应降水量的比值。它受多种因素的综合影响，主要随地形、岩性、地下水埋深、降水特性、植被及前期土壤水分等因素的变化而变化，是地下水资源评价的一个重要参数。本次评价采用地下水位动态资料分析法进行分析研究。首先，从绘制的地下水综合过程线上选取不受水平排泄和开采、灌溉等因素影响，由降水引起的水位升幅值Δh，并计算变幅带相应埋深段给水度μ值，然后与相应降水量P计算α值。根据部颁《全省水资源调查评价技术细则》，本次评价统一采用$\alpha_{年}$计算公式为

$$\alpha_{年} = \mu \Sigma \Delta h_{次} / P_{年}$$

式中：$\alpha_{年}$ 为年均降水入渗补给系数（无因次）；μ 为变幅带给水度（无因次）；$\Sigma\Delta h_{次}$为年内各次降水引起的地下水位升幅总和，mm；$P_{年}$为年降水量，mm。

根据地下水位动态监测资料分析结果和平原区 0 ～ 4 m、4 ～ 8 m 岩性分区图，参考山东省各地下水均衡试验场研究成果及以往科研成果进行综合分析，分别建立了不同岩性 $P_{年}$—$\alpha_{年}$—$\Delta_{年}$关系曲线，并汇总成表，见表 2-20、图 2-11。

表 2-20　不同岩性 $P_{年}$—$\alpha_{年}$—$\Delta_{年}$关系

岩性	年降水量（mm）	不同地下水埋深（m）的 α 值											
		1.00	1.50	2.00	2.50	3.00	3.50	4.00	4.50	5.00	5.50	6.00	6.50
粉细砂	300 ～ 400	0.09	0.13	0.18	0.21	0.20	0.18	0.17	0.15	0.14	0.13	0.13	0.13
	400 ～ 500	0.10	0.15	0.20	0.23	0.24	0.22	0.20	0.18	0.16	0.16	0.15	0.15
	500 ～ 600	0.11	0.17	0.21	0.25	0.26	0.25	0.23	0.21	0.19	0.18	0.17	0.17
	600 ～ 700	0.12	0.19	0.24	0.27	0.28	0.27	0.26	0.24	0.22	0.20	0.19	0.19
	700 ～ 800	0.13	0.20	0.25	0.29	0.30	0.29	0.28	0.26	0.24	0.22	0.21	0.20
	>800	0.15	0.21	0.26	0.30	0.31	0.31	0.29	0.27	0.25	0.23	0.22	0.21
亚砂土	300 ～ 400	0.09	0.13	0.17	0.20	0.19	0.18	0.16	0.15	0.13	0.13	0.12	0.12
	400 ～ 500	0.10	0.15	0.19	0.22	0.22	0.20	0.18	0.17	0.15	0.15	0.14	0.14
	500 ～ 600	0.11	0.16	0.21	0.24	0.25	0.24	0.22	0.20	0.18	0.17	0.16	0.16
	600 ～ 700	0.12	0.18	0.23	0.26	0.27	0.27	0.25	0.23	0.21	0.19	0.19	0.18
	700 ～ 800	0.14	0.20	0.24	0.28	0.29	0.29	0.26	0.25	0.23	0.21	0.20	0.19
	>800	0.14	0.21	0.25	0.29	0.30	0.30	0.28	0.26	0.24	0.22	0.21	0.20
亚砂、亚黏互层	300 ～ 400	0.08	0.12	0.15	0.17	0.17	0.15	0.14	0.13	0.12	0.12	0.11	0.11
	400 ～ 500	0.09	0.13	0.17	0.20	0.20	0.19	0.17	0.16	0.15	0.14	0.13	0.12
	500 ～ 600	0.10	0.15	0.19	0.22	0.23	0.22	0.20	0.18	0.17	0.16	0.15	0.15
	600 ～ 700	0.11	0.16	0.20	0.23	0.24	0.23	0.22	0.20	0.19	0.18	0.17	0.16
	700 ～ 800	0.13	0.18	0.22	0.25	0.26	0.25	0.23	0.21	0.20	0.19	0.18	0.17
	>800	0.13	0.18	0.23	0.25	0.27	0.26	0.25	0.23	0.21	0.19	0.18	0.17
亚黏土	300 ～ 400	0.06	0.11	0.15	0.16	0.15	0.14	0.12	0.11	0.10	0.09	0.08	0.08
	400 ～ 500	0.07	0.12	0.16	0.18	0.18	0.16	0.15	0.13	0.12	0.11	0.11	0.10
	500 ～ 600	0.08	0.13	0.18	0.20	0.20	0.19	0.17	0.15	0.14	0.13	0.12	0.12
	600 ～ 700	0.09	0.14	0.19	0.22	0.22	0.21	0.19	0.17	0.16	0.15	0.14	0.13
	700 ～ 800	0.10	0.16	0.21	0.24	0.24	0.22	0.21	0.19	0.17	0.16	0.15	0.14
	>800	0.10	0.17	0.22	0.25	0.25	0.24	0.22	0.20	0.18	0.17	0.16	0.15

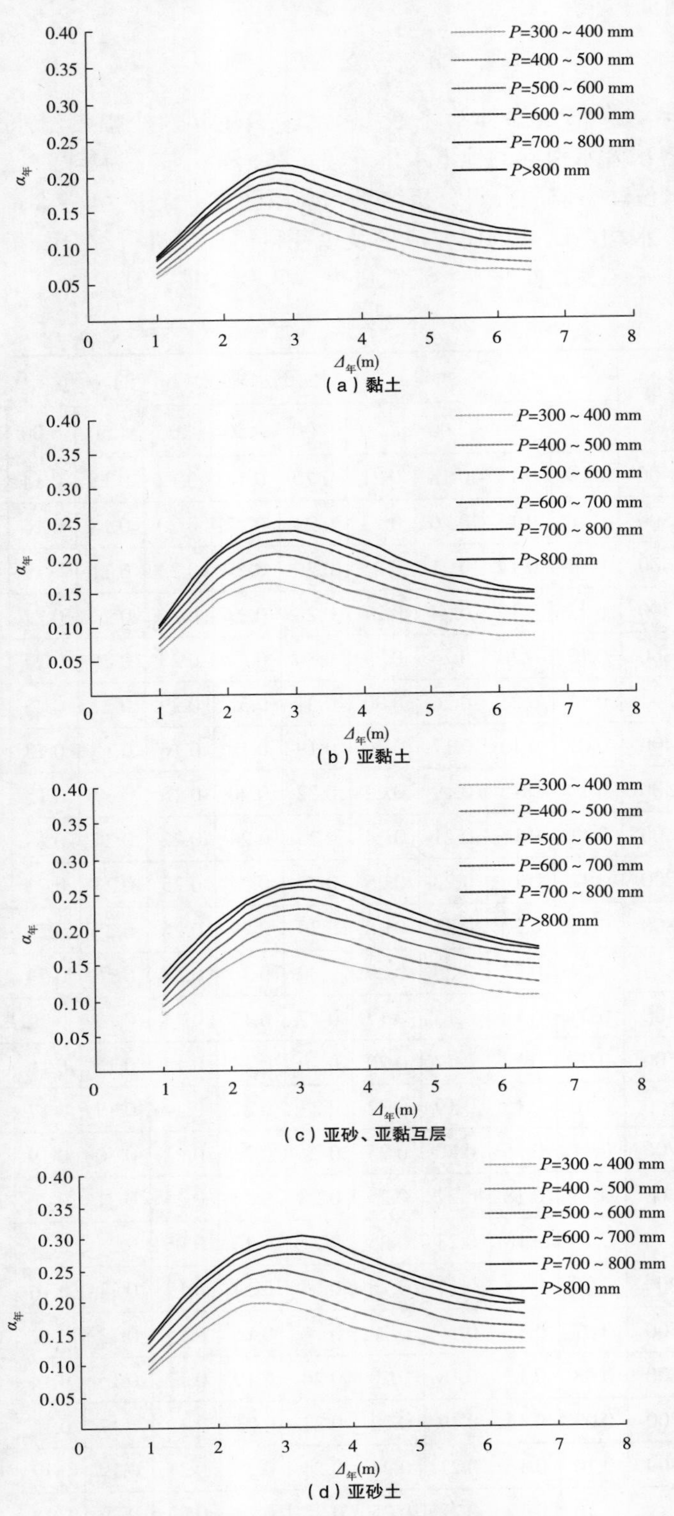

图 2-11　不同岩性 $P_{年}$—$\alpha_{年}$—$\Delta_{年}$关系曲线

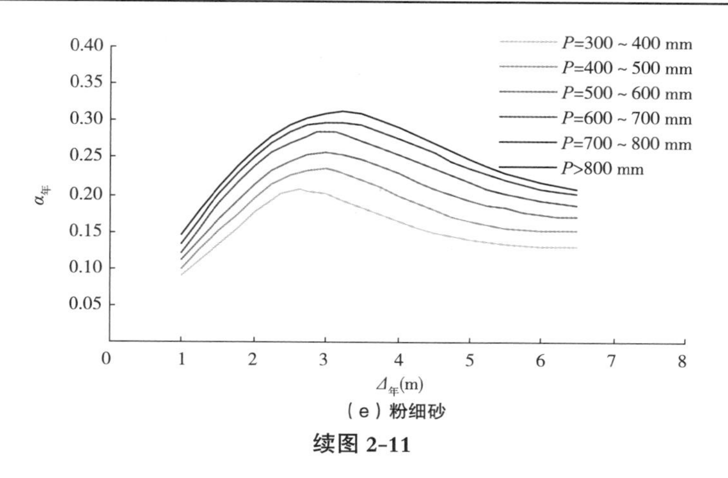

（e）粉细砂

续图 2-11

由图 2-11 可以看出，不同岩性 $P_{年}$—$\alpha_{年}$—$\Delta_{年}$关系曲线变化趋势基本一致。在同一埋深情况下 $\alpha_{年}$值随降水量的增大而增大，随着雨量级别的增加，$\alpha_{年}$值增大幅度逐渐变小，即关系曲线下疏上密；当雨量级相同，地下水埋深较小时，$\alpha_{年}$值随地下水埋深增大而增大，且增加幅度较大；当地下水埋深达到某一定值附近时，$\alpha_{年}$值增大趋势变缓；当地下水埋深超过这一深度时，$\alpha_{年}$值随之逐渐变小，并随着地下水埋深的增加而趋于平缓；当地下水埋深达到某一深度时，$\alpha_{年}$值基本趋于稳定，这一深度也称为地下水最佳埋深。据分析，临沂市地下水最佳埋深一般为 2 ～ 4 m，并随着岩性不同而有所变化。

3）灌溉入渗补给系数 β

渠灌入渗补给系数 β 是指引地表水灌溉由渠系到田间的总入渗补给量与灌水量的比值。井灌回归系数是指提取地下水就地灌溉后，在重力作用下又回渗到地下的水量与灌水量的比值。影响 β 值大小的主要因素是包气带岩性、地下水埋深、灌水定额以及耕地的平整程度等。

根据全省 20 世纪 80 年代以来在山前平原区进行的专项试验研究成果和以往的科研成果，经综合分析研究后确定引河引库灌溉综合入渗补给系数为 0.15 ～ 0.25。

井灌回归补给系数取值范围为

$$灌水定额大于50\ m^3/亩次\begin{cases}\Delta < 4\ m，\beta_{井}取0.16 \sim 0.20\\ \Delta > 4\ m，\beta_{井}取0.10 \sim 0.15\end{cases}$$

$$灌水定额小于50\ m^3/亩次\begin{cases}\Delta < 4\ m，\beta_{井}取0.11 \sim 0.15\\ \Delta > 4\ m，\beta_{井}取0.05 \sim 0.10\end{cases}$$

根据临沂市情况，井灌回归补给系数取 0.15 ～ 0.19。

4）含水层渗透系数 K

渗透系数 K 为水力坡度等于 1 时的渗透速度，是表征含水层透水能力的参数，影响 K 值大小的主要因素是含水层的岩性、颗粒大小、级配和结构特征。本次评价根据省内有关抽水试验、野外同心环试验及同位素示踪法试验成果进行综合分析，分别确定了不同岩性的渗透系数，见表 2-21。

表 2-21　含水层不同岩性渗透系数 K 值　（单位：m/d）

岩性	黏土、亚黏土	亚砂土	粉砂	细砂	中砂	粗砂	砂卵、砾石
K	0.1 ～ 0.5	0.3 ～ 1	1 ～ 5	3 ～ 15	8 ～ 25	20 ～ 50	≥ 50

5）潜水蒸发系数 C 值

潜水蒸发系数 C 是指计算时段内潜水蒸发量 E 与相应计算时段的水面蒸发量 E_0 的比值。

$$C = E/E_0 \quad 或 \quad E=CE_0$$

潜水蒸发量的主要影响因素有水面蒸发量 E_0、包气带岩性、地下水埋深 Z 和植被状况。潜水蒸发系数 C 可利用浅层地下水位动态观测资料通过潜水蒸发经验公式分析计算不同岩性、有无作物的情况下的 C 值。经验公式为

$$E = k E_0 \left(1 - \frac{Z}{Z_0}\right)^n \tag{2-8}$$

式中：Z 为潜水埋深，m；Z_0 为极限埋深，m；n 为经验指数，一般取 1.0 ～ 3.0；k 为修正系数，无作物 k 取 0.9 ～ 1.0，有作物 k 取 1.0 ～ 1.3；E、E_0 分别为潜水蒸发量和水面蒸发量，mm。

根据已有成果和有关试验站资料，建立平原区 C—Z 的关系，见表 2-22、图 2-12。

表 2-22　平原区潜水蒸发系数 C 值

岩性	地下水埋深（m）						
	0.5 ～ 1.0	1.0 ～ 1.5	1.5 ～ 2.0	2.0 ～ 2.5	2.5 ～ 3.0	3.0 ～ 3.5	3.5 ～ 4.0
亚砂土	0.72 ～ 0.43	0.43 ～ 0.26	0.26 ～ 0.15	0.15 ～ 0.07	0.07 ～ 0.02	0.02 ～ 0	
粉细砂	0.45 ～ 0.29	0.29 ～ 0.16	0.16 ～ 0.07	0.07 ～ 0.02	0.02 ～ 0		
亚黏土	0.37 ～ 0.23	0.23 ～ 0.14	0.14 ～ 0.08	0.08 ～ 0.04	0.04 ～ 0.02	0.02 ～ 0.004	0.004 ～ 0

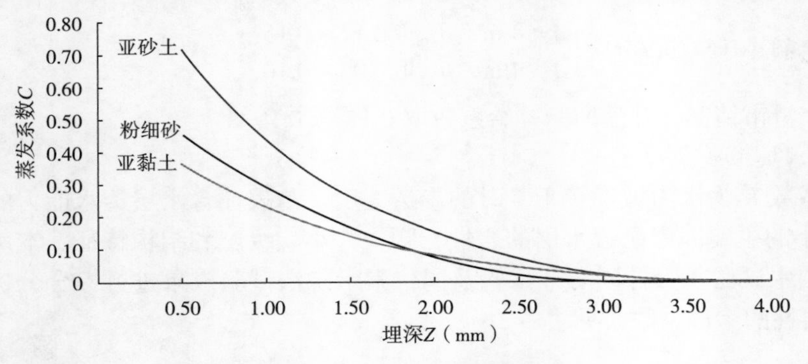

图 2-12　C—Z 关系曲线

2.4.2　地下水资源量

2.4.2.1　平原区地下水资源量

平原区地下水资源量是指与当地降水和地表水体有直接补排关系的动态水量。本次评价的重点是矿化度 $M \leq 2$ g/L 的浅层淡水，以 2001 ～ 2016 年多年平均地下水资源量作为近期条件下的多年平均地下水资源量。平原区采用补给量法计算地下水资源量。

临沂市浅层地下水均为矿化度小于 1 g/L 的淡水，其中平原区浅层地下水的淡水区的面积为 3 259 km^2。分区面积见表 2-23。

1. 各项补给量

各计算单元的补给量包括降水入渗补给量、山前侧向补给量、地表水体补给量、井灌回归补给量、其他补给量。其中：地表水体补给量包括河道渗漏补给量（含河道对傍河地下水水源地的补给量）、湖库渗漏补给量、渠系渗漏补给量、渠灌田间入渗补给量、以地表水为水源的人工回灌补给量，其他补给量包括城镇管网漏损补给量、非地表水源的人工回灌补给量等。

1）降水入渗补给量

降水入渗补给量 P_r 是指当地降水入渗到土壤中并在重力作用下渗透补给地下水的水量。计算公式为

$$P_r = 10^{-1} \times \alpha \times P \times F \qquad (2\text{-}9)$$

式中：P_r 为年降水入渗补给量，万 m^3；α 为降水入渗补给系数，无量纲；P 为降水量，mm；F 为面积，km^2。

将 2001 ～ 2016 年作为近期下垫面条件，对 1980 ～ 2000 年降水入渗补给量成果进行修正，形成 1980 ～ 2016 年多年平均降水入渗补给量。

（1）2001 ～ 2016 年降水入渗补给量。

首先根据各计算单元内所有雨量站、地下水位观测井 2001 ～ 2016 年 16 年逐年降水量、地下水埋深实测资料，用泰森多边形法计算各均衡计算区 2001 ～ 2016 年逐年平均降水量，用算数平均法计算各计算单元 2001 ～ 2016 年地下水埋深，然后根据各计算单元岩性，在所属岩性的 $P_{年}$—$\alpha_{年}$—$\Delta_{年}$关系曲线上查出逐年 $\alpha_{年}$值。由于城市化水平提高，各地不透水面积较前有所增加，为反映由此对下垫面条件产生的影响，视各地具体情况对其 $\alpha_{年}$值进行了适当修正。根据修正后的 $\alpha_{年}$值计算各计算单元逐年 $P_{r年}$值。再由计算单元 2001 ～ 2016 年逐年 $P_{r年}$值与相应年份的 $P_{年}$值，分别按各水资源三级区内的计算单元建立 $P_{年}$—P_r 年关系曲线。

（2）1980 ～ 2000 年降水入渗补给量修正。

根据各分析单元 2001 ～ 2016 年逐年的降水量 P、降水入渗补给量 P_r，建立 P—P_r 关系曲线，并根据各分析单元 1980 ～ 2000 年逐年降水量 P，从 P—P_r 曲线查算相应年份的降水入渗补给量 P_r。

经计算，全市平原淡水区（$M \leq 2$ g/L）2001 ～ 2016 年、1980 ～ 2000 年多年平

表 2-23　临沂市地下水资源评价分区面积（按水资源分区）

水资源分区名称				总面积	水面面积	其他不透水面积	计算面积	平原区计算面积					山丘区计算面积		淡水区面积
一级区	二级区	三级区	四级区					$M\leqslant$ 1 g/L	$M\leqslant$ 2 g/L	2 g/L $<M\leqslant$ 3 g/L	3 g/L $<M\leqslant$ 5 g/L	$M>$ 5 g/L	$M\leqslant$ 1 g/L	$M\leqslant$ 2 g/L	
淮河区	沂沭泗河	中运河区	苍山区	2 600	31	20	2 549	912					1 637		2 549
		小计		2 600	31	20	2 549	912					1 637		2 549
		沂沭河区	沂河区	9 563	157	125	9 281	1 347					7 934		9 281
			沭河区	3 847	32	24	3 791	1 000					2 791		3 791
		小计		13 410	189	149	13 072	2 347					10 725		13 072
		日赣区	日赣区	876	6	0	870	0					870		870
		小计		876	6	0	870	0					870		870
	山东半岛沿海诸河	潍弥白浪区	潍河区	300	0	0	300	0					300		300
		小计		300	0	0	300	0					300		300
全市合计				17 186	226	169	16 791	3 259					13 532		16 791

均降水入渗补给量分别为 59 567.4 万 m^3/a、60 032 万 m^3/a。多年平均降水入渗补给模数分别为 18.3 万 $m^3/(km^2\cdot a)$、18.4 万 $m^3/(km^2\cdot a)$。

全市平原区 2001 ～ 2016 年多年平均降水入渗补给量汇总结果见附表 5。

2）山前侧向补给量

首先沿山丘区与平原区界线作垂向计算断面，然后采用地下水动力学法按下式逐年计算山前侧向补给量：

$$Q_{侧补}=10^{-4}\times K\times I\times L\times M\times T \tag{2-10}$$

式中：$Q_{侧补}$为山前侧向补给量，万 m^3；K 为剖面位置的渗透系数，m/d；I 为垂直于计算断面的水力坡度，无量纲；L 为计算断面长度，m；M 为含水层厚度（从地下水位至第 1 个含水层的底板），m；T 为年内计算时间，取 365 d。

靠近山前共布置侧渗剖面线 15 条，总长度 72.4 km，平均 10 km 有一钻井柱状剖面资料，水位观测井 30 眼。含水层厚度根据钻井柱状图或断面剖面图及地下水埋深确定，取断面加权平均值；渗透系数首先按不同岩性确定各层的 K 值，再以含水层厚度为权重进行加权平均；L 按实际量算求得；I 由各年水位观测资料求得（在图中尽量选取与山前侧渗剖面线垂直的对井，不垂直的根据剖面走向与地下水流向间的夹角进行换算）。

根据已有的钻探、水文地质参数分析资料，应用式（2–10）计算平原区多年平均山前侧向补给量为 813.8 万 m^3，见附表 4。

3）河道渗漏补给量

当河道内河水与地下水有水力联系，且河水位高于河道岸边地下水位时，河水渗漏补给地下水。由于缺少适于分析计算河道补给量、排泄量的上下游水文控制断面，因此临沂市河道补给、排泄地下水量采用地下水动力学法进行计算，计算公式为

$$Q_{河补}=10^{-4}\times K\times I\times A\times L\times t \tag{2-11}$$

式中：$Q_{河补}$为年内 t 时段单侧河道段侧向渗漏补给量，万 m^3；A 为单侧河每米河长计算断面面积，m^2/m；t 为年内发生河道渗漏补给的天数，d；K 为剖面位置的渗透系数，m/d；I 为垂直于计算断面的水力坡度，无量纲；L 为计算断面长度，m。

直接计算多年平均河道渗漏补给量时，I、A、L、t 应采用 2001 ～ 2016 年的年均值。

根据绘制的地下水位、河水位多年水位过程线、多个典型年地下水位等值线图，对河道的水文特性、与地下水的补排关系进行分析，计算河道对平原地区的补给量。

经计算，本市平原区多年平均河道渗漏补给量为 8 166 万 m^3。

4）渠系渗漏补给量和渠灌田间入渗补给量

（1）渠系渗漏补给量。

渠系是指干、支、斗、农、毛各级渠道的统称。渠系水位一般均高于其岸边的地下水位，故渠系水一般均补给地下水。渠系渗漏补给量只计算到干渠、支渠两级，可采用地下水动力学法计算渠系两侧的渗漏补给量；还可以按下式计算：

$$Q_{渠系补}=m\times Q_{渠首引} \tag{2-12}$$

式中：$Q_{渠系补}$为渠系渗漏补给量，万 m^3；m 为渠系渗漏补给系数，无量纲，可用公式 $m=(1-\eta)\gamma$ 计算，η 为渠系水有效利用系数，γ 为渠系渗漏补给地下水的水量与渠系损失水量的比值；$Q_{渠首引}$为年干渠渠首引水量，万 m^3。

直接计算多年平均渠系渗漏补给量时，$Q_{渠首引}$应采用 2001 ～ 2016 年的年均值。

（2）渠灌田间入渗补给量。

渠灌田间入渗补给量包括斗、农、毛三级渠道的渗漏补给量和渠灌水进入田间的入渗补给量两部分，可按下式计算：

$$Q_{渠系补}=\beta_{渠}\times Q_{渠田} \tag{2-13}$$

式中：$Q_{渠系补}$为渠灌田间入渗补给量，万 m^3；$\beta_{渠}$为灌田入渗补给系数，无量纲；$Q_{渠田}$为斗渠渠首引水量，万 m^3。

直接计算多年平均渠灌田间入渗补给量时，$Q_{渠田}$采用 2001 ～ 2016 年的年均值。

经计算，临沂市平原区多年平均渠系渗漏补给量和渠灌田间入渗补给量为 1 799 万 m^3。

5）地表水体补给量

地表水体补给量包括河道渗漏补给量（含河道对傍河地下水水源地的补给量）、湖库渗漏补给量、渠系渗漏补给量、渠灌田间入渗补给量、以地表水为水源的人工回灌补给量。为满足平原区与上游山丘区地下水重复计算量的评价要求，需计算地表水体补给量中由山丘区河川基流形成的部分。鉴于平原区地表水体补给量的水源主要来自上游山丘区，可采用下式近似计算由山丘区河川基流形成的地表水体补给量：

$$Q_{表基}\approx\zeta\times Q_{表补} \tag{2-14}$$

式中：$Q_{表基}$为由山丘区河川基流形成的年地表水体补给量，万 m^3；ζ 为山丘区基径比，无量纲；$Q_{表补}$为年地表水体补给量，万 m^3。

临沂市平原区多年平均地表水体补给量为 9 964.9 万 m^3，见附表 4。

6）井灌回归补给量

井灌回归补给量是指井灌区浅层地下水进入田间后，入渗补给地下水的量。采用井灌回归系数法计算，计算公式为

$$Q_{井归}=\beta^{*}\times Q_{农开} \tag{2-15}$$

式中：$Q_{井归}$为井灌回归补给量，万 m^3；β^{*} 为井灌回归补给系数，无量纲；$Q_{农开}$为用于农业灌溉的年地下水开采量，万 m^3。

根据各县（区）调查统计的地下水开采量分别统计出用于农业灌溉的水量，再根据各县（区）所在均衡计算区内的地下水平均埋深、岩性、灌水定额分别确定井灌回归系数，利用农业用水量与井灌回归系数分别计算出井灌回归补给量，汇总出水资源四级区套行政区的井灌回归补给量。

临沂市平原区浅层地下水多年平均井灌回归补给量为 2 068.9 万 m^3，见附表 4。

7）平原区地下水总补给量

计算单元各项多年平均地下水补给量之和为该单元的多年平均地下水总补给量，全市平原区多年平均地下水总补给量为 72 414.9 万 m^3，地下水总补给量模数为 22.2 万 m^3/km^2，见附表 4。

2. 平原区各项地下水排泄量

各计算单元的排泄量包括地下水实际开采量、潜水蒸发量、河道排泄量、侧向流出量、湖库排泄量、其他排泄量（包括矿坑排水量、基坑降水排水量等），各项排泄量之和为总排泄量。

1）地下水实际开采量

地下水实际开采量采用调查、统计的方法计算，单位为万 m^3。

浅层地下水实际开采量是临沂市平原区主要排泄项，以县（区）为单位进行调查分析统计。根据各县（区）近期条件下的多年平均浅层地下水实际开采量，按照各计算单元内不同县（区）所占的面积、水文地质条件、开采强度、水源地所在位置等因素综合考虑进行合理分配，并分别汇总成水资源四级区套行政区成果。

统计汇总结果，全市各计算单元多年平均浅层地下水实际开采总量为 35 705.7 万 m^3，见附表 4。

2）潜水蒸发量

潜水蒸发量是指潜水在毛细管力作用下，通过包气带岩土向上运动造成的蒸发量（包括棵间蒸发量和被植物根系吸收造成的叶面蒸发量两部分）。潜水蒸发量大小与气象因素、地下水埋深、包气带岩性、土壤结构、有无作物、植被种类、地表疏松程度、耕作方式等有关。一般陆面蒸发量愈大、地下水埋深愈浅，潜水蒸发量也愈大。潜水蒸发量随着地下水埋深加大而减少，到了一定埋深（一般 4 m 左右）之后，潜水蒸发为零。潜水蒸发量可按下式计算：

$$E_g = 10^{-1} \times C \times E_{601} \times F \tag{2-16}$$

式中：E_g 为潜水蒸发量，万 m^3；C 为潜水蒸发系数，无量纲；E_{601} 为 E-601 型蒸发器观测的年水面蒸发量，应与本次蒸发量评价成果衔接协调，mm；F 为面积，km^2。

多年平均潜水蒸发量，水面蒸发量 E_{601} 采用 2001 ～ 2016 年的年均值。

全市平原区多年平均潜水蒸发量为 28 424.2 万 m^3，见附表 5。

3）河道排泄量

当河道内河水位低于岸边地下水位时，河道排泄地下水，排泄的水量称为河道排泄量。

（1）多年平均河道排泄量。

通过对水文地质资料的研究表明，沂河、沭河中上游的部分河段排泄地下水，用地下水动力学法计算。2001 ～ 2016 年多年平均河道排泄量为 728.8 万 m^3，见附表 4。

（2）降水入渗补给量形成的河道排泄量。

采用分区多年平均降水入渗补给量 P_r 占多年平均地下水总补给量 $Q_{总补}$ 的比率 y（无因次），即 $y=P_r/Q_{总补}$，近似地确定为 2001 ～ 2016 年系列分区逐年降水入渗补给量形成的河道排泄量占逐年地下水总补给量形成的河道排泄量的比率（简称比率y），计算多年平均降水入渗补给量形成的河道排泄量。

经分析计算得，全市平原区多年平均降水入渗补给量形成的河道排泄量为581.2万m^3，见附表5。

4）侧向流出量

侧向流出量指以潜流形式流出计算单元的水量，包括出市地下水量，用地下水动力学法分析计算。沂河区、沭河区、中运河区的平原区一部分地下水直接侧渗出临沂市，经计算多年平均出市地下水量为3 149.8万m^3，见附表5。

5）平原区浅层地下水总排泄量

均衡计算区内各项地下水排泄量之和为该区的多年平均地下水总排泄量。临沂市多年平均地下水总排泄量结果为68 008.5万m^3，见附表5。

3. 平原区浅层地下水蓄变量

各分析单元的地下水蓄变量为某一时段期末地下水储存量与期初地下水储存量之差。

地下水蓄变量可按下式计算：

$$\Delta W = 10^2 \times (Z_1 - Z_2) \times \mu \times F / T' \tag{2-17}$$

式中：ΔW为2001～2016年平均地下水蓄变量，万m^3，当2001年初地下水埋深大于2016年末地下水埋深时为正值，即地下水储存量增加，反之为负值，即地下水储存量减少；Z_1为2001年初的平均地下水埋深，m，可根据各地下水埋深监测井2001年初监测资料，采用面积加权法确定；Z_2为2016年末的平均地下水埋深，m，可根据各地下水埋深监测井2016年末监测资料，采用面积加权法确定；μ为Z_1与Z_2之间岩土层的给水度，无量纲；T'为评价年数，a；F为面积，km^2。

计算结果表明，临沂市平原淡水区（$M \leqslant 1$ g/L）浅层地下水多年平均蓄变量为−333.2万m^3，见附表5。

4. 平原区地下水均衡分析

以Ⅱ级类型区的水资源三级区套地级行政区为均衡单元，逐一进行水均衡分析，计算相对均衡差，以校验各项补给量、各项排泄量及地下水蓄变量计算成果的可靠性。水均衡公式为

$$X = Q_{总补} - Q_{总排} - \Delta W \tag{2-18}$$

$$\delta = \frac{X}{Q_{总补}} \times 100\% \tag{2-19}$$

式中：$Q_{总补}$、$Q_{总排}$、ΔW、X分别为2001～2016年多年平均地下水总补给量、地下水总排泄量、地下水蓄变量、绝对均衡差，万m^3；δ为2001～2016年多年平均相对均衡差（无量纲，用百分数表示）。

当$|\delta| \leqslant 10\%$时，均衡单元的各项补给量、排泄量以及地下水蓄变量即可确定；当$|\delta| > 10\%$时，则需要对均衡单元的各项补给量、排泄量以及地下水蓄变量进行核算，

必要时，对相关水文地质参数重新定量，直到满足 $|\delta| \leqslant 10\%$ 的要求。

水均衡分析结果，临沂市所有水资源四级区相对均衡差均在 ±10% 以内，全市平原区总的相对均衡差 6.71%。临沂市平原区地下水均衡分析计算见表 2-24。

表 2-24　临沂市平原区地下水均衡分析计算

地下水Ⅱ级类型区		所在水资源分区	面积（km²）		地下水总补给量（万 m³）	地下水总排泄量（万 m³）	地下水蓄变量（万 m³）	相对均衡差
名称	类型	三级区	合 计	其中：计算面积				
			A	F	（1）	（2）	（3）	（4）=[（1）-（2）-（3）]/（1）×100%
临郯苍平原区	一般平原区	中运河区	872	865	16 908.17	16 198.16	-185.33	5.30
		沂沭河区	869	861	19 650.15	18 202.73	-153.91	8.15
临郯苍平原区	山间平原区	中运河区	60	47	1 330.23	1 352.92	-128.69	7.97
		沂沭河区	1 544	1 486	34 526.38	32 254.67	14.58	6.54

5. 平原区地下水资源量

在满足水均衡差标准后，各分析单元的地下水总补给量扣除井灌回归补给量后，为地下水资源量。其中，$M \leqslant 1$ g/L 地下水资源量根据各分析单元 $M \leqslant 1$ g/L 计算面积及相应地下水资源量模数计算得出。

全市平原区多年平均地下水总补给量为 72 415 万 m³，扣除井灌回归补给量 2 068.9 万 m³，多年平均地下水资源量为 70 346.0 万 m³，多年平均地下水资源量模数为 21.6 万 m³/（km²·a），见附表 5。其中，降水入渗补给量占多年平均地下水总补给量的 82.3%，占多年平均地下水资源量的 84.7%；山前侧向补给量、地表水体补给量、井灌回归补给量分别占多年平均地下水总补给量的 1.1%、13.8%、2.9%。

2.4.2.2　山丘区地下水资源量

临沂市山丘区地形、地貌、地质构造、地层岩性比较复杂，水文地质条件差异较大，根据地下水的类型划分为一般山丘区和岩溶山丘区。一般山丘区是指由太古界变质岩、各地质年代形成的岩浆岩和非可溶性的沉积岩构成的山地或丘陵，地下水类型以基岩裂隙水为主，缺少具备集中开采条件的大规模富水区；岩溶山丘区是指以奥陶系、寒武系可溶性石灰岩为主构成的山地、丘陵，地下水类型以岩溶水为主，在地下水排泄区往往形成可供集中开采的大规模富水区。

全市一般山丘区共分 6 个地下水资源均衡计算区，岩溶山丘区划分为 2 个地下水资源均衡计算区。山区总面积 13 841 km²，其中一般山丘区 9 307 km²，岩溶山丘区 4 534 km²，见表 2-18。

根据水均衡原理，多年平均总补给量近似等于多年平均总排泄量。一般山丘区采用排泄量法计算地下水资源量；岩溶山丘区采用降水综合入渗系数法计算地下水资源量，用排泄量法校核。

1. 一般山丘区地下水资源量

一般山丘区河谷深切，河道坡降大，有利于径流的水平排泄；地下水含水层主要为风化裂隙、构造裂隙及成岩裂隙，富水性差，但有细水长流的特点，补给和排泄机制比较简单；地下水与地表水分水岭基本一致且闭合，各流域间几乎无水量交换，因此可用多年平均地下水总排泄量代表多年平均总补给量。总排泄量扣除开采回归量即为山丘区浅层地下水资源量，在天然情况下山丘区地下水唯一补给源是当地降水，山丘区降水入渗补给量，亦即地下水资源量。

一般山丘区各项排泄量包括天然河川基流量、地下水开采净消耗量（扣除开采回归量）、山前侧向流出量、山前泉水溢出量、潜水蒸发量、其他排泄量（包括矿坑排水净消耗量等），各项排泄量之和为地下水资源量。

1）河川基流量

河川基流量是指河川径流量中由地下水渗透补给河水的部分，是河川径流的组成部分。在天然状态下，河川基流量是山丘区地下水的主要排泄量。可根据水文站监测径流资料进行分割，其中无降水期间的枯季河道径流量全部属于基流。

（1）水文站选用。

为计算天然河川基流量而选用的水文站（称选用站）一般需符合下列要求：

①按地形地貌、水文气象、植被和水文地质条件，选择有代表性的水文站；

②评价期内选用站具有比较完整的逐日流量观测资料；

③选用站所控制的流域闭合，地表水与地下水的分水岭基本一致；

④单站的控制流域面积一般为 300 ～ 5 000 km^2，为了对上游各选用水文站河川基流分割的成果进行合理性检查，还应选用少量的单站控制流域面积大于 5 000 km^2 且有代表性的水文站；对沿海诸河小流域无大于 200 km^2 的水文站，对 100 ～ 200 km^2 水文站也可选用以作参考；对在同一条河流迁站的 2001 ～ 2016 年期间少于 10 年实测资料的水文站也作为选用站。

⑤对水库控制面积超过水文站控制流域面积 20% 以上、从外流域向水文站上游调入水量较大且未做还原计算的水文站，不宜作为河川基流分割的选用水文站。

为提高河川基流量计算精度和效率，本次评价利用山东省水文水资源勘测局开发的计算机软件进行单站逐日基流分割，对满足资料系列要求的所有水文站 2001 ～ 2016 年实测流量资料全部切割，同时与 3 个站手工切割（综合退水曲线法确定拐点）成果进行校核，结果基本一致。此次评价根据细则要求和地表水河川径流量还原情况，本市最终采用基流站切割成果 7 个。

（2）单站 1956 ～ 2016 年逐年天然河川基流量计算。

① 2001 ～ 2016 年天然河川基流量。

根据选用水文站资料，用还原后天然河川径流量，进行基流分割，推算天然河川基流量。

点绘选用水文站评价期内逐日天然流量过程线（将还原后月值处理到日值），逐年进行基流分割。对人类活动影响较小的选用站，可将实测流量过程线近似作为天然流量过程线；对人类活动影响较大的选用站，在径流还原的基础上，绘制天然流量过程线。

对流量缺测的年份，采用选用站与其他水文站径流相关法、选用站降水径流相关法等方法，插补选用站天然河川径流量，再参考其他年份的基径比，计算天然河川基流量。

在各单站河川基流分割中，洪水过程为单峰型的，直接分割；洪水过程为连续峰型的，首先分割成单峰，然后再进行基流切割，不易分割的连续洪峰可作为一次洪水处理。

河川基流量分割采用直线斜割法：绘制逐日天然流量过程线，自洪峰起涨点至河川径流退水段转折点（又称拐点）处，以直线相连，直线以下部分即为河川基流量。拐点的确定，本次采用消退流量比值法。

根据退水曲线方程：

$$Q_t=Q_0\mathrm{e}^{-jt} \tag{2-20}$$

式中：Q_0 为退水段中任意起算流量；j 为消退系数；t 为任意时间。

在退水曲线上，连续两点流量之比值，有：

$$\frac{Q_n}{Q_{n-1}}=\mathrm{e}^{-j(t_n-t_{n-1})}=\mathrm{e}^{-j\Delta t} \tag{2-21}$$

当取 Δt 为定值时，因地下水消退系数 j 为常数，故有

$$\frac{Q_{n+1}}{Q_n}=\frac{Q_n}{Q_{n-1}}=\frac{Q_{n-1}}{Q_{n-2}}=\cdots=\mathrm{e}^{-j\Delta t}=\text{常数} \tag{2-22}$$

在分割计算时，当比值接近常数，此点即为退水转折点。

根据单站 2001 ～ 2016 年期间的河川基流量分割成果和地表水逐年河川径流还原水量，分别按汛期和非汛期逐年实测基径流比对河川基流量进行逐年还原（对水文站断面以上用水量较小的河流，视为天然型，不进行还原）。建立单站 2001 ～ 2016 年天然河川径流量 R 与河川基流量 R_g 的关系曲线或降水量 P 与天然河川基流量 R_g 的关系线。根据 R—R_g 的关系曲线查算 1956 ～ 1979 年河川基流量，无河川径流量的，根据 P—R_g 的关系线查算。

② 1956 ～ 2000 年天然河川基流量。

根据单站 2001 ～ 2016 年期间的天然河川基流量分割成果，建立该站天然河川径流量（R）与天然河川基流量（R_g）的关系曲线，再根据该站 1956 ～ 2000 年期间还原和修正后的河川径流量，从 R—R_g 关系曲线中查算各年的河川基流量。若 R—R_g 关系较差，可建立降水量（P）与天然河川基流量（R_g）的关系曲线，根据该流域平均降水量，从 P—R_g 关系曲线中查算各年的河川基流量进行对比分析，确定该站基流量。

③计算单元 1956 ～ 2016 年逐年天然河川基流量计算。

对于有选用站控制的计算单元，在选用站 1956 ～ 2016 年天然河川基流量的基础上，计算各年河川基流模数 $R_{g\,\text{水文站}}/F_{\text{水文站}}$，按下式确定逐年计算单元的天然河川基流量：

$$R_{g\,\text{计算单元}}=F_{\text{计算单元}}\times R_{g\,\text{水文站}}/F_{\text{水文站}} \tag{2-23}$$

式中：$R_{g计算单元}$、$R_{g水文站}$分别为计算单元、水文站的逐年天然年河川基流量，万 m^3；$F_{计算单元}$、$F_{水文站}$分别为计算单元、水文站控制的流域面积，km^2。

当计算单元内有多个选用水文站，采用面积加权的方法计算。

对于无水文站控制的计算单元，可选取下垫面条件相同或类似的水文站，采用水文比拟法，根据基流模数，按式（2-23）确定逐年天然河川基流量。

经计算，全市一般山丘区 2001 ～ 2016 年多年平均河川基流量为 72 697.6 万 m^3，见附表 6。

2）浅层地下水实际开采量及开采净消耗量

山丘区浅层地下水实际开采量包括工业城镇生活、农业灌溉、农村生活用水。地下水实际开采净消耗量，采用净消耗系数 2001 ～ 2016 年逐年计算。

浅层地下水实际开采量通过各县（区）调查资料统计而得，再分配到有关计算单元。净消耗系数根据实际调查及水资源公报综合分析确定。工业城镇生活净消耗系数为 0.28 ～ 0.46，农村生活净消耗系数为 0.77 ～ 0.83，农业灌溉净消系数为 0.85 ～ 0.92。

全市一般山丘区 2001 ～ 2016 年多年平均地下水实际开采量为 12 994.7 万 m^3，开采净消耗量 7 168.1 万 m^3，见附表 6。

3）山前侧向流出量

山前侧向流出量是指山丘区地下水以地下潜流的形式向平原排泄的水量，本次将出山口河床潜流一并计算。出山口河床潜流量是在山丘区与平原区接合部河床松散沉积物中的地下径流。山丘区的山前侧向流出量即为平原区的山前侧向补给量（一般山丘区和岩溶山丘区山前侧向流出量之和）。计算方法同平原，2001 ～ 2016 年逐年进行计算，全市一般山丘区多年平均山前侧向流出量为 416.1 万 m^3，见附表 5。

4）山丘区潜水蒸发量

一般山丘区潜水蒸发量主要发生在未划入平原区的、面积较小的山间河谷的阶地上。一般埋深大于 4 m，可忽略不计。可按照平原区潜水蒸发量评价方法来计算山丘区各计算单元 2001 ～ 2016 年评价期内逐年潜水蒸发量。采用潜水蒸发系数法计算，计算公式为

$$E=10^{-1} \times E_0 C F \qquad (2\text{-}24)$$

式中：E 为潜水蒸发量，万 m^3/a；E_0 为水面蒸发量，mm；C 为潜水蒸发系数，无因次；F 为计算面积，km^2。

潜水蒸发系数 C 采用本次分析成果，水面蒸发量 E_0 采用地表水成果（均为 E-601 蒸发器的蒸发量）。

根据岩性和地下水埋深分布图，量算不同岩性极限埋深内的面积，查算潜水蒸发系数，对各评价计算单元 2001 ～ 2016 年山丘区潜水蒸发量逐年进行计算。一般山丘区 2001 ～ 2016 年多年平均潜水蒸发量为 6 622.4 万 m^3，见附表 6。

5）一般山丘区地下水总排泄量及地下水资源量

一般山丘区 2001 ～ 2016 年逐年河川基流量、山前侧向流出量、浅层地下水实际开采量、潜水蒸发量之和即为一般山丘区 2001 ～ 2016 年逐年总排泄量。全市一般山

丘区 2001 ～ 2016 年多年平均总排泄量为 86 904.1 万 m^3，地下水资源量模数为 9.3 万 m^3/km^2。

2. 岩溶山丘区地下水资源量

本次评价划分的岩溶山丘区主要分布在沂沭断裂带以西的沂河、汶河以及中运河等流域。

岩溶山丘区地下水补给、径流、排泄比较复杂，受岩溶发育程度和岩溶水系边界条件影响较大。在岩溶发育地段，渗透能力强，不仅接受当地大气降水的垂直补给及上游基岩侧向补给，还可得到地表水体的渗漏补给，地表水、地下水转化比较频繁。同时岩溶山区地下水排泄区地表水与地下水分水线一般不闭合，与外流域有水量交换。据此，本次采用补给量法，即以降水综合入渗系数法计算岩溶山区地下水资源量，用排泄量法（计算方法同一般山区）进行校核。

岩溶山区降水综合入渗系数法，计算公式为

$$P_{r山}=P\alpha_{山}F \tag{2-25}$$

式中：$P_{r山}$为山丘区降水入渗补给量；$\alpha_{山}$为山丘区降水综合入渗补给系数；P、F 分别为各均衡计算区面平均降水量和计算面积。

降水综合入渗系数 $\alpha_{山}$根据明水泉域、济南泉域、枣庄羊庄盆地、泗水泉林等岩溶区均衡试验研究成果，并考虑各地自然、水文地质条件综合分析确定，各均衡计算区内奥陶系灰岩 $\alpha_{山}$为 0.20 ～ 0.25，寒武系灰岩 $\alpha_{山}$为 0.14 ～ 0.23，非灰岩区 α 为 0.06 ～ 0.10。利用公式逐年计算了岩溶山区 2001 ～ 2016 年地下水资源量，全市岩溶山区多年平均地下水资源量为 41 364.6 万 m^3，见附表 6。

用总排泄量（包括天然河川基流量、山前侧向流出量、泉水出露量、开采净消耗量、潜水蒸发量）进行均衡分析。计算方法同一般山区，由于地表水体的渗漏，采用基流分割法求得的河川基流量偏小，此渗漏量一般转化为山前侧渗量或以泉水出露的形式排泄出来，泉水溢出后一般当地直接利用，为此在计算各项排泄量时，均进行合理性分析。经计算，岩溶山丘 2001 ～ 2016 年多年平均地下水总排泄量为 44 158 万 m^3，均衡差 6.8%；各均衡计算区的均衡差也均在 ±9.0% 之内，说明降水入渗系数 $\alpha_{山}$取值在合理的范围内。

通过计算，岩溶山丘区多年平均地下水资源量为 41 364.6 万 m^3，见附表 5，岩溶山丘区地下水资源模数为 9.1 万 $m^3/(km^2 \cdot a)$。

3. 山丘区多年平均地下水资源量

1）单元山丘区地下水资源量计算

（1）2001 ～ 2016 年逐年及多年平均值。各计算单元山丘区多年平均地下水资源量经合理分析确定后，2001 ～ 2016 年逐年天然河川基流量、地下水开采净消耗量、潜水蒸发量、山前侧向流出量、山前泉水溢出量、其他排泄量（包括矿坑排水净消耗量等）之和，即为 2001 ～ 2016 年山丘区近期下垫面条件下逐年地下水资源量，取其平均值为 2001 ～ 2016 年多年平均山丘区地下水资源量。

（2）1980 ～ 2016 年逐年及多年平均值。各计算单元 1980 ～ 2000 年逐年山丘区地下水资源量，根据 2001 ～ 2016 年山丘区近期下垫面条件下各计算单元逐年地下水资源量推算，因山丘区地下水资源量即为降水入渗补给量，推算方法同降水入渗补给量 2001 ～ 2016 年直接采用各计算单元逐年地下水资源量。取其平均值，即为 1980 ～ 2016 年多年平均值。

2）分析单元山丘区地下水资源量计算

（1）2001 ～ 2016 年逐年及多年平均值。对分析单元内的完整计算单元，直接采用其各项排泄量逐年计算成果。对分析单元内的不完整计算单元，可根据各项排泄量模数，采用面积加权法计算其逐年各项排泄量；将分析单元范围内所有计算单元的各项排泄量逐年分别相加，作为该分析单元的相应排泄量，逐年总排泄量即为地下水资源量。取其平均值为该分析单元 2001 ～ 2016 年多年平均山丘区地下水资源量。

（2）1980 ～ 2016 年逐年及多年平均值。对分析单元内的完整计算单元，直接采用其逐年地下水资源量计算成果。对分析单元内的不完整计算单元，根据地下水资源量模数，采用面积加权法计算；将分析单元范围内所有计算单元的地下水资源量逐年相加，作为该分析单元地下水资源量。取其平均值为该分析单元 1980 ～ 2016 年多年平均山丘区地下水资源量。

根据以上方法计算，2001 ～ 2016 年一般山丘区、岩溶山丘区多年平均地下水资源量相加即为全市山丘区多年平均地下水资源量，经计算为 128 268.7 万 m^3，地下水资源模数为 9.3 万 m^3/（km^2·a）。其中，一般山丘区多年平均地下水资源量为 86 904.1 万 m^3，地下水资源模数为 9.3 万 m^3/（km^2·a）；岩溶山丘区多年平均地下水资源量为 41 364.6 万 m^3，地下水资源模数为 9.1 万 m^3/（km^2·a），见附表 6。

2.4.2.3 全市地下水资源量

全市地下水资源由平原区分析单元和山丘区分析单元构成的汇总单元，其地下水资源量采用平原区与山丘区的地下水资源量相加，再扣除两者间重复计算量的方法计算，即

$$Q_{分区}=Q_{平原区}+Q_{山丘区}-Q_{重复} \tag{2-26}$$

式中：$Q_{分区}$、$Q_{平原区}$、$Q_{山丘区}$分别为汇总单元、平原区、山丘区的多年平均地下水资源量，万 m^3；$Q_{重复}$为平原区与山丘区间多年平均地下水重复计算量，万 m^3。

山前侧向补给量作为排泄量计入山丘区的地下水资源量（山前侧向流出量部分），又作为补给量计入平原区的地下水资源量，对汇总单元而言是重复计算量；平原区的地表水体补给量有部分来自于山丘区的河川基流，而河川基流量已计入山丘区的地下水资源量中，因此由山丘区河川基流形成的平原区地表水体补给量也是重复计算量，即

$$Q_{重复}=Q_{侧补}+Q_{基补} \tag{2-27}$$

式中：$Q_{重复}$为平原区与山丘区间多年平均地下水重复计算量，万 m^3；$Q_{侧补}$为平原区多年平均山前侧向补给量，万 m^3；$Q_{基补}$为由山丘区河川基流形成的平原区多年平均地表

水体补给量，万 m^3。

由平原区、山丘区 2001 ～ 2016 年和 1980 ～ 2016 年各项量多年平均计算成果，计算得出汇总单元地下水资源量。

评价结果表明，全市 2001 ～ 2016 年多年平均地下水资源量为 194 492.6 万 m^3，其中山丘区为 128 268.7 万 m^3，平原区为 70 346.0 万 m^3，重复计算量为 4 122 万 m^3，成果详见附表 7。

2.4.3　地下水资源量时空分布

2.4.3.1　地下水资源地域分布

地下水资源的地区分布受地形、地貌、水文气象、水文地质条件及人类活动等多种因素影响，各地差别很大。总体是平原区大于山丘区，一般平原区大于山间平原区，岩溶山区大于一般山区。评价结果表明，全市 2001 ～ 2016 年多年平均地下水资源模数为 11.6 万 m^3/（km^2·a），全市平原区多年平均地下水资源模数为 21.6 万 m^3/（km^2·a），全市山丘区多年平均地下水资源模数为 9.3 万 m^3/（km^2·a）。按水资源分区：沂沭河一般平原区多年平均地下水资源模数为 22.1 万 m^3/（km^2·a）；中运河一般平原区为 19.0 万 m^3/（km^2·a）；沂沭河山间平原区为 22.6 万 m^3/（km^2·a），中运河山间平原区为 26.1 万 m^3（km^2·a），沂沭河区一般山丘区多年平均地下水资源模数为 9.5 万 m^3/（km^2·a），日赣区一般山丘区为 8.3 万 m^3/（km^2·a）；潍弥白浪区一般山丘区为 7.3 万 m^3/（km^2·a），中运河岩溶山区为 8.6 万 m^3/（km^2·a），沂沭河岩溶山区为 9.5 万 m^3/（km^2·a）。按行政分区：河东区多年平均地下水资源模数最大，为 19.7 万 m^3/（km^2·a），其次为郯城县 19.2 万 m^3/（km^2·a），平邑县多年平均地下水资源模数最小，为 8.6 万 m^3/（km^2·a），其次为费县 9.4 万 m^3/（km^2·a）；其他县（区）在 9.5 万～ 13.2 万 m^3/（km^2·a）。

临沂市多年平均地下水资源量模数分区详见图 2-13。

（1）平原区地下水以孔隙水为主，补给来源主要是大气降水和地表水体，其次是山前侧渗补给。地下水资源的地区分布除与大气降水地区分布、水文地质条件的差异有关外，与人类活动影响程度也有一定关系，所以平原区地下水资源的地区分布也十分不均。

全市平原区多年平均地下水资源模数为 21.6 万 m^3/（km^2·a），一般平原区多年平均地下水资源模数为 20.6 万 m^3/（km^2·a），山间平原区多年平均地下水资源模数为 22.7 万 m^3/（km^2·a）。按水资源分区：中运河区一般平原区多年平均地下水资源模数为 19.0 万 m^3/（km^2·a），沂沭河区一般平原区为 22.1 万 m^3/（km^2·a）；中运河山间平原区为 26.1 万 m^3/（km^2·a），沂沭河山间平原区为 22.6 万 m^3/（km^2·a）。按行政分区：沂水县平原区多年平均地下水资源模数最大，为 28.6 万 m^3/（km^2·a），其次为罗庄区平原区 26.1 万 m^3/（km^2·a），沂南县平原区多年平均地下水资源模数最小，为 18.9 万 m^3/（km^2·a），其次为兰陵县平原区 19.2 万 m^3/（km^2·a）；其他县（区）平原区在 20.0 万～ 24.0 万 m^3/（km^2·a）。

（2）山丘区地下水一般为基岩裂隙水和岩溶水，补给来源单一，主要接受大气降水补给，地下水资源的地区分布随着降水量的地区分布的变化和水文地质条件优劣差异很大。全市山丘区多年平均地下水资源模数为 9.3 万 m^3/（km^2·a）。

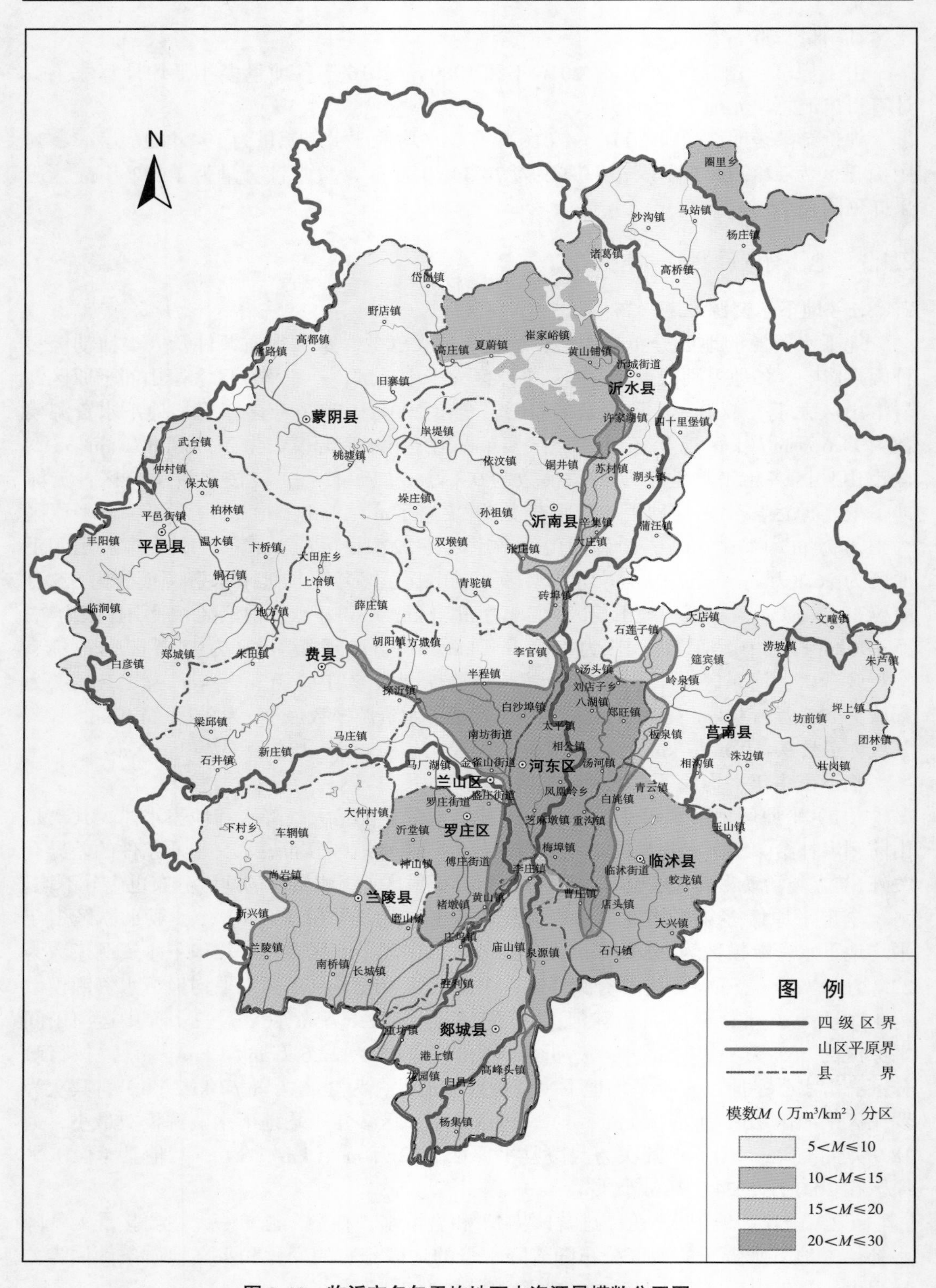

图 2-13　临沂市多年平均地下水资源量模数分区图

全市一般山丘区多年平均地下水资源模数为 9.3 万 m^3/（km^2·a）。全市岩溶山丘区多年平均地下水资源模数为 9.1 万 m^3/（km^2·a）。按水资源分区：沂沭河区一般山丘区多年平均地下水资源模数为 9.5 万 m^3/（km^2·a），日赣区一般山丘区为 8.3 万 m^3/（km^2·a）；潍弥白浪区一般山丘区为 7.3 万 m^3/（km^2·a），中运河岩溶山区为 8.6 万 m^3/（km^2·a），沂沭河岩溶山区为 9.5 万 m^3/（km^2·a）。按行政分区：郯城山丘区多年平均地下水资源模数最大为 11.4 万 m^3/（km^2·a），其次为临沭县山丘区 11.1 万 m^3/（km^2·a），兰陵县山丘区多年平均地下水资源模数最小，为 7.7 万 m^3/（km^2·a），其次为平邑县 8.6 万 m^3/（km^2·a），其他县（区）山丘区在 9.1 万～10.4 万 m^3/（km^2·a）。

2.4.3.2　地下水资源补排结构

1. 补给结构

全市平原淡水区（$M \leqslant 2$ g/L）多年平均地下水总补给量为 72 415 万 m^3，多年平均总补给模数为 21.7 万 m^3/（km^2·a）；扣除井灌回归补给量 2 069 万 m^3，多年平均地下水资源量为 70 346 万 m^3，多年平均地下水资源模数为 21.0 万 m^3/（km^2·a）。其中，降水入渗补给量占多年平均地下水总补给量的 82.3%，占多年平均地下水资源量的 84.7%；山前侧渗补给量、地表水体补给量、井灌回归补给量分别占多年平均地下水总补给量的 1.1%、13.8%、2.9%。按水资源分区：沂沭河区一般平原区多年平均总补给模数最大为 22.6 万 m^3/（km^2·a）；其次为沂沭河区山间平原区，多年平均总补给模数为 22.4 万 m^3/（km^2·a）。中运河区一般平原区多年平均总补给模数最小，为 19.4 万 m^3/（km^2·a）；其次中运河区山间平原区，多年平均总补给模数为 22.2 万 m^3/（km^2·a）。按行政分区：沂水县多年平均总补给模数最大为 29.1 万 m^3/（km^2·a），其次为罗庄区，多年平均总补给模数为 25.3 万 m^3/（km^2·a）；沂南县多年平均总补给模数最小，为 18.9 万 m^3/（km^2·a）；其次为兰陵县，多年平均总补给模数为 19.0 万 m^3/（km^2·a）；其他各县（区）多年平均总补给模数在 19.6 万～23.4 万 m^3/（km^2·a），详见图 2-14。

2. 排泄结构

1）平原区地下水资源量排泄结构

全市平原区浅层地下水多年平均总排泄量为 68 008 万 m^3。其中，地下水实际开采量为 35 706 万 m^3，占总排泄量的 52.5%；潜水蒸发量为 28 424 万 m^3，占总排泄量的 41.8%；其他排泄量之和占总排泄量的 5.7%。

2）山丘区地下水资源量排泄结构

全市山丘区浅层地下水多年平均总排泄量为 128 269 万 m^3。其中，天然河川基流量为 105 588 万 m^3，占总排泄量的 82.3%，地下水实际开采量净消耗量为 11 815 万 m^3，占总排泄量的 9.2%；潜水蒸发量为 10 052 万 m^3，占总排泄量的 7.8%；其他排泄量之和占总排泄量的 0.7%。

2.4.4　变化趋势

2.4.4.1　变化情况

临沂市地下水资源的补给主要来源于大气降水，降水入渗补给量占地下水资源量的近 90%，因此地下水资源量与降水量的变化密切相关，地下水资源量的年际变化幅

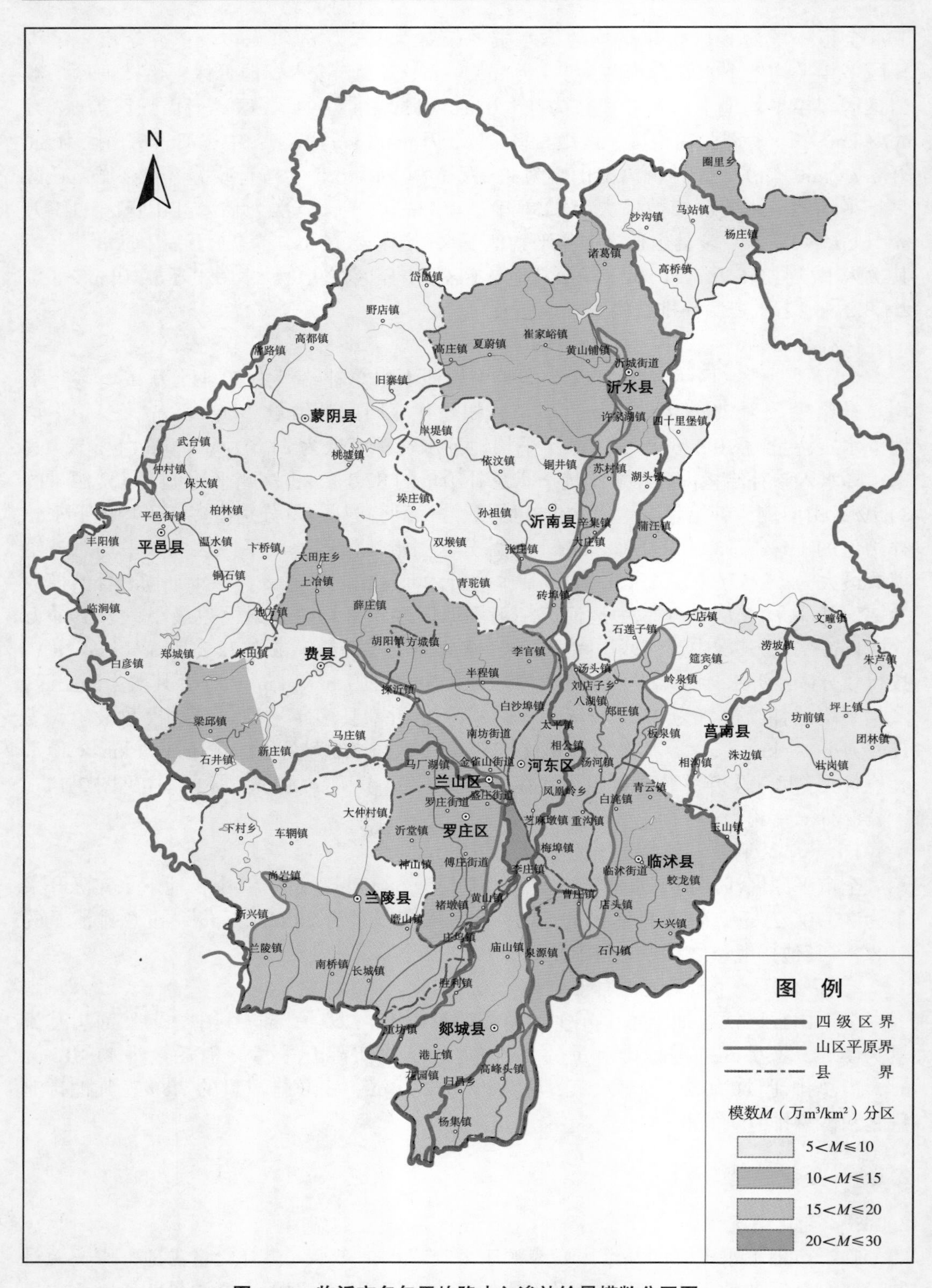

图 2-14 临沂市多年平均降水入渗补给量模数分区图

度比降水量的年际变化幅度大，山丘区地下水资源量的年际变化幅度大于平原区。降水入渗补给量的年际变化，基本代表地下水资源量年际变化。

1956 ～ 2016 年，降水量的年际变化具有丰、枯交替及连续丰水年和连续枯水年的现象出现，随降水量的丰、枯变化，降水入渗补给量年际间的差异也很大。降水量最大值出现在 2003 年，为 1 153.2 mm，最小值出现在 2002 年，为 494.8 mm，极值比为 2.33；降水入渗补给量最大值出现在 1960 年（降水量为 1 143.7 mm），为 28.13 亿 m^3；最小值出现 2002 年，为 9.02 亿 m^3，极值比为 3.12，其中山丘区极值比为 3.48，平原区极值比为 2.61；降水入渗补给量最大值和最小值与多年平均值的比值分别是 148.3% 和 47.6%。1960 ～ 1964 年为连续丰水期，而连续枯水年却出现在 1986 ～ 1989 年期间，降水入渗补给量连续低值期和连续高值期也出现在这四个阶段，其变化规律与降水量变化规律基本一致，见表 2-25。

表 2-25　全市 1956 ～ 2016 年的降水量与降水入渗补给量

年份	降水量（mm）	降水入渗补给量（亿 m^3）		
		平原区	山丘区	合计
1956	925.8	6.59	14.93	21.52
1957	1 028.4	7.88	17.19	25.07
1958	859.8	5.87	13.97	19.84
1959	746.5	5.77	11.43	17.20
1960	1 143.7	9.13	19.00	28.13
1961	840.1	6.38	13.22	19.60
1962	951.0	7.25	15.27	22.52
1963	1 012.6	7.16	16.73	23.89
1964	1 119.7	7.37	18.83	26.20
1965	806.1	6.12	12.60	18.72
1966	585.5	4.28	8.79	13.07
1967	810.1	5.30	13.31	18.61
1968	599.2	4.86	8.54	13.40
1969	773.9	5.98	11.89	17.87
1970	1 076.3	7.71	18.00	25.71
1971	1 090.9	8.23	18.03	26.26
1972	766.8	6.33	11.68	18.01
1973	772.2	5.66	12.45	18.11
1974	1 146.8	8.81	18.68	27.49
1975	866.4	6.53	13.42	19.95
1976	633.7	4.56	9.61	14.17
1977	665.4	4.50	10.34	14.84
1978	686.7	4.73	10.78	15.51
1979	833.9	5.83	13.43	19.26
1980	787.6	4.93	12.68	17.61

续表 2-25

年份	降水量（mm）	降水入渗补给量（亿 m^3）		
		平原区	山丘区	合计
1981	541.6	3.60	7.87	11.47
1982	794.6	6.54	12.16	18.70
1983	570.1	4.34	8.11	12.45
1984	838.8	6.08	13.51	19.59
1985	868.6	6.23	14.13	20.36
1986	603.8	4.81	8.74	13.55
1987	791.3	6.27	12.21	18.48
1988	503.8	3.70	7.05	10.75
1989	575.4	4.53	7.97	12.50
1990	1 104.0	8.45	17.94	26.39
1991	888.2	6.33	14.46	20.79
1992	635.0	4.99	8.93	13.92
1993	954.3	7.05	15.44	22.49
1994	876.5	6.32	14.47	20.79
1995	839.7	6.03	13.70	19.73
1996	741.9	5.54	11.53	17.07
1997	681.5	4.78	10.56	15.34
1998	1 024.1	7.68	16.62	24.30
1999	642.1	4.71	9.61	14.32
2000	837.9	6.91	12.79	19.70
2001	728.5	5.20	12.75	17.95
2002	494.8	3.49	5.53	9.02
2003	1 153.2	8.30	19.25	27.55
2004	857.7	6.05	13.07	19.12
2005	1 059.1	7.89	17.58	25.47
2006	677.6	5.35	11.09	16.44
2007	965.8	8.00	18.33	26.33
2008	944.3	7.74	16.86	24.60
2009	803.1	5.60	13.06	18.66
2010	704.9	4.83	11.50	16.33
2011	833.0	5.32	11.73	17.05
2012	835.2	5.83	14.63	20.46
2013	799.3	6.23	13.54	19.77
2014	588.7	4.57	5.06	9.63
2015	674.7	4.89	8.84	13.73
2016	802.3	6.02	13.35	19.37

1956～1979 年全市平均降水量 864.2 mm，1980～2000 年全市平均降水量 765.7 mm，2001～2016 年全市平均降水量 807.6 mm。1980～2000 年属于偏枯系列，平均降水量比 1956～1979 年均值偏少 12.9%，比 2001～2016 年均值偏少 5.5%。1980～2000 年年平均降水入渗补给量为 17.63 亿 m^3，分别比 1956～1979 年和 2001～2016 年两个系列分别偏少 14.6% 和 6.4%，降水量与降水入渗补给量多年系列变化规律也是基本一致的，见表 2-26。

表 2-26　系列降水量与降水入渗补给量

年份	降水量（mm）	降水入渗补给量（亿 m^3）		
		平原区	山丘区	合计
1956～1979	864.2	6.37	13.84	20.21
1980～2000	765.7	5.74	11.89	17.63
2001～2016	807.6	5.96	12.89	18.85

2.4.4.2　变化原因

地下水资源是一种具有多年调节特性的再生式动态资源，其动态性基础在于地区的地质条件。地下水资源的时空分布受气象、下垫面条件、人类活动等多种因素的综合影响。

1. 大气降水的影响

全市地下水的补给，主要来源于大气降水，在其他条件不变的的情况下，地下水的补给量随降水量的增大而增大，造成地下水年际变化的主要原因就是降水量的年际变化。

2. 流域下垫面条件的影响

地形、地貌、植被、土壤岩性、地质与水文地质条件等因素对地下水的补给都有明显的影响。平原区地势平坦、土层深厚，有利于降水和地表水体的入渗，地表径流小，地下水补给量相对较大；一般山丘区地面坡度陡，渗透性差，地表径流大，地下水入渗补给量相对较小，但岩溶发育的石灰岩山区或构造裂隙发育的山区，渗透能力强，入渗补给量比碎屑岩、火成岩、变质岩构成的一般山丘区大。

大气降水入渗补给量除与降水量有关外，还受地下水埋深和人类活动的影响，如降水偏小的年份，往往引水灌溉的水量较大，形成有的年份地下水资源的年际变化与降水量的年际变化不同步。

3. 水资源开发利用水平和工程设施的影响

随着地下水开采水平的提高，平原区地下水位下降，埋深增大，地下水的补给情况发生变化，当地下水埋深逐渐增大时，地下水补给量亦随之增大，但埋深增大到一定深度后，由于包气带变厚，土壤水库容变大，降水入渗补给量相应减少。

山丘区地下水在天然状态下，除潜水蒸发外，大都以河川基流或泉水的形式排泄，但随着开发利用加大后，河川基流和泉流量都随着减少。另外，大量引用地表水灌溉和兴建蓄水工程又会增加地下水补给量。

2.4.5　小结

（1）根据地下水的补给、径流、排泄条件及地形地貌、地质构造和水文地质条件，全市划分41个地下水计算单元，其中平原区14个（一般平原区4个、山间平原区10个），山丘区27个（一般山丘区17个、岩溶山区10个）。全市评价面积统一采用17 186 km^2，地下水计算面积16 791 km^2，其中矿化度$M \leqslant 2$ g/L的平原区计算面积3 259 km^2，山丘区计算面积13 532 km^2（$M \leqslant 2$ g/L）。

（2）分别按照4个水资源三级区套地级行政区、12个县级行政区、3个市级重点流域，汇总形成临沂市及重点流域平原区、山丘区及全市、重点流域近期下垫面条件下多年平均（2001～2016年，下同）地下水资源量、可开采量等评价成果。

全市多年平均浅层淡水（$M \leqslant 2$ g/L）地下水资源量为19.46亿m^3/a，其中平原区地下水资源量为7.03亿m^3/a，山丘区地下水资源量为12.83亿m^3/a，平原区与山丘区之间的地下水重复量为0.41亿m^3/a。全市多年平均地下水可开采量为14.22亿m^3/a，其中平原区地下水可开采量为5.65亿m^3，山丘区地下水可开采量为8.87亿m^3，重复计算量为0.30亿m^3。

（3）为计算水资源总量的需要，分析计算了各水资源三级区套地级行政区、县级行政区1956～2016年系列的平原区降水入渗补给量、降水入渗补给量形成的河道排泄量及山丘区降水入渗补给量、河川基流量。

2.5　水资源总量

2.5.1　水资源总量

一定区域内的水资源总量是指当地降水形成的地表和地下产水量，即地表径流量与降水入渗补给量之和。

水资源总量采用下式计算：

$$W=R_s+P_r=R+P_r-R_g \tag{2-28}$$

式中：W为水资源总量；R_s为地表径流量（河川径流量与河川基流量之差）；P_r为降水入渗补给量；R为河川径流量，即地表水资源量；R_g为河川基流量。

计算时，首先计算各分区水资源总量系列，各分量系列直接采用地表水资源和地下水资源评价成果相应系列。然后再计算不同时段的统计特征值。

临沂市1956～2016年系列多年平均水资源总量为530 340万m^3，各水资源分区中以沂沭河区最大，为413 672万m^3，潍弥白浪河区最小，为6 698万m^3；各行政分区中，以沂水县最大，为62 191万m^3，罗庄区最小，为18 349万m^3。1956～2016年临沂市各水资源分区、各行政分区水资源总量成果见表2-27、表2-28。

表 2-27　1956 ～ 2016 年临沂市水资源分区水资源总量成果

水资源三级区	水资源四级区	计算面积（km^2）	统计参数			不同频率水资源总量（万 m^3）			
			年均值（万 m^3）	C_v	C_s/C_v	20%	50%	75%	95%
潍弥白浪区	潍河区	300	6 698	0.66	2.0	9 864	5 756	3 449	1 400
日赣区	日赣区	876	20 268	0.58	2.0	28 990	18 021	11 568	5 411
沂沭河区	沂河区	9 563	285 482	0.51	2.0	395 779	260 949	178 418	94 243
沂沭河区	沭河区	3 847	128 190	0.42	2.0	169 792	120 808	89 211	54 457
小计		13 410	413 672	0.47	2.0	562 790	383 400	270 965	152 587
中运河区	苍山区	2 600	89 701	0.58	2.0	128 140	79 856	51 396	24 168
临沂市		17 186	530 340	0.47	2.0	721 169	491 692	347 783	196 151

表 2-28　1956 ～ 2016 年临沂市行政分区水资源总量成果

县级行政区	计算面积（km^2）	统计参数			不同频率水资源总量（万 m^3）			
		年均值（万 m^3）	C_v	C_s/C_v	20%	50%	75%	95%
兰山区	888	28 830	0.58	2.0	41 202	25 655	16 498	7 744
罗庄区	567	18 349	0.64	2.0	26 805	15 930	9 744	4 130
河东区	831	36 385	0.42	2.0	48 118	34 320	25 405	15 575
沂南县	1 714	52 670	0.57	2.0	74 765	47 170	30 769	14 855
郯城县	1 191	51 046	0.42	2.0	67 719	48 065	35 408	21 521
沂水县	2 435	62 191	0.57	2.0	88 280	55 697	36 332	17 540
兰陵县	1 719	61 996	0.56	2.0	87 626	55 733	36 687	18 024
费县	1 655	48 430	0.57	2.0	68 951	43 256	28 036	13 369
平邑县	1 825	43 502	0.62	2.0	63 001	38 157	23 838	10 552
莒南县	1 752	48 214	0.49	2.0	66 155	44 415	30 930	16 930
蒙阴县	1 602	45 003	0.56	2.0	63 827	40 335	26 358	12 770
临沭县	1 007	33 723	0.43	2.0	44 921	31 679	23 186	13 930
临沂市	17 186	530 340	0.47	2.0	721 169	491 692	347 783	196 151

2.5.2　空间分布

影响水资源总量的主要因素有降水与下垫面条件。为了更好地反映水资源总量及各项分量的地带性分布规律，分别计算了各水资源三级区的径流系数、降水入渗补给系数、产水系数与产水模数，计算成果见表 2-29。一般来说，在下垫面条件近似的地区，降水量越大，径流系数、降水入渗补给系数、产水系数、产水模数也相应较大。一般情况下，径流系数山区大于平原；降水入渗补给系数平原大于一般山区，与岩溶山区相当；产水系数、产水模数均是山区大于平原。

表 2-29　临沂市水资源三级区各项系数对照

三级区	降水量（mm）	地表水资源量（mm）	降水入渗补给量（mm）	水资源总量（mm）	径流系数	降水入渗补给系数	产水系数	年产水模数（万 m^3/km^2）
潍弥白浪区	727.7	208.3	73.3	223.3	0.29	0.10	0.31	22.3
日赣区	833.4	229.1	82.8	231.4	0.27	0.10	0.28	23.1
沂沭河区	809.9	260.3	78.0	308.5	0.32	0.10	0.38	30.8
中运河区	850.3	270.0	54.8	345.0	0.32	0.06	0.41	34.5

由表 2-29 可以发现，中运河区、沂沭河区、日赣区降水量为 800 mm 左右，在山东省属较高地区，其径流系数、降水入渗补给系数、产水系数、产水模数也相应较大。总体来说，临沂市水资源总量及其各项分量存在明显的地带性分布，其变化符合水资源空间分布规律。因此，临沂市水资源总量评价成果总体是合理的。

2.5.3　变化趋势

全市多年平均水资源总量为 530 340 万 m^3，20%、50%、75%、95% 保证率时水资源总量分别为 721 169 万 m^3、491 692 万 m^3、347 783 万 m^3、196 151 万 m^3。

临沂市水资源总量时空分布不平衡，其空间分布总趋势是南大北小、东大西小。临沂市多年平均（1956 ～ 2016 年）产水模数为 30.9 万 m^3/（km^2·a），其中以中运河为最大，产水模数为 34.5 万 m^3/（km^2·a），沂沭河区次之，产水模数为 30.8 万 m^3/（km^2·a），潍弥白浪区最小，产水模数为 22.3 万 m^3/（km^2·a）。其时间分布上的变化受降雨影响，同地表径流基本一致，年际变化大，丰枯年变化明显。1956 ～ 2016 年水资源量最大的 1963 年产水模数达 1 114 345m^3/（km^2·a），而最小的 2014 年产水模数仅 111 823 m^3/（km^2·a），最小水资源量仅为最大水资源量的 10.0%，相差较大。在没有足够的水利工程进行调节的情况下，丰水年常水多为患，往往造成大量弃水，枯水年则可拦蓄的水量很小，经常发生严重旱灾。

2.5.4　小结

本次对临沂市 1956 ～ 2016 年水资源总量进行评价，主要结论如下：

临沂市 1956 ～ 2016 年系列多年平均水资源总量为 530 340 万 m^3。各水资源分区中以沂沭河区最大，为 413 672 万 m^3；潍弥白浪河区最小，为 6 698 万 m^3。各行政分区中，以沂水县最大，为 62 191 万 m^3；罗庄区最小，为 18349 万 m^3。

2.6　水资源可利用量

地表水资源可利用量是指在可预见的时期内，在统筹考虑河道内生态环境和其他用水的基础上，通过经济合理、技术可行的措施，可供河道外生活、生产、生态用水的一次性最大水量（不包括回归水的重复利用）。可利用量是从资源的角度分析可能被消耗利用的水资源量。本次计算采用 1956 ～ 2016 年资料系列。

2.6.1　地表水可利用量

2.6.1.1　评价方法

本次地表水资源可利用量估算方法是水利部制定的《地表水资源可利用量估算方法》中推荐使用的方法。根据山东省流域水系的特点，多年平均地表水资源可利用量的估算方法采用如下两种方法。

1. 正算法

根据工程最大供水能力或最大用水需求的分析成果，以用水消耗系数（耗水率）折算出相应的可供河道外一次性利用的水量。计算公式如下：

$$W_{地表水可利用量}=K_{用水消耗系数}\times W_{最大供水能力} \tag{2-29}$$

式中：$K_{用水消耗系数}$为水在输送和使用过程中耗损水量与供水量的比值；$W_{最大供水能力}$为该区域内已建或可预见期内规划兴建的地表水供水工程最大供水能力的总和，各工程的最大供水能力一般指该工程最近五年的最大供水量或设计供水量。

2. 倒算法

采用多年平均地表水资源量扣除不可以被利用水量和不可能被利用水量，即得地表水资源可利用量。不可以被利用水量是指必须满足的河道内需水量。河道内需水量包括河道内生态环境需水量和河道内生产需水量。不可能被利用水量是指受种种因素和条件的限制，无法被利用的水量，主要包括超出工程最大调蓄能力和供水能力的洪水量，在可预见时期内受工程经济技术性影响不可能被利用的水量，以及在可预见的时期内超出最大用水需求的水量。对山东省而言，不可能被利用水量具体是指以未来工程最大调蓄与供水能力为控制条件、多年平均情况下的汛期难于控制利用的下泄洪水量。计算公式为

$$W_{地表水可利用量}=W_{地表水资源量}-W_{河道内最小生态环境需水量}-W_{洪水弃水} \tag{2-30}$$

2.6.1.2　地表水可利用量

本次评价，临沂市按照水资源三级区分别计算 1956 ～ 2016 年多年平均地表水资源可利用量。采用各控制站断面以上的地表水资源可利用率乘以各分区的地表水资源量，即得到各分区的地表水资源可利用量。结合临沂市各流域水系的实际情况，对各分区分别采用正算法、倒算法或正算法和倒算法相结合进行计算。

1. 正算法

采用正算法的分区有中运河区、日赣区。对采用正算法的分区，地表水资源可利用量直接采用二次评价成果，不再另行计算。

2. 倒算法

采用倒算法的分区有沂沭河区。对采用倒算法的分区，分别计算分区内各控制站断面以上的地表水资源可利用率，将各控制站断面以上的地表水资源可利用率进行综合得到已控区的地表水资源可利用率，从而得到全区的地表水资源可利用量。沂沭河

区三级区选用临沂、大官庄站为控制站，河道最小生态环境需水量与天然径流量的比值为 $W_{生}=0.1W_{天}$。

3. 正算法和倒算法相结合

采用正算法和倒算法相结合的分区有潍弥白浪区。潍弥白浪区因本次正算法计算得到的地表水资源可利用率与二评比略有增加，故另采用倒算法计算了可利用率，两种方法计算得到的可利用率完全一致，最终采用此成果。潍弥白浪区倒算法选用谭家坊站为控制站，河道最小生态环境需水量与天然径流量的比值为 $W_{生}=0.2W_{天}$。

4. 临沂市地表水资源可利用量估算成果

本次评价全市地表水资源可利用量 246 939 万 m^3，按水资源三级区分，临沂市地表水资源可利用量估算成果见表 2-30；按行政区分，临沂市地表水资源可利用量估算成果见表 2-31。

表 2-30　1956 ～ 2016 年临沂市水资源分区地表水资源可利用量估算成果

水资源三级区	计算面积（km^2）	多年平均地表水资源量（万 m^3）	地表水资源可利用量（万 m^3）	地表水资源可利用率（%）
潍弥白浪区	300	6 698	4 483	66.9
日赣区	876	20 066	9 548	47.6
沂沭河区	13 410	349 071	205 108	58.8
中运河区	2 600	70 201	27 800	39.6
临沂市	17 186	445 588	246 939	55.4

表 2-31　1956 ～ 2016 年临沂市行政分区地表水资源可利用量估算成果

县（区）名称	计算面积（km^2）	多年平均地表水资源量（万 m^3）	地表水资源可利用量（万 m^3）	地表水资源可利用率（%）
兰山区	888	23 069	12 771	55.4
罗庄区	567	15 017	6 272	41.8
河东区	831	23 735	13 946	58.8
沂南县	1 714	46 189	27 140	58.8
郯城县	1 191	32 472	18 609	57.3
沂水县	2 435	54 399	32 775	60.2
兰陵县	1 719	46 835	18 547	39.6
费县	1 655	45 365	25 985	57.3
平邑县	1 825	41 501	24 385	58.8
莒南县	1 752	44 830	24 195	54.0
蒙阴县	1 602	42 554	25 004	58.8
临沭县	1 007	29 623	17 309	58.4
全市	17 186	445 588	246 939	55.4

5. 成果分析

临沂市本次估算的地表水资源可利用量为 246 939 万 m^3，可利用率为 55.4%，与全省评价计算可利用率接近。从地区分布上看，潍弥白浪河区最高，为 66.9%；中运河区最低，为 39.6%，这与当地水资源状况、需水水平和开发利用条件也是比较吻合的。因此，总体来讲，本次地表水资源可利用量成果是合理的。

2.6.2　地下水可开采量

本次评价的地下水可开采量是指在保护生态环境和地下水资源可持续利用的前提下，通过经济合理、技术可行的措施，在近期下垫面条件下可从含水层中获取的最大水量。

2.6.2.1　平原区地下水可开采量

对平原区矿化度 $M \leqslant 2$ g/L 的浅层地下水可开采量进行评价。以水均衡法为主要方法、以可开采系数法为参考方法评价地下水可开采量。

1. 分析单元地下水可开采量

1）水均衡法

基于水均衡原理，计算分析单元多年平均地下水可开采量。

对地下水开发利用程度较高地区，在多年平均浅层地下水资源量的基础上，在总补给量中扣除难以袭夺的潜水蒸发量、河道排泄量、侧向流出量、湖库排泄量等，近似作为多年平均地下水可开采量，也可按以下公式近似计算多年平均地下水可开采量。

$$Q_{平可开采}=Q_{平实采}+\Delta W \tag{2-31}$$

式中：$Q_{平可开采}$、$Q_{平实采}$、ΔW 分别为多年平均地下水可开采量、2001 ～ 2016 年多年平均实际开采量、2001 ～ 2016 年多年平均地下水蓄变量，万 m^3。

对地下水开发利用程度较低地区，可考虑未来开采量可能增加因素及其引起的补排关系的变化，结合上述方法确定多年平均地下水可开采量。

结合实际开采量、地下水埋深等资料进行地下水可开采量成果合理性分析。

2）可开采系数法

按下式计算分析单元多年平均地下水可开采量：

$$Q_{平可开采}=\rho Q_{总补} \tag{2-32}$$

式中：ρ 为分析单元的地下水可开采系数，无量纲；$Q_{平可开采}$、$Q_{总补}$分别为分析单元的多年平均地下水可开采量、多年平均地下水总补给量，万 m^3。

地下水可开采系数 ρ 是反映生态环境约束和含水层开采条件等因素的参数，取值应不大于 1.0。根据水文地质条件，考虑浅层地下水富水性、含水砂层累积厚度、给水系数（给水度乘砂层厚度）、导水性、砂层埋藏类型、现状地下水实际开采系数以及同一类型地区实际开采量调查和多年调节计算等综合资料分析确定开采系数。根据上述原则，全市山前平原区可开采系数采用 0.60 ～ 0.88。计算结果表明，全市平原区浅层地下水多年平均可开采量为 56 500 万 m^3，可开采模数为 17.3 万 $m^3/(km^2\cdot a)$。

2. 平原区地下水可开采量分析

全市平原区 2001 ～ 2016 年浅层地下水多年平均可开采量为 56 500 万 m^3，可开采模数为 17.3 万 $m^3/(km^2\cdot a)$。

2.6.2.2　山丘区地下水可开采量

山丘区地下水可开采量是指以凿井方式开发利用的地下水资源量。由于山丘区水文地质条件及开采条件差异很大，根据含水层类型、地下水富水程度、调蓄能力、开发利用程度等，地下水可开采量的计算，以实际开采量和泉水流量（扣除已纳入地表水可利用量的部分）为基础，同时考虑生态环境需要等综合分析确定。按照“多种方法、综合分析、从严选用”的原则确定地下水可开采量评价成果。

1. 山丘区地下水可开采量计算方法

本次评价采用可开采系数法。山丘区某地区地下水可开采量按下式计算：

$$Q_{山可开采}=\rho_{山}Q_{山资} \tag{2-33}$$

式中：$\rho_{山}$为某地区山丘区的地下水可开采系数，无量纲；$Q_{山可开采}$、$Q_{山资}$分别为山丘区某地区的多年平均地下水可开采量、多年平均地下水资源量，万 m^3。

可开采系数确定方法同平原区。

根据第二次水资源评价成果，临沂市山丘区可开采系数一般采用范围为0.55～0.80。

2. 分析单元地下水可开采量

根据2001～2016年和近期下垫面条件下1980～2016年多年平均山丘区地下水资源量成果，采用上述计算方法，分析计算2001～2016年和1980～2016年山丘区地下水可开采量。经计算，2001～2016年山丘区地下水可开采量为88 747万 m^3，可开采模数为6.6万 m^3/（km^2·a）。

3. 山丘区地下水可开采量分析

全市山丘区2001～2016年地下水可开采量为88 747万 m^3，可开采模数为6.6万 m^3/（km^2·a）。

2.6.2.3　全市地下水可开采量

由平原区和山丘区构成的汇总单元，其地下水可开采量采用平原区与山丘区的地下水可开采量相加的方法计算，即：

$$Q_{可开采}=Q_{平可开采}+Q_{山可开采} \tag{2-34}$$

式中：$Q_{可开采}$、$Q_{平可开采}$、$Q_{山可开采}$分别为汇总单元、平原区、山丘区的多年平均地下水可开采量，万 m^3。

计算平原区、山丘区多年平均地下水可开采量时，若存在重复计算量需要扣除。经计算，全市2001～2016年地下水可开采量142 203万 m^3，可开采模数为8.5万 m^3/（km^2·a）。临沂市水资源三级区、县级行政区多年平均浅层地下水可开采量成果详见附表8，临沂市多年平均浅层地下水可开采量成果模数分区见图2-15。

2.6.3　水资源可利用总量

水资源可利用总量是指在可预见的时期内，在统筹考虑生活、生产和生态环境用水的基础上，通过经济合理、技术可行的措施在当地水资源中可资一次性利用的最大水量。

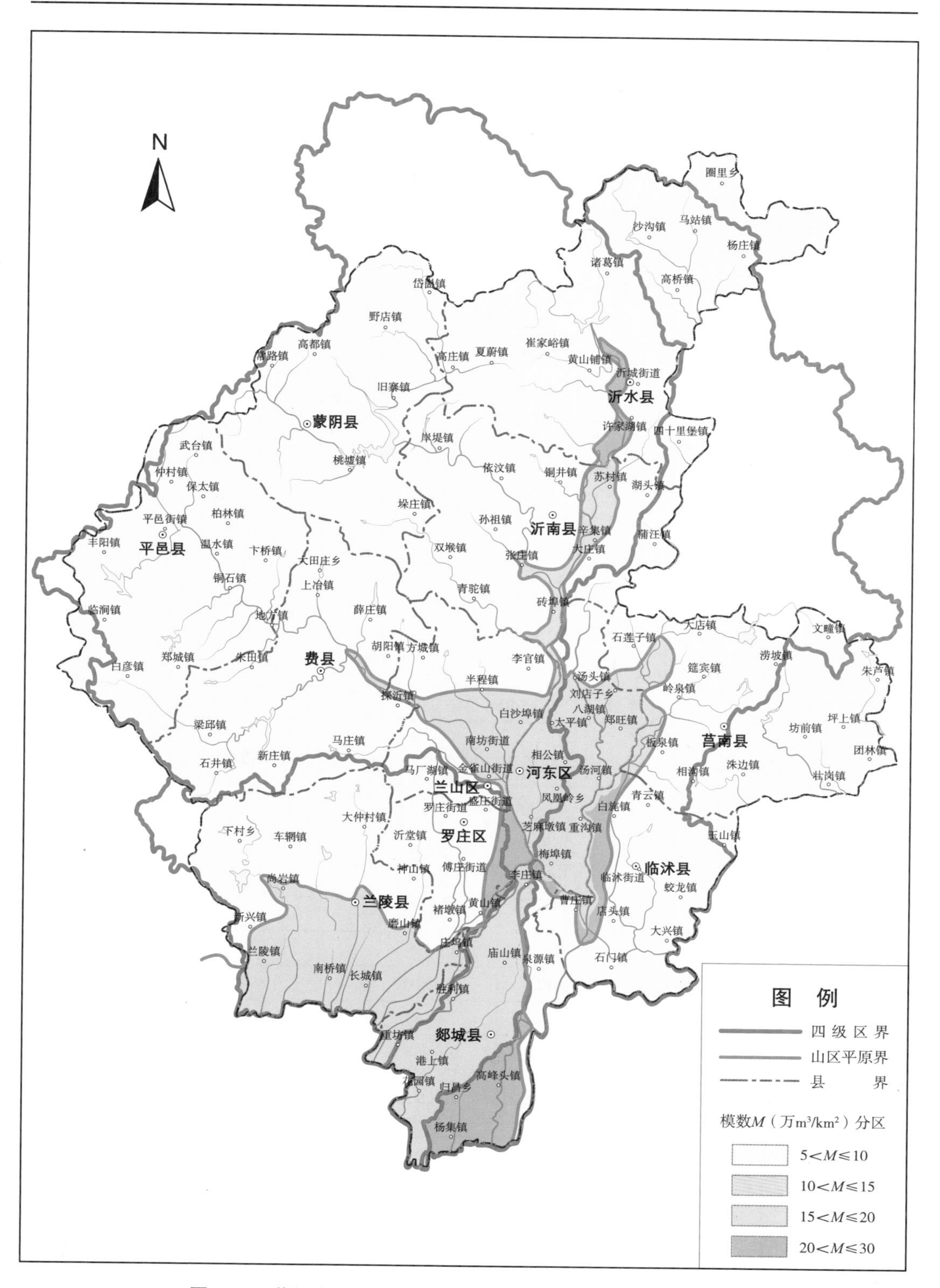

图 2-15　临沂市多年平均浅层地下水可开采量成果模数分区图

本次水资源评价水资源可利用量的计算，采用地表水资源可利用量与浅层地下水资源可开采量相加扣除两者之间重复计算量的方法估算。

$$Q_{总}=Q_{地表}+Q_{地下}-Q_{重} \tag{2-35}$$

$$Q_{重}=\rho_{平可}（Q_{渠}+Q_{田}）+\rho_{山可}Q_{基} \tag{2-36}$$

式中：$Q_{总}$为水资源可利用总量；$Q_{地表}$为地表水资源可利用量；$Q_{地下}$为浅层地下水资源可开采量；$Q_{重}$为重复计算量；$Q_{渠}$为渠系渗漏补给量；$Q_{田}$为田间地表水灌溉入渗补给量；$\rho_{平可}$为平原区可开采系数；$\rho_{山}$为山区可开采系数。

经计算，全市水资源可利用总量约为31.52亿m³。各水系水资源可利用总量见表2-32，各水资源分区成果见表2-33。

表2-32　临沂市各水系水资源可利用总量

二级区	三级区	计算面积（km²）	多年平均年水资源总量（万m³）	多年平均地表水可利用量（万m³）	多年平均年浅层地下水可开采量（万m³）	地表水可利用量与地下水可开采量重复计算量（万m³）	多年平均水资源可利用总量（万m³）	多年平均水资源总量可利用率（%）
山东沿海诸河	潍弥白浪区	300	6 698	4 483	1 130	774	4 839	72.2
沂沭泗区	日赣区	876	20 268	9 548	3 175	3 087	9 636	47.5
	沂沭河区	13 410	413 672	205 108	114 210	61 110	258 208	62.4
	中运河区	2 600	89 702	27 800	23 688	8 927	42 561	47.4
全市		17 186	530 340	246 939	142 203	73 898	315 244	59.4

表2-33　1956～2016年临沂市行政分区地表水资源可利用量估算成果

县（区）名称	计算面积（km²）	地表水资源可利用量（万m³）	多年平均年浅层地下水可开采量（万m³）	地表水可利用量与地下水可开采量重复计算量（万m³）	多年平均水资源可利用总量（万m³）
兰山区	888	12 771	8 382	4 282	16 871
罗庄区	567	6 272	6 215	2 223	10 264
河东区	831	13 946	12 399	2 542	23 803
沂南县	1 714	27 140	11 910	6 899	32 151
郯城县	1 191	18 609	18 441	4 296	32 754
沂水县	2 435	32 775	17 064	10 719	39 120
兰陵县	1 719	18 548	15 303	6 023	27 828
费县	1 655	25 985	12 290	10 441	27 834
平邑县	1 825	24 385	11 214	7 898	27 701
莒南县	1 752	24 195	9 778	6 875	27 098
蒙阴县	1 602	25 004	11 098	7 798	28 304
临沭县	1 007	17 309	8 109	3 902	21 516
全市	17 186	246 939	142 203	73 898	315 244

2.6.4　小结

本次对临沂市水资源可利用量进行评价，主要结论如下：

（1）临沂市地表水资源可利用量约为 24.69 亿 m^3，地表水可利用率为 55.4%。

（2）临沂市水资源可利用总量约为 31.52 亿 m^3，地表水资源可利用量与浅层地下水资源可开采量两者之间重复计算量约为 7.39 亿 m^3，水资源可利用率为 59.4%。

第 3 章 水资源质量

3.1 地表水质量

3.1.1 评价基础

地表水资源质量是指地表水体的物理、化学和生物学的特征和性质。地表水质量评价内容包括水化学特征分析、地表水质量现状评价、水功能区水质现状及达标评价、饮用水水源地水质现状及合格评价和地表水质量变化分析 5 部分。

水化学特征分析、水质现状评价、水功能区水质现状及达标评价采用 2016 年水功能区监测成果，列入《全国重要饮用水水源地名录（2016 年）》的饮用水源地和《山东省重要饮用水源地名录（2015 年）》采用 2017 年 6 月至 2018 年 5 月水源地水质监测资料。

以《地表水环境质量标准》（GB 3838—2002）为评价标准，按照《地表水资源质量评价技术规程》（SL 395—2007）及《全国重要江河湖泊水功能区水质达标评价技术方案》（水资办〔2016〕91 号）的规定进行评价。

3.1.2 地表水水化学特征分析

地表水水化学特征评价项目为矿化度、总硬度、钾、钠、钙、镁、重碳酸盐、氯化物、硫酸盐、碳酸盐 10 项。分析内容包括：①总硬度和矿化度分布；②采用阿列金分类法划分的水化学类型。除去全年断流的断面，全市共评价 55 个断面。

分析方法：水化学类型采用阿列金分类法划分。阿列金分类法是由俄国学者 O.A.Aleken 提出的，按水体中阴阳离子的优势成分和阴阳离子间的比例关系分为四个类型：

第Ⅰ型水的特点是 $HCO_3^- > Ca^{2+}+Mg^{2+}$。这一型水是含有大量 Na^+ 与 K^+ 的火成岩地区形成的。水中主要含 HCO_3^- 并且含较多 Na^+，这一型水多半是低矿化度的硬度小、水质好。

第Ⅱ型水的特点是 $HCO_3^- < Ca^{2+}+Mg^{2+} < HCO_3^-+SO_4^{2-}$，硬度大于碱度。从成因上讲，该型水与各种沉积岩有关，主要是混合水。大多属低矿化度和中矿化度的河水，湖水和地下水属于这一类型（有 SO_4^{2-} 硬度）。

第Ⅲ型水的特点是 $HCO_3^-+SO_4^{2-} < Ca^{2+}+Mg^{2+}$ 或者为 $Cl^- > Na^+$。从成因上讲，这型水也是混合水，由于离子交换使水的成分激烈地变化。成因是天然水中的 Na^+ 被土壤底泥或含水层中的 Ca^{2+} 或 Mg^{2+} 所交换。大洋水、海水、海湾水、残留水和许多高矿化度的地下水属于此种类型（有氯化物硬度）。

第Ⅳ型水的特点是 HCO_3^-=0，即该型水为酸性水。在重碳酸类水中不包括此型，只有硫酸盐与氯化物类水中的 Ca^{2+} 组与 Mg^{2+} 组中才有这一型水。天然水中一般无此类型（pH ＜ 4.0）。

水的上述类型的差异是水体所处自然地理环境造成的，一般来讲，它们有一定的地理分布规律。

二次评价临沂市参与水化学特征分析的有55处断面。相比二次评价站点明显增多，数据代表性更加合理全面。

3.1.2.1　矿化度

根据《关于印发第三次全国水资源调查评价有关附图绘制要求》（水总研〔2018〕932号），矿化度等值线值为50 mg/L、100 mg/L、200 mg/L、300 mg/L、500 mg/L、1 000 mg/L。临沂市地表水各县（市、区）矿化度面积分布见表3-1，临沂市地表水矿化度分布见附图7。

表3-1　临沂市各行政区地表水矿化度分布面积统计

县级行政区	矿化度分布面积（km^2）			矿化度分布百分比（%）		
	200 ～ 300	300 ～ 500	500 ～ 1 000	200 ～ 300	300 ～ 500	500 ～ 1 000
费县		732	923		44	56
河东区			831		0	100
兰山区			888		0	100
罗庄区			567		0	100
蒙阴县		1 146	456		72	28
平邑县		1 080	745		59	41
郯城县			1 191		0	100
沂南县		618	1 096		36	64
沂水县		1 378	1 057		57	43
莒南县	88	1 150	514	5	66	29
临沭县		34	973		3	97
兰陵县		708	1 011		41	59

规律性分析：从总体情况看，全市地表水矿化度范围在200 ～ 1 000 mg/L，主要集中在500 ～ 1 000 mg/L，其中300 ～ 500 mg/L、500 ～ 1 000 mg/L的分布面积分别为6 846 km^2 与10 252 km^2，分别占40%、60%。

与二次评价比较，临沂市矿化度数值范围上升。

3.1.2.2　总硬度

按总硬度分区值（15 mg/L、30 mg/L、55 mg/L、85 mg/L、170 mg/L、250 mg/L），临沂市各行政区地表水总硬度面积分布见表3-2，根据各县（市、区）总硬度的数值，绘制临沂市地表水总硬度分布图，分布情况见附图8。

表 3-2 临沂市各行政区地表水总硬度分布面积统计

县级行政区	总硬度分布面积（km^2）			总硬度分布比例（%）		
	85 ～ 170	170 ～ 250	>250	85 ～ 170	170 ～ 250	>250
费县		477	1 178		29	71
河东区			831			100
兰山区			888			100
罗庄区			567			100
蒙阴县		154	1 448		10	90
平邑县		1 091	734		60	40
郯城县			1 191			100
沂南县			1 714			100
沂水县		965	1 470		40	60
莒南县	113	1 091	548	6	62	31
临沭县		34	973		3	97
兰陵县		364	1 355		21	79

从附图 8 中可以看出临沂市总硬度均大于 85 mg/L，其中 85 ～ 170 mg/L、170 ～ 250 mg/L、＞250 mg/L 的分布面积分别为 113 km^2 、4 176 km^2、12 897 km^2，分别占 1%、24%、75%。

与二次评价比较，临沂市总硬度数值范围上升。

3.1.2.3 水化学类型

采用阿列金分类法划分临沂市地表水水化学类型，代表站点及水化学类型见附表 9，临沂市地表水水化学类型面积分布见附图 9。

从附图 9 中可以看出，临沂市地表水化学类型主要分为 C 类 Ca 组Ⅲ型、Cl 类 Ca 组Ⅲ型、C 类 Mg 组Ⅲ型、C 类 Ca 组Ⅱ型、Cl 类 Na 组Ⅱ型与极少部 S 类 Ca 组Ⅱ型和 S 类 Mg 组Ⅲ型。其中 C 类 Ca 组Ⅲ型所占面积为 12 461 km^2，占比 73%；Cl 类 Ca 组Ⅲ型所占面积为 3 842 km^2，占比 22%；C 类 Mg 组Ⅲ型所占面积为 372 km^2，占比 2%；C 类 Ca 组Ⅱ型所占面积为 295 km^2，占比 2%；Cl 类 Na 组Ⅱ型所占面积为 210 km^2，占比 1%。

3.1.3 地表水质量现状评价

（1）评价范围。原则上对临沂市所有水功能区的河流进行评价，评价站点见附表 10，临沂市水质监测站网分布见附图 10。

（2）评价项目。水功能区及跨界断面监测项目为水温、pH、电导率、钙、镁、氯化物、硫酸盐、碳酸盐、重碳酸盐、总硬度、总碱度、溶解氧、高锰酸盐指数、化学需氧量（COD）、五日生化需氧量、氨氮、亚硝酸盐氮、硝酸盐氮、总氮、铁、总磷、铜、锌、锰、氟化物、硒、砷、汞、镉、铬（六价）、铅、氰化物、挥发酚、阴离子表面活性剂、钾、钠、硫化物共 37 个基本项目。其中，湖库增加叶绿素和透明度的监测。

3.1.3.1　河流水质状况

1. 评价标准和方法

监测方法按照《地表水环境质量标准》（GB 3838—2002）中的水质分析和采样方法进行。采用单指标法确定地表水水质类别，评价代表值采用汛期、非汛期和年度平均 3 个值，评价结果按河长统计，并以Ⅲ类水标准值为界限，计算超标率和超标倍数等特征值。

2. 水质状况

2016 年临沂市全年期评价河流总河长 1 161.3 km，其中Ⅰ～Ⅲ类河长 717.1 km，占 61.7%；Ⅳ～Ⅴ类河长 372.2 km，占 32.1%；劣Ⅴ类河长 72.0 km，占 6.2%。主要污染物是化学需氧量、高锰酸盐指数、总磷。

2016 年临沂市汛期评价河流总河长 1 161.3 km，其中Ⅰ～Ⅲ类河长 621.9 km，占 53.6%；Ⅳ～Ⅴ类河长 431.4 km，占 37.1%；劣Ⅴ类河长 108.0 km，占 9.3%。主要污染物是化学需氧量、总磷、高锰酸盐指数。

2016 年临沂市非汛期评价河流总河长 1 161.3 km，其中Ⅰ～Ⅲ类河长 747.1 km，占 64.3%；Ⅳ～Ⅴ类河长 372.2 km，占 32.1%；劣Ⅴ类河长 42.0 km，占 3.6%。主要污染物是化学需氧量、高锰酸盐指数、五日生化需氧量。

临沂市全年期、汛期、非汛期河流湖库水质类别评价（湖库总氮不参评）见附表 11 ～附表 14。临沂市全年期、汛期、非汛期河流湖库水质类别评价（湖库总氮参评）见附表 15 ～附表 16。

3.1.3.2　水库水质状况

水库水质现状评价包括水质污染评价和富营养化评价。

水质污染评价项目要求同河流水质现状评价，但水质评价结果所代表的范围用面积代替。

1. 评价方法

富营养化评价项目选择总磷、总氮、叶绿素 a 和高锰酸盐指数 4 项，控制标准可参照表 3-3 给出的浓度值；营养程度按贫营养、中营养和富营养三级评价。采用评分法评价，见表 3-3。

表 3-3　富营养化控制标准

营养程度		评分值	叶绿素 a（mg/L）	总磷（mg/L）	总氮（mg/L）	高锰酸盐指数（mg/L）	透明度（m）
贫营养		10	0.000 5	0.001	0.020	0.15	10.0
		20	0.001 0	0.004	0.050	0.4	5.0
中营养		30	0.002 0	0.010	0.10	1.0	3.0
		40	0.004 0	0.025	0.30	2.0	1.5
		50	0.010	0.050	0.50	4.0	1.0
富营养	轻度富营养	60	0.026	0.10	1.0	8.0	0.50
	中度富营养	70	0.064	0.20	2.0	10.0	0.40
		80	0.16	0.60	6.0	25.0	0.30
	重度富营养	90	0.40	0.90	9.0	40.0	0.20
		100	1.0	1.3	16.0	60.0	0.12

2. 水库水质评价

临沂市共有会宝岭水库、跋山水库、岸堤水库、许家崖水库、唐村水库、沙沟水库和陡山水库7座大型水库，7座水库评价类别全年均符合Ⅲ类水标准，汛期和非汛期水质无明显差别。1座水库水体呈轻度富营养化，6座水库水体呈中营养化，总氮是临沂市各水库的主要污染物，见表3-4。

表3-4 临沂市湖库富营养化评价

序号	水库名称	4～9月营养评价	
		评分值	营养化程度
1	会宝岭水库	40.86	中营养
2	跋山水库	49.86	中营养
3	岸堤水库	41.71	中营养
4	许家崖水库	47.01	中营养
5	唐村水库	45.46	中营养
6	沙沟水库	46.96	中营养
7	陡山水库	53.43	轻度富营养

3.1.4 水功能区水质现状及达标评价

3.1.4.1 代表值确定

只有一个水质代表断面的水功能区以该断面的水质数据作为水质代表值；有多个代表断面的水功能区以代表断面水质浓度的加权平均值作为水质代表值。河流以流量或河流长度作权重，水库以蓄水量作权重。

3.1.4.2 单次水功能区达标评价方法

水功能区水质评价采用单指标评价法，又称一票否决法，即对最差的项目赋全权。评价标准以《地表水环境质量标准》（GB 3838—2002）为基本标准。饮用水源区评价项目增加集中式生活饮用水地表水源地补充项目。

根据水功能区管理目标规定的评价内容，对规定了水质目标的水功能区进行水质类别达标评价。所有参评项目代表值均满足水质目标要求的为达标水功能区；有任何一项不满足水质目标要求的为不达标水功能区。

单次水质浓度代表值劣于管理目标类别对应标准限值的项目称为超标项目，其中水温、pH和溶解氧不计算超标倍数。将各超标项目按超标倍数由高到低排序，列前三位者为主要超标项目。超标项目的超标倍数按下式计算：

$$FB_i=\frac{FC_i}{FS_i}-1 \tag{3-1}$$

式中：FB_i为水功能区某超标项目的超标倍数；FC_i为水功能区某水质项目的浓度，mg/L；FS_i为水功能区水质管理目标对应的标准限值，mg/L。

3.1.4.3 年度水功能区达标评价方法

年度水功能区达标评价在各水功能区单次达标评价成果基础上进行。年度内达标率不小于 80% 的水功能区为年度达标水功能区。年度水功能区达标率按下式计算：

$$FD=\frac{FG}{FN}\times 100\% \tag{3-2}$$

式中：FD 为年度水功能区达标率；FG 为年度水功能区达标次数；FN 为年度水功能区评价次数。

年度水功能区超标项目根据水质项目年度的超标率确定。年度超标率大于 20% 的水质项目为年度水功能区超标项目。将年度水功能区超标项目按超标率由高到低排序，排序列前 3 位的超标项目为年度水功能区主要超标项目。水质项目年度超标率按下式计算：

$$FC_i=\left(1-\frac{FG_i}{FN_i}\right)\times 100\% \tag{3-3}$$

式中：FC_i 为水质项目年度超标率；FG_i 为水质项目年度达标次数；FN_i 为水质项目年度评价次数。

3.1.4.4　区域年度水功能区达标率

区域年度水功能区达标率在各水功能区年度达标评价基础上进行。区域内年度达标的功能区个数占区域内评价功能区个数的百分比为区域年度水功能区达标率。

3.1.4.5　省级水功能区达标情况

2016 年全市监测全因子评价的 44 个重点水功能区中，2 处水功能区连续 6 个月河干不参与评价，达标的功能区有 17 个，不达标的功能区有 25 个，年度达标率为 40.5%。

临沂市省级水功能区年度达标情况见附表 17。临沂市省级水功能区分类达标情况见附表 18。临沂市省级水功能区县（区）达标情况见附表 19。

3.1.4.6　国家重要水功能区达标情况

2016 年 28 个国家重点水功能区全因子评价，其中 2 处排污控制区无水质目标，2 处水功能区连续 6 个月河干，均不参与达标评价。达标的功能区有 8 个，不达标的功能区有 16 个，国家重要水功能年度达标率为 33.3%。临沂市国家重要水功能区分类达标情况见附表 20。临沂市国家重要水功能区县（区）达标情况见附表 21。

3.1.5　地表水饮用水水源地水质现状及合格评价

本次调查评价对全省列入《全国重要饮用水水源地名录》（2016 年）、《山东省重要饮用水水源地名录》（2015 年修订，2017 年修改）的地表水饮用水源地、县城和县以上城市的集中式地表水饮用水水源地以及人口 10 万及以上或供水量 10 万 m^3/d 及以上的乡（镇）集中式地表水饮用水源地等 7 个水源地进行调查。列入《全国重要饮用水水源地名录（2016 年）》的饮用水源地采用 2017 年 5 月至 2018 年 4 月水源地水质监测资料，其他水源地于 2017 年 12 月进行了补充监测。

3.1.5.1　评价方法

（1）地表水水源地单次水质合格的评价方法是，基本项目应符合《地表水环境质量标准》（GB 3838—2002）表 1 中Ⅲ类限值要求，补充项目和特定项目应符合表 2 和表 3 中限值要求。基本项目、特定项目和补充项目均符合标准限值要求的水源地为单次水质合格水源地，对应的供水量为单次合格供水量。

基本项目浓度值超过Ⅲ类标准限值或特定项目和补充项目超过标准限值的项目，称为水源地水质超标项目。水源地主要超标项目按超标项目浓度倍数高低排序确定，列前3位的为主要超标项目。

（2）饮用水水源地水质评价结果以年度水质合格率表示。全年水质合格率为水质合格次数占全年评价次数的百分比，全年水质合格率大于或等于80%的饮用水水源地为年度水质合格水源地。

3.1.5.2　水源地合格评价结果

本次调查评价地表水水源地7个，除沂南县东汶河南寨水源地为河流型水源地外，其他均为水库型水源地。7个地表水水源地年度总供水量为9 508.54万m^3，供水人口为232万，年合格供水量为5 062.2万m^3，占53.2%。统计表见表3-5。

表3-5　临沂市地表水饮用水水源地水质达标情况（总氮不参评）

水源地名称	全年监测次数（次）	总氮不参评					
		评价合格次数	水质合格率（%）	主要超标项目①	主要超标项目②	主要超标项目③	年合格供水量（万m^3）
刘庄水库水源地	3	1	33.3	总磷	硝酸盐	铁	24.33
寨子水库水源地	3	1	33.3	硝酸盐	铁	锰	33.33
沂南县东汶河南寨水源地	3	1	33.3	硝酸盐	铁	锰	230.00
凌山头水库	3	1	33.3	硝酸盐	铁		179.85
陡山水库水源地	12	6	50.0	总磷	五日生化需氧量	高锰酸盐指数	803.00
石泉湖水库水源地	3	1	33.3	硝酸盐	铁	锰	0
岸堤水库水源地	12	7	58.3	总磷			3 791.67

3.1.6　地表水质量变化分析

3.1.6.1　主要污染项目浓度年际变化分析

本次分析2000～2016年间重要河湖、省界水体、重要水功能区的水质类别及湖库营养状况和主要污染项目（河流类水体为高锰酸盐指数、氨氮；湖库水体为高锰酸盐指数、氨氮、总磷和总氮）浓度值的年际变化。分析采用统一的评价范围、评价标准《地表水环境质量标准》（GB 3838—2002）、评价项目和评价方法，在比较分析历年相同水体水质类别和营养化程度变化的基础上，进一步分析主要水质项目各年度浓度均值随时间的变化。主要污染项目浓度年际变化分析见附表22。

3.1.6.2　主要污染项目变化趋势分析

本次评价对2004～2016年有持续监测数据的河湖水体进行水质变化分析。

水质浓度变化趋势分析包括主要水污染项目的浓度变化趋势分析和流量调节浓度变化趋势分析两部分。河流类水功能区的分析项目为高锰酸盐指数和氨氮，湖库类水功能区增加总磷和总氮。水质变化趋势分析时段为13年，每年监测次数不应低于4次，（汛期、非汛期各2次）。评价时段内选择的评价断面应相同或相近。临沂市主要河道地表水主要污染项目变化趋势情况见附表23。

3.2　地下水资源质量

3.2.1　评价基础

地下水水质是指地下水的物理、化学和生物性质的总称。除重要地下水饮用水水源地外，地下水水质评价的主要对象为平原区浅层地下水。

地下水水质评价以水资源四级区、县级行政区划分别作为汇总单元。评价内容包括地下水天然水化学特征分析、地下水水质现状评价、地下水水质变化趋势分析、重要地下水饮用水水源地水质评价。

为全面反映水质变化情况，结合当地实际，选取2017年底补测的46眼监测井水质资料，保证了地下水评价井点的代表性。主要分布在苍山区、日赣区、沭河区、沂河区，其中苍山区12个，分别分布在郯城5个，兰陵7个；日赣区1个，分布在莒南；沭河区3个，分布在临沭、郯城；沂河区30个，分别分布在兰山区4个、罗庄区3个、河东区4个、费县4个、平邑2个、蒙阴2个、沂水5个、沂南3个、郯城3个。选取平原区浅层地下水井各四级分区套县监测井数见表3-6。

表3-6　平原区地下水水质监测井数统计

四级区名称	选用监测井个数（个）	兰山区	罗庄区	河东区	费县	平邑	蒙阴	沂水	沂南	莒南	临沭	郯城	兰陵
苍山区	12											5	7
日赣区	1									1			
沭河区	3										2	1	
沂河区	30	4	3	4	4	2	2	5	3			3	

3.2.2　天然水化学特征

3.2.2.1　地下水水化学类型

根据第三次全国水资源调查评价报告参考提纲要求，除重要地下水饮用水水源地外，本次地下水质量评价对象均为平原区浅层地下水。水化学选取平原区浅层地下水井19眼。主要分布在苍山区、沭河区、沂河区，其中苍山区10个，分别分布在郯城5个、兰陵5个；沭河区2个分别分布在临沭、郯城；沂河区7个，分别分布在兰山区1个、河东区3个、沂水2个、郯城1个。根据全省水资源调查评价技术细则要求，评价方法选用K^{+}+Na^{+}、Ca^{2+}、Mg^{2+}、HCO_3^{-}、SO_4^{2-}、Cl^{-}等监测项目，采用舒卡列夫分类法确定地下水化学类型。根据地下水中6种主要离子（Na^{+}、Ca^{2+}、Mg^{2+}、HCO_3^{-}、SO_4^{2-}、Cl^{-}，K^{+}合并于Na^{+}）分析结果，将6种主要离子中含量大于25%毫克当量的阴离子和阳离子进行组合，可组合出49型水，并将每型用一个阿拉伯数字作为代号，见表3-7。

表 3-7　水化学类型（舒卡列夫分类）组合方式

超过 25% 毫克当量的离子	HCO_3^-	HCO_3^-+SO_4^{2-}	HCO_3^-+SO_4^{2-}+Cl^-	HCO_3^-+Cl^-	SO_4^{2-}	SO_4^{2-}+Cl^-	Cl^-
Ca^{2+}	1	8	15	22	29	36	43
Ca^{2+}+Mg^{2+}	2	9	16	23	30	37	44
Mg^{2+}	3	10	17	24	31	38	45
Na^++Ca^{2+}	4	11	18	25	32	39	46
Na^++Ca^{2+}+Mg^{2+}	5	12	19	26	33	40	47
Na^++Mg^{2+}	6	13	20	27	34	41	48
Na^+	7	14	21	28	35	42	49

其中，49 型水归并为 12 区：1 区（1 ～ 3 型），2 区（4 ～ 6 型），3 区（7 型），4 区（8 ～ 10 型、15 ～ 17 型、22 ～ 24 型），5 区（11 ～ 13 型、18 ～ 20 型、25 ～ 27 型），6 区（14 型、21 型、28 型），7 区（29 ～ 31 型、36 ～ 38 型），8 区（32 ～ 34 型、39 ～ 41 型），9 区（35 型、42 型），10 区（43 ～ 45 型），11 区（46 ～ 48 型），12 区（49 型）；矿化度 M 划分为 4 组：A 组（$M \leqslant 1.5$ g/L），B 组（1.5 g/L $< M \leqslant 10$ g/L），C 组（10 g/L $< M \leqslant 40$ g/L），D 组（$M > 40$ g/L）。

全市平原区浅层地下水评价选用井数 19 眼，水化学类型主要是 4 区 A 组和 1 区 A 组。其中，4 区 A 组占总评价井数的 84.0%，1 区 A 组占总评价井数的 16.0%。绘制临沂市平原区浅层地下水水化学分布图，见附图 11。统计表见附表 24。

以水资源四级区来分析，临沂市平原区浅层地下水矿化度均为 A 组，苍山区为 1 区、4 区 A 组；沭河区为 4 区 A 组；沂河区为 1 区、4 区 A 组。统计表见表 3-8。

以行政分区来分析，临沂市平原区浅层地下水水化学类型兰山区为 4 区 A 组；河东区为 4 区 A 组；兰陵为 1 区 A 组、4 区 A 组；临沭为 4 区 A 组；郯城为 1 区 A 组、4 区 A 组；沂水为 4 区 A 组。统计表见表 3-9。

3.2.2.2　地下水矿化度

临沂市平原区浅层地下水矿化度评价选用井数 25 眼。主要分布在苍山区、沭河区、沂河区。兰山区 1 眼、河东区 3 眼、郯城 9 眼、沂水 5 眼、兰陵 6 眼、临沭 1 眼。按矿化度 $M \leqslant 300$ mg/L、300 mg/L $< M \leqslant 500$ mg/L、500 mg/L $< M \leqslant 1\,000$ mg/L、1 000 mg/L $< M \leqslant 2\,000$ mg/L、2 000 mg/L $< M \leqslant 3\,000$ mg/L、3 000 mg/L $< M \leqslant 5\,000$ mg/L 和 $M > 5\,000$ mg/L 的范围，绘制临沂市平原区浅层地下水矿化度分布图，见附图 12。

临沂市地下水矿化度主要集中在 300 mg/L $< M \leqslant 500$ mg/L；占全市总面积的 81.8%，矿化度在 $M \leqslant 300$ mg/L 范围的，占全市总面积的 5.8%，矿化度在 500 mg/L $< M \leqslant 1\,000$ mg/L 范围的，占全市总面积的 12.4%。

以水资源四级区来分析，临沂市平原区浅层地下水矿化度苍山区在 $M \leqslant 300$ mg/L、500 mg/L $< M \leqslant 1\,000$ mg/L；沭河区、沂河区在 $M \leqslant 1\,000$ mg/L。

以行政分区来分析临沂市平原区浅层地下水矿化度类型，兰山区为 300 mg/L $<$

表 3-8　临沂市平原区浅层地下水化学类型面积分布（按水资源分区）

水资源四级区	水资源三级区	水资源三级区所在			平原区面积（km^2）	监测井数（眼）	分区面积（km^2）						备注
		水资源一级区	水资源二级区	地级行政区			合计	1 区	2 区	3 区	4 区	5 区	
苍山区	中运河区	淮河	沂沭泗河	临沂市	932	5	932	271.62	0	0	660.38	0	5 ~ 12 区面积分布均为零
沭河区	沂沭河区	淮河	沂沭泗河	临沂市	1 000	5	1 000	0	0	0	1 000	0	
沂河区	沂沭河区	淮河	沂沭泗河	临沂市	1 347	9	1 347	260	0	0	1 087	0	

表 3-9　临沂市平原区浅层地下水化学类型面积分布（按行政分区）

县级行政区	地级行政区	平原区面积（km^2）	监测井数（眼）	分区面积（km^2）												
				合计	1 区	2 区	3 区	4 区	5 区	6 区	7 区	8 区	9 区	10 区	11 区	12 区
兰山区	临沂市	284	1	284	0	0	0	284	0	0	0	0	0	0	0	0
罗庄区	临沂市	124	0	124	0	0	0	124	0	0	0	0	0	0	0	0
河东区	临沂市	696	3	696	0	0	0	696	0	0	0	0	0	0	0	0
沂南县	临沂市	175	0	175	0	0	0	175	0	0	0	0	0	0	0	0
郯城县	临沂市	963	7	963	340.64	0	0	622.36	0	0	0	0	0	0	0	0
沂水县	临沂市	68	2	68	0	0	0	68	0	0	0	0	0	0	0	0
兰陵县	临沂市	778	5	778	190.33	0	0	587.67	0	0	0	0	0	0	0	0
费县	临沂市	16	0	16	3.05	0	0	12.95	0	0	0	0	0	0	0	0
平邑县	临沂市	0	0	0	0	0	0	0	0	0	0	0	0	0	0	0
莒南县	临沂市	117	0	117	0	0	0	117	0	0	0	0	0	0	0	0
蒙阴县	临沂市	0	0	0	0	0	0	0	0	0	0	0	0	0	0	0
临沭县	临沂市	124	1	124	0	0	0	124	0	0	0	0	0	0	0	0

$M \leqslant 1\ 000$ mg/L；罗庄区为 300 mg/L < $M \leqslant$ 500 mg/L；河东区为 300 mg/L < $M \leqslant$ 1 000 mg/L；沂南为 300 mg/L < $M \leqslant$ 1 000 mg/L；郯城为 $M \leqslant$ 500 mg/L；沂水为 300 mg/L < $M \leqslant$ 1 000 mg/L；兰陵为 300 mg/L < $M \leqslant$ 500 mg/L；费县为 300 mg/L < $M \leqslant$ 1 000 mg/L；莒南为 300 mg/L < $M \leqslant$ 1 000 mg/L；临沭为 300 mg/L < $M \leqslant$ 500 mg/L。

按水资源四级区和行政分区分别进行地下水矿化度面积分布情况统计，统计表见表 3-10、表 3-11。

3.2.2.3 地下水总硬度

临沂市平原区浅层地下水总硬度评价选用井数 25 眼。主要分布在苍山区、沭河区、沂河区。兰山区 1 眼、河东区 3 眼、郯城 9 眼、沂水 5 眼、兰陵 6 眼、临沭 1 眼。按总硬度 $N \leqslant$ 150 mg/L、150 mg/L < $N \leqslant$ 300 mg/L、300 mg/L < $N \leqslant$ 450 mg/L、450 mg/L < $N \leqslant$ 550 mg/L、550 mg/L < $N \leqslant$ 650 mg/L 和 N > 650 mg/L 范围进行评价，绘制临沂市地下水总硬度分布附图 13。

临沂市平原区浅层地下水总硬度主要集中在 300 mg/L < $N \leqslant$ 450 mg/L，占全市总面积的 78.3%；总硬度在 150 mg/L < $N \leqslant$ 300 mg/L 的占全市总面积的 7.0%；总硬度在 450 mg/L < $N \leqslant$ 550 mg/L 的占全市总面积的 11.6%；总硬度在 550 mg/L < $N \leqslant$ 650 mg/L 的占全市总面积的 2.8%；总硬度在 N > 650 mg/L 的占全市总面积的 0.3%。

以水资源四级区来看，临沂市平原区浅层地下水苍山区主要集中在 150 mg/L < $N \leqslant$ 450 mg/L；沭河区主要集中在 150 mg/L < $N \leqslant$ 550 mg/L；沂河区主要集中在 N > 150 mg/L。

以行政分区来分析临沂市平原区浅层地下水总硬度，兰山区 150 mg/L < $N \leqslant$ 650 mg/L；罗庄区 150 mg/L < $N \leqslant$ 450 mg/L；河东区、费县、临沭 300 mg/L < $N \leqslant$ 550 mg/L；沂南 N > 300 mg/L；郯城 150 mg/L < $N \leqslant$ 450 mg/L；沂水 300 mg/L < $N \leqslant$ 650 mg/L；兰陵、莒南 300 mg/L < $N \leqslant$ 450 mg/L 。

按水资源四级区和行政分区分别进行地下水总硬度面积分布情况统计，见表 3-12、表 3-13。

3.2.2.4 地下水酸碱度

临沂市平原区浅层地下水酸碱度评价选用井数 25 眼。主要分布在苍山区、沭河区、沂河区。其中兰山区 1 眼、河东区 3 眼、郯城 9 眼、沂水 5 眼、兰陵 6 眼、临沭 1 眼。按 pH < 5.5、5.5 ≤ pH < 6.5、6.5 ≤ pH ≤ 8.5、8.5 < pH ≤ 9.0 和 pH > 9.0 范围，绘制临沂市地下水 pH 分布图，见附图 14。临沂市地下水 pH 在 6.5 ≤ pH ≤ 8.5 范围的占总评价面积的 100%。大部分主要集中在 6.5 < pH ≤ 8，pH 整体呈弱碱性，主要原因为范围内的水质阳离子以 Na^{+} 为主，阴离子以 HCO_3^{-} 为主。

以水资源四级区来看，临沂市平原区浅层地下水 pH 均在 6.5 ≤ pH ≤ 8.5 范围内。苍山区 pH 在 6.5 < pH ≤ 7.0 范围内；沭河区 pH 在 7.0 < pH ≤ 7.5 范围内；沂河区 pH 在 6.5 < pH ≤ 7.5 范围内均有分布。详见表 3-14。

表 3-10 临沂市平原区浅层地下水矿化度面积分布（按水资源分区）

水资源四级区	水资源三级区	水资源三级区所在			平原区面积（km^2）	监测井数（眼）	地下水矿化度（mg/L）分类面积（km^2）							
		水资源一级区	水资源二级区	省级行政区			合计	$M \leqslant 300$	$300<M \leqslant 500$	$500<M \leqslant 1\ 000$	$1\ 000<M \leqslant 2\ 000$	$2\ 000<M \leqslant 3\ 000$	$3\ 000<M \leqslant 5\ 000$	$M>5000$
苍山区	中运河区	淮河	沂沭泗河	山东省	932	6	932	13.84	918.16	0	0	0	0	0
沭河区	沂沭河区	淮河	沂沭泗河	山东省	1 000	5	1 000	69.71	713.19	217.1	0	0	0	0
沂河区	沂沭河区	淮河	沂沭泗河	山东省	1 347	14	1 347	106.63	1 050.9	189.5	0	0	0	0

表 3-11 临沂市平原区浅层地下水矿化度面积分布（按行政分区）

县级行政区	县级行政区所在		平原区面积（km^2）	监测井数（眼）	地下水矿化度（mg/L）分类面积（km^2）							
	省级行政区	地级行政区			合计	$M \leqslant 300$	$300<M \leqslant 500$	$500<M \leqslant 1\ 000$	$1\ 000<M \leqslant 2\ 000$	$2\ 000<M \leqslant 3\ 000$	$3\ 000<M \leqslant 5\ 000$	$M>5\ 000$
兰山区	山东省	临沂市	284	1	284	0	74.5	209.5	0	0	0	0
罗庄区	山东省	临沂市	124	0	124	0	124	0	0	0	0	0
河东区	山东省	临沂市	696	3	696	0	655.25	40.75	0	0	0	0
沂南县	山东省	临沂市	175	0	175	0	21	154	0	0	0	0
郯城县	山东省	临沂市	963	9	963	193.9	769.1	0	0	0	0	0
沂水县	山东省	临沂市	68	5	68	0	66.33	1.67	0	0	0	0
兰陵县	山东省	临沂市	778	6	778	0	778	0	0	0	0	0
费县	山东省	临沂市	16	0	16	0	13.28	2.72	0	0	0	0
平邑县	山东省	临沂市	0	0	0	0	0	0	0	0	0	0
莒南县	山东省	临沂市	117	0	117	0	109.68	7.32	0	0	0	0
蒙阴县	山东省	临沂市	0	0	0	0	0	0	0	0	0	0
临沭县	山东省	临沂市	124	1	124	0	124	0	0	0	0	0

表 3-12 临沂市平原区浅层地下水总硬度面积分布（按水资源分区）

水资源四级区	水资源三级区	水资源三级区所在			平原区								
		水资源一级区	水资源二级区	省级行政区	平原区面积（km^2）	监测井数（眼）	地下水总硬度（mg/L）分类面积（km^2）						
							合计	$N \leqslant 150$	$150 < N \leqslant 300$	$300 < N \leqslant 450$	$450 < N \leqslant 550$	$550 < N \leqslant 650$	$N > 650$
苍山区	中运河区	淮河	沂沭泗河	山东省	932.0	6	932.0	0	37.1	894.9	0	0	0
沭河区	沂沭河区	淮河	沂沭泗河	山东省	1 000	5	1 000	0	30.1	705.9	264.0	0	0
沂河区	沂沭河区	淮河	沂沭泗河	山东省	1 347	14	1 347	0	162.3	960.8	118.0	94.4	11.5

表 3-13 临沂市平原区浅层地下水总硬度面积分布（按行政分区）

县级行政区	县级行政区所在		平原区								
	省级行政区	地级行政区	平原区面积（km^2）	监测井数（眼）	地下水总硬度（mg/L）分类面积（km^2）						
					合计	$N \leqslant 150$	$150 < N \leqslant 300$	$300 < N \leqslant 450$	$450 < N \leqslant 550$	$550 < N \leqslant 650$	$N > 650$
兰山区	山东省	临沂市	284.0	1	284.0	0	17.72	125.58	123.25	17.45	0
罗庄区	山东省	临沂市	124.0	0	124.0	0	1.92	122.08	0	0	0
河东区	山东省	临沂市	696.0	3	696.0	0	0	527.59	168.41	0	0
沂南县	山东省	临沂市	175.0	0	175.0	0	0	31.83	58.44	73.20	11.53
郯城县	山东省	临沂市	963.0	9	963.0	0	214.03	748.97	0	0	0
沂水县	山东省	临沂市	68.0	5	68.0	0	0	31.44	32.79	3.77	0
兰陵县	山东省	临沂市	778.0	6	778.0	0	0	778.00	0	0	0
费县	山东省	临沂市	16.0	0	16.0	0	0	14.26	1.74	0	0
平邑县	山东省	临沂市	0	0	0	0	0	0	0	0	0
莒南县	山东省	临沂市	117.0	0	117.0	0	0	117.00	0	0	0
蒙阴县	山东省	临沂市	0	0	0	0	0	0	0	0	0
临沭县	山东省	临沂市	124.0	1	124.0	0	0	121.86	2.14	0	0

以行政分区来分析临沂市平原区浅层地下水酸碱度类型，兰山区 pH 在 $6.5 < \mathrm{pH} \leqslant 7.0$ 范围内；河东区 pH 在 $7.0 < \mathrm{pH} \leqslant 7.5$ 范围内；罗庄区 pH 在 $7.0 < \mathrm{pH} \leqslant 7.5$ 范围内；兰陵 pH 在 $6.5 < \mathrm{pH} \leqslant 7.0$ 范围内；临沭 pH 在 $7.0 < \mathrm{pH} \leqslant 7.5$ 范围内；郯城 pH 在 $6.5 < \mathrm{pH} \leqslant 7.5$ 范围内均有分布；沂水 pH 在 $7.0 < \mathrm{pH} \leqslant 7.5$ 范围内，详见表 3-15。

3.2.3　地下水水质

3.2.3.1　**评价方法**

1. 评价资料

从监测井水质资料中选取平原区浅层地下水井 19 眼（与地下水天然水化学特征分析选取水井相同）。

2. 评价标准与评价指标

根据全省水资源调查评价技术细则要求，本次地下水水质类别评价标准采用《地下水质量标准》（GB/T 14848—2017），依据我国地下水质量现状和人体健康风险，参照了生活饮用水、工业、农业用水等水质量要求，依据各组分含量高低（pH 除外），分为如下五类：

Ⅰ：地下水化学组分含量低，适用于各种用途。

Ⅱ：地下水化学组分含量较低，适用于各种用途。

Ⅲ：地下水化学组分含量中等，以《生活饮用水卫生标准》（GB 5749—2006）为依据，主要适用于生活饮用水水源及工农业用水。

Ⅳ：地下水化学组分含量较高，以农业和工业用水质量要求以及一定水平的人体健康风险为依据。适用于农业和部分工业用水，适当处理后可作生活饮用水。

Ⅴ：地下水化学组分含量高，不宜作为生活饮用水水源，其他用水可根据使用目的选用。

地下水水质类别评价指标包括酸碱度、总硬度、矿化度、硫酸盐、氯化物、铁、锰、挥发性酚类（以苯酚计，下同）、耗氧量（COD_{Mn} 法，以 O_2 计，下同）、氨氮（以 N 计，下同）、亚硝酸盐、硝酸盐、氰化物、氟化物、汞、砷、镉、铬（六价）、铅共计 19 项。

3. 评价方法

根据《地下水质量标准》（GB/T 14848—2017），采用单项指标法进行单井水质类别评价，单井水质类别按评价指标中最差指标的水质类别确定。

3.2.3.2　**水质状况**

1. 单井水质类别评价

临沂市平原区浅层地下水水质监测井共 19 眼，优于Ⅲ类标准的有 8 眼，其中Ⅲ类标准的 8 眼，占总评价井数的 42.1%，主要分布在兰陵、郯城、沂水。劣于Ⅲ类标准的有 11 眼，占总评价井数的 57.9%，其中Ⅳ类标准的有 8 眼，占总评价井数的 42.1%，主要分布在兰山区、河东区、郯城、临沭、兰陵境内；Ⅴ类标准地下水井 3 眼，占总评价井数的 15.8%，主要分布在河东区、郯城。临沂市浅层地下水水质类别情况见附表 25。

临沂市地下水主要超标物质（超出Ⅲ类标准）有总硬度、锰、氟化物、硝酸盐。

表 3-14　临沂市平原区浅层地下水 pH 面积分布（按水资源分区）

水资源四级区	水资源三级区	水资源三级区所在			平原区面积（km^2）	监测井数（眼）	pH 分类面积（km^2）						备注
		水资源一级区	水资源二级区	省级行政区			合计	pH < 5.5	5.5 ≤ pH < 6.5	6.5 ≤ pH ≤ 8.5	8.5 < pH ≤ 9.0	pH > 9.0	
苍山区	中运河区	淮河	沂沭泗河	临沂市	932	6	932			932			
沭河区	沂沭河区	淮河	沂沭泗河	临沂市	1 000	5	1 000			1 000			
沂河区	沂沭河区	淮河	沂沭泗河	临沂市	1 347	14	1 347			1 347			
沂河区	沂沭河区	淮河	沂沭泗河	临沂市	1 347	14	1 347			1 347			

注：当 $F \neq A$ 时，需在备注中加以说明。

表 3-15　临沂市平原区浅层地下水 pH 面积分布（按行政分区）

县级行政区	县级行政区所在		平原区面积（km^2）	监测井数（眼）	pH 分类面积（km^2）						备注
	省级行政区	地级行政区			合计	pH < 5.5	5.5 ≤ pH < 6.5	6.5 ≤ pH ≤ 8.5	8.5 < pH ≤ 9.0	pH > 9.0	
兰山区	山东省	临沂市	284.0	1	284.0			284.0			
罗庄区	山东省	临沂市	124.0	0	124.0			124.0			
河东区	山东省	临沂市	696.0	3	696.0			696.0			
沂南县	山东省	临沂市	175.0	0	175.0			175.0			
郯城县	山东省	临沂市	963.0	9	963.0			963.0			
沂水县	山东省	临沂市	68.0	5	68.0			68.0			
兰陵县	山东省	临沂市	778.0	6	778.0			778.0			
费县	山东省	临沂市	16.0	0	16.0			16.0			
平邑县	山东省	临沂市	0	0	0			0			
莒南县	山东省	临沂市	117.0	0	117.0			117.0			
蒙阴县	山东省	临沂市	0	0	0			0			
临沭县	山东省	临沂市	124.0	1	124.0			124.0			

超标率从高到低依次为锰、硝酸盐、氟化物、总硬度。锰、氟化物、总硬度一般是受天然因素影响的超标污染物，硝酸盐主要是受人类活动影响的主要超标污染物。

2. 汇总单元水质评价

临沂市平原区浅层地下水按水资源分区来分析，苍山区Ⅲ类标准的测井有 3 眼，占本区总评价井数的 60.0%，Ⅳ类标准的测井有 1 眼，占本区总评价井数的 40.0%。沭河区Ⅲ类标准的测井有 1 眼，占本区总评价井数的 20.0%，Ⅳ类标准的测井有 3 眼，占本区总评价井数的 60.0%，Ⅴ类标准的测井有 1 眼，占本区总评价井数的 20.0%。沂河区Ⅲ类标准的测井有 4 眼，占本区总评价井数的 44.4%，Ⅳ类标准的测井有 3 眼，占本区总评价井数的 33.3%，Ⅴ类标准的测井有 2 眼，占本区总评价井数的 22.2%，详见表 3-16、附表 5。

按行政分区来分析，河东区Ⅳ类标准的测井有 2 眼，占本区总评价井数的 66.7%，Ⅴ类标准的测井有 1 眼，占本区总评价井数的 33.3%。兰陵Ⅲ类标准的测井有 3 眼，占本区总评价井数的 60.0%，Ⅳ类标准的测井有 2 眼，占本区总评价井数的 40.0%。兰山Ⅳ类标准的测井有 1 眼，占本区总评价井数的 100%。临沭Ⅳ类标准的测井有 1 眼，占本区总评价井数的 100%。郯城Ⅲ类标准的测井有 3 眼，占本区总评价井数的 42.9%，Ⅳ类标准的测井有 2 眼，占本区总评价井数的 28.6%，Ⅴ类标准的测井有 2 眼，占本区总评价井数的 28.6%。沂水Ⅲ类标准的测井有 2 眼，占本区总评价井数的 100%。详见表 3-17、附表 27。

3.2.3.3　地下水水质变化趋势分析

根据《全省水资源调查评价技术细则》要求，地下水水质变化趋势分析指标包括总硬度、矿化度、高锰酸盐指数、氨氮、硝酸盐氮、氟化物、氯化物和硫酸盐 8 个项目。

选用 2000 年与 2017 年数据质量较好、资料完整的监测井的资料进行统计分析，总硬度、矿化度、氯化物和硫酸盐变化趋势分析选用监测井 25 眼，耗氧量、氨氮、硝酸盐和氟化物选用 16 眼。采用评价指标监测值的年均变化率，进行单井地下水水质变化趋势分析。

首先，根据评价指标 i 在 2000 年（t_1）监测值 C_{i1}、在 2017 年（t_2）监测值 C_{i2}，计算评价指标监测值的年均变化量 ΔC_i：

$$\Delta C_i = (C_{i2} - C_{i1}) / (t_2 - t_1) \tag{3-4}$$

评价指标 i 监测值的年均变化率 RC_i 则为

$$RC_i = \Delta C_i / C_{i1} \times 100\% \tag{3-5}$$

然后，将评价指标 i 的变化趋势分成水质恶化（$RC_i > 5\%$）、水质稳定（$-5\% \leq RC_i \leq 5\%$）和水质改善（$RC_i < -5\%$）三类。各监测井的水质变化趋势分析成果详见表 3-18。

总硬度以稳定趋势为主，呈稳定趋势的监测井有 24 眼，占评价选用井数的 96.0%，主要分布于郯城县。

矿化度以稳定趋势为主，呈稳定趋势的监测井有 24 眼，占评价选用井数的 96.0%，主要分布于郯城县。

表 3-16　临沂市平原区浅层地下水现状水质类别评价（按水资源分区）

水资源四级区	水资源三级区	水资源三级区所在			平原区面积（km^2）	评价选用井总数（眼）	Ⅰ类		Ⅱ类		Ⅲ类		Ⅳ类		Ⅴ类	
		水资源一级区	水资源二级区	省级行政区			井数（眼）	占比*1（%）	井数（眼）	占比*1（%）	井数（眼）	占比*1（%）	井数（眼）	占比*1（%）	井数（眼）	占比*1（%）
苍山区	中运河区	淮河	沂沭泗河	山东省	932	5					3	60.0	2	40.0		
沭河区	沂沭河区	淮河	沂沭泗河	山东省	1 000	5					1	20.0	3	60.0	1	20.0
沂河区	沂沭河区	淮河	沂沭泗河	山东省	1 347	9					4	44.4	3	33.3	2	22.2

注：*1 填写占评价选用井总数的百分比。

表 3-17　临沂市平原区浅层地下水现状水质类别评价（按行政分区）

县级行政区	县级行政区所在		平原区面积（km^2）	评价选用井总数（眼）	Ⅰ类		Ⅱ类		Ⅲ类		Ⅳ类		Ⅴ类	
	省级行政区	地级行政区			井数（眼）	占比*1（%）	井数（眼）	占比*1（%）	井数（眼）	占比*1（%）	井数（眼）	占比*1（%）	井数（眼）	占比*1（%）
兰山区	山东省	临沂市	284.0	1	0	0	0	0	0	0	1	100.0	0	0
罗庄区	山东省	临沂市	124.0	0	0	0	0	0	0	0	0	0	0	0
河东区	山东省	临沂市	696.0	3	0	0	0	0	0	0	2	66.7	1	33.3
沂南县	山东省	临沂市	175.0	0	0	0	0	0	0	0	0	0	0	0
郯城县	山东省	临沂市	963.0	7	0	0	0	0	3	42.9	2	28.6	2	28.6
沂水县	山东省	临沂市	68.0	2	0	0	0	0	2	100.0	0	0	0	0
兰陵县	山东省	临沂市	778.0	5	0	0	0	0	3	60.0	2	40.0	0	0
费县	山东省	临沂市	16.0	0	0	0	0	0	0	0	0	0	0	0
平邑县	山东省	临沂市	0	0	0	0	0	0	0	0	0	0	0	0
莒南县	山东省	临沂市	117.0	0	0	0	0	0	0	0	0	0	0	0
蒙阴县	山东省	临沂市	0	0	0	0	0	0	0	0	0	0	0	0
临沭县	山东省	临沂市	124.0	1	0	0	0	0	0	0	1	100.0	0	0

表 3-18　临沂市平原区浅层地下水水质变化趋势分析成果

县级行政区	县级行政区所在		平原区																								
	省级行政区	地级行政区	水质变化趋势分析选用井总数	总硬度			矿化度			耗氧量			氨氮			硝酸盐			氟化物			氯化物			硫酸盐		
				水质恶化	水质稳定	水质改善	水质恶化	水质稳定	水质改善	水质恶化	水质稳定	水质改善	水质恶化	水质稳定	水质改善	水质恶化	水质稳定	水质改善	水质恶化	水质稳定	水质改善	水质恶化	水质稳定	水质改善	水质恶化	水质稳定	水质改善
兰山区	山东省	临沂市	1	1	0	0	0	1	0	0	0	0	0	0	0	0	0	0	0	0	0	0	1	0	1	0	0
罗庄区	山东省	临沂市	0	0	0	0	0	0	0	0	0	0	0	0	0	0	0	0	0	0	0	0	0	0	0	0	0
河东区	山东省	临沂市	3	0	3	0	0	3	0	0	1	0	1	0	0	1	0	0	0	1	0	1	2	0	1	2	0
沂南县	山东省	临沂市	0	0	0	0	0	0	0	0	0	0	0	0	0	0	0	0	0	0	0	0	0	0	0	0	0
郯城县	山东省	临沂市	9	0	9	0	1	8	0	3	1	1	5	0	0	5	0	0	2	3	0	1	8	0	3	6	0
沂水县	山东省	临沂市	5	0	5	0	0	5	0	1	4	0	0	2	3	3	2	0	1	4	0	0	5	0	0	5	0
兰陵县	山东省	临沂市	6	0	6	0	0	6	0	1	3	0	2	2	0	1	3	0	1	3	0	1	4	1	1	5	0
费县	山东省	临沂市	0	0	0	0	0	0	0	0	0	0	0	0	0	0	0	0	0	0	0	0	0	0	0	0	0
平邑县	山东省	临沂市	0	0	0	0	0	0	0	0	0	0	0	0	0	0	0	0	0	0	0	0	0	0	0	0	0
莒南县	山东省	临沂市	0	0	0	0	0	0	0	0	0	0	0	0	0	0	0	0	0	0	0	0	0	0	0	0	0
蒙阴县	山东省	临沂市	0	0	0	0	0	0	0	0	0	0	0	0	0	0	0	0	0	0	0	0	0	0	0	0	0
临沭县	山东省	临沂市	1	0	1	0	0	1	0	0	0	1	0	0	1	0	1	0	1	0	0	1	0	0	0	1	0

表 3-19　临沂市重要地下水饮用水水源地水质评价

水源地名称	水源地所在							投入运行年份	地下水类型	地下水水源地类型	日供水能力（万 m^3）	2016 年实际开采量（万 m^3）	受水区名称	水质类别	超标指标名称	超标影响因素
	水资源分区				行政分区											
	一级区	二级区	三级区	四级区	省级	地级	县级									
兰陵县自来水公司西水厂水源地	淮河区	沂沭泗河	中运河区	苍山区	山东省	临沂市	兰陵县	1982	浅层地下水	日常使用	0.96	204.7	兰陵县	Ⅳ	总硬度（0.2）	天然因素
沂水县水务公司水源地	淮河区	沂沭泗河	沂沭河区	沂河区	山东省	临沂市	沂水县	1992	浅层地下水	日常使用	5	1 550	沂水县	Ⅲ		
费县温凉河水源地	淮河区	沂沭泗河	沂沭河区	沂河区	山东省	临沂市	费县		浅层地下水	应急备用			费县	Ⅳ	氨氮（0.1）	人为因素
郯城县城区水源地	淮河区	沂沭泗河	沂沭河区	沂河区	山东省	临沂市	郯城县	1982	浅层地下水	日常使用	2.535	610	郯城县	Ⅲ		
平邑县城区水源地	淮河区	沂沭泗河	沂沭河区	沂河区	山东省	临沂市	平邑县	1996	浅层地下水	日常使用	0.92	20	平邑县	Ⅲ		

耗氧量以稳定趋势为主，呈稳定趋势的监测井有 9 眼，占评价选用井数的 56.2%，主要分布于沂水、兰陵。呈改善趋势的监测井有 2 眼，占评价选用井数的 12.5%。

氨氮呈稳定趋势的监测井有 4 眼，占评价选用井数的 25.0%；呈改善趋势的监测井有 4 眼，占评价选用井数的 25.0%。

硝酸盐呈稳定趋势的监测井有 6 眼，占选用井数的 37.5%。

氟化物以稳定趋势为主，呈稳定趋势的监测井有 11 眼，占评价选用井数的 68.7%。

氯化物以稳定趋势为主，呈稳定趋势的监测井有 20 眼，占评价选用井数的 80.0%，呈改善趋势的监测井有 1 眼，占评价选用井数的 4.0%。

硫酸盐以稳定趋势为主，呈稳定趋势的监测井有 19 眼，占评价选用井数的 76.0%。

3.2.4　地下水饮用水水源地水质

本次重要地下水饮用水水源地的评价对象为：列入《全国重要饮用水水源地名录（2016 年）》的地下水水源地和列入《山东省重要饮用水水源地名录（2017 年）》的地下水水源地，重要地下水饮用水水源地单井现状水质评价方法与地下水水质相同。当地下水水源地内只有一眼地下水水质监测井时，将单井的水质类别作为地下水水源地的水质类别；当地下水水源地有两眼或两眼以上地下水水质监测井时，将各监测井中最差水质类别作为地下水水源地的水质类别。各监测井监测值超过现行标准中的Ⅲ类标准限值的指标均为水源地的超标指标。水质类别为Ⅰ～Ⅲ类的水源地称为水质达标水源地。

经评价，5 处水源地水质，其中 Ⅲ类 3 处，Ⅳ类 2 处，合格率为 60.0%，超标指标主要为氨氮、总硬度。总硬度超标影响因素主要为天然因素，氨氮超标影响因素主要为人为因素。地下水饮用水源地水质监测成果见附表 28、地下水饮用水水源地水质评价见表 3-19。

3.3　主要污染物入河量

3.3.1　评价基础

主要污染物入河、入湖（库）量简称主要污染物入河量。本次临沂市水资源调查评价以点污染源入河量核算为重点，调查入河湖库的排污口及其主要污染物入河量，并按照排入全部水域与水功能区两种水域范围统计核算。

主要污染物指 COD 和氨氮，湖库水体还应包括总氮（TN）和总磷（TP）；主要污染物入河量调查采用临沂市 2016 年度入河排污口监测数据；主要污染物入河量按年度进行核算，按照水资源四级区和县级行政区进行统计。

3.3.1.1　**评价标准**

依据区域内各水体功能区的水质目标，采用相应排放标准对功能区入河排污口的主要污染物进行评价。

排入《地表水环境质量标准》（GB 3838—2002）确定的Ⅲ类水域的主要污染物执行《污水综合排放标准》（GB 8978—1996）一级标准，排入Ⅳ、Ⅴ类水域的执行二级标准，污水处理厂排污口按相应标准分别执行《城镇污水处理厂污染物排放标准》（GB 18918—2002）中规定的一级 A 标准或 B 标准。

3.3.1.2　**评价方法**

入河排污口水质好于或达到所处区域排放标准的为达标，劣于排放标准的为不达标。

评价方法采用污染指数法：

$$P_i=\frac{C_i}{S_i} \tag{3-6}$$

式中：P_i 为污染物的污染指数；C_i 为污染物的实测浓度值；S_i 为污染物的评价标准值。

$P_i>1$，表明水质劣于评价标准，不达标，且指数越大水质越差。

$P_i<1$，表明水质优于评价标准，达标，且指数越小水质越优。

综合污染指数 P：取各评价因子污染指数 P_i 的最大值。

$P\leqslant 1$，该排污口综合评价为达标；$P>1$，该排污口综合评价为不达标。

3.3.1.3　**评价项目**

评价项目包括化学需氧量（COD）、五日生化需氧量、氨氮、总磷共 4 项。

3.3.1.4　**主要污染物入河量计算**

污染物平均浓度：

$$\overline{C}=\sum_{i=1}^{n}Q_iC_i\Big/\sum_{i=1}^{n}Q_i \tag{3-7}$$

式中：C_i 为入河污染物实测浓度，mg/L；Q_i 为入河污染物实测流量，m^3/s。

单个排污口污染物入河量：

$$W_j=\overline{Q}\ \overline{C}\times 0.086\,4\times 365 \tag{3-8}$$

水功能区入河污染物总量：

$$W=\sum_{j=1}^{n}W_j \tag{3-9}$$

对有水质水量实测资料的入河排污口，根据废污水排放量和水质监测资料，按下式估算主要污染物入河量：

$$W_{排}=10^{-6}\times Q_{排}\times C_{排} \tag{3-10}$$

式中：$W_{排}$为某种污染物的年入河量，t/a；$Q_{排}$为废污水年入河量，t/a；$C_{排}$为某种污染物的年均入河浓度，mg/L。

3.3.2　入河排污口

根据山东省水利厅关于开展2016年度全省入河排污口监测工作的通知，按照《2016年山东省入河排污口核查与监测工作方案》，临沂市于2016年3月开展了入河排污口调查监测工作，共核查登记入河排污口72处。主要调查内容有入河排污口的位置、名称、设置单位、接纳主要排污单位、污废水性质、排放方式、排放量和污染物浓度等。

2016年临沂市入河排污口分布情况见附图15。2016年临沂市入河排污口基本信息见附表29、附表30；2016年临沂市入河排污口污染物入河量统计见附表31、附表32。

3.3.3　主要污染物入河量

根据2016年实测的入河排污口监测资料，经统计，2016年临沂市主要入河排污口污水COD年入河量1.45万t，氨氮年入河量0.174万t，总磷年入河量375.0 t，总氮年入河量8 113.4 t。临沂市各县（区）废污水及污染物入河量见表3-20。

表3-20　临沂市各县区废污水及污染物入河量统计

县（区）	废污水量（亿 m^3/a）	COD（万 t/a）	氨氮（万 t/a）	总磷（t/a）	总氮（t/a）
兰山区	0.875 73	0.190 1	0.018 4	35.8	1 120.3
河东区	0.200 73	0.067 3	0.003 2	5.7	237.0
罗庄区	0.594 82	0.171 4	0.010 2	161.7	979.3
沂水县	0.554 64	0.222 9	0.009 4	15.1	1 409.4
沂南县	0.479 32	0.146 0	0.062 1	48.7	1 256.4
蒙阴县	0.058 60	0.016 8	0.000 9	2.8	131.0
费县	0.087 78	0.033 9	0.001 5	2.0	138.3
平邑县	0.244 56	0.049 5	0.004 4	7.0	315.0
莒南县	0.280 25	0.129 7	0.004 8	16.5	656.7
临沭县	0.262 14	0.094 5	0.007 3	10.0	567.3
郯城县	0.383 27	0.256 8	0.043 6	59.9	1 030.1
兰陵县	0.163 72	0.073 0	0.007 8	9.8	272.6
全市合计	4.19	1.45	0.174	375.0	8 113.4

按水资源分区和行政分区统计点源入河废污水量与主要污染物入河量，按照排入全部水域与水功能区两种水域范围统计核算。

临沂市点源入河污染物统计（水资源四级分区）见表3-21，临沂市点源入河污染物统计（行政分区）见表3-22。

由表3-21可知，沂河区的全口径入河污染物总量和水功能区划水体入河污染物

表 3-21 临沂市点源入河污染物统计（水资源四级分区）

水资源二级区	水资源三级区	水资源四级区	全口径入河污染物总量						水功能区划水体入河污染物总量					
			废污水年排放量（万 t/a）	化学需氧量（t/a）	氨氮（t/a）	总氮（t/a）	总磷（t/a）	其他指标（t/a）	废污水年排放量（万 t/a）	化学需氧量（t/a）	氨氮（t/a）	总氮（（t/a）	总磷（t/a）	其他指标（t/a）
沂沭泗河	中运河区	苍山区	13 677.16	3 680.26	324.89	2 060.65	200.10	无	13 323.43	3 430.96	302.97	1 998.13	197.77	无
沂沭泗河	沂沭河区	沂河区	20 369.63	7 815.15	1 237.92	4 506.95	139.91	无	20 369.63	7 815.15	1 237.92	4 506.95	139.91	无
沂沭泗河	沂沭河区	沭河区	6 755.01	2 631.54	159.63	1 357.66	26.48	无	6 322.71	2 528.19	145.82	1 279.31	24.92	无
沂沭泗河	日赣区	日赣区	1 053.83	391.96	15.09	188.37	8.56	无	1 053.83	391.96	15.09	188.37	8.56	无

表 3-22 临沂市点源入河污染物成果（行政分区）

县级行政区	全口径入河污染物总量						水功能区划水体入河污染物总量					
	废污水年排放量（万 t/a）	化学需氧量（t/a）	氨氮（t/a）	总氮（t/a）	总磷（t/a）	其他指标（t/a）	废污水年排放量（万 t/a）	化学需氧量（t/a）	氨氮（t/a）	总氮（t/a）	总磷（t/a）	其他指标（t/a）
费县	877.752 0	338.971 0	14.682 3	138.315 3	1.952 6	无	877.752 0	338.971 0	14.682 3	138.315 3	1.952 6	无
河东区	2 007.266 4	672.855 8	32.008 6	237.030 4	5.713 0	无	2 007.266 4	672.855 8	32.008 6	237.030 4	5.713 0	无
莒南	2 802.499 2	1 296.650 2	48.258 6	656.689 2	16.477 2	无	2 802.499 2	1 296.650 2	48.258 6	656.689 2	16.477 2	无
兰陵县	1 637.244 0	730.368 5	78.332 5	272.613 7	9.813 7	无	1 285.092 0	481.320 8	56.493 3	210.258 4	7.502 2	无
兰山区	8 757.284 4	1 900.998 8	184.330 9	1 120.330 6	35.768 6	无	8 757.284 4	1 900.998 8	184.330 9	1 120.330 6	35.768 6	无
临沭县	2 621.430 0	945.497 4	72.614 5	567.348 8	9.993 6	无	2 621.430 0	945.497 4	72.614 5	567.348 8	9.993 6	无
罗庄区	5 948.215 2	1 713.676 2	102.130 9	979.318 9	161.738 1	无	5 946.638 4	1 713.426 6	102.049 3	979.151 8	161.724 6	无
蒙阴县	586.044 0	168.176 2	9.314 7	130.992 7	2.813 3	无	586.044 0	168.176 2	9.314 7	130.992 7	2.813 3	无
平邑县	2 445.616 8	494.556 5	43.626 1	315.032 0	7.006 6	无	2 445.616 8	494.556 5	43.626 1	315.032 0	7.006 6	无
郯城县	3 832.675 2	2 568.262 9	436.423 6	1 030.150 0	59.942 5	无	3 400.369 2	2 464.914 2	422.609 6	951.802 7	58.387 3	无
沂南县	4 793.209 2	1 459.988 3	621.441 2	1 256.443 6	48.720 9	无	4 793.209 2	1 459.988 3	621.441 2	1 256.443 6	48.720 9	无
沂水县	5 546.394 0	2 228.906 7	94.370 6	1 409.362 0	15.107 0	无	5 546.394 0	2 228.906 7	94.370 6	1 409.362 0	15.107 0	无

总量中废污水年排放量、化学需氧量、氨氮、总氮、总磷都是最大的。全口径入河污染物沂河区废污水年排放量占总排放量的 48.7%，化学需氧量排放量占总排放量的 53.8%，氨氮排放量占总排放量的 71.2%，总氮排放量占总排放量的 55.5%，总磷排放量占总排放量的 37.3%；水功能区划水体入河污染物沂河区废污水年排放量占总排放量的 49.6%，化学需氧量排放量占总排放量的 55.2%，氨氮排放量占总排放量的 72.7%，总氮排放量占总排放量的 56.5%，总磷排放量占总排放量的 37.3%。

由表 3-22 可知，全口径入河污染物总量和水功能区划水体入河污染物总量中废污水年排放量、化学需氧量、氨氮、总氮、总磷最大的分别是兰山区、郯城县、沂南县、沂水县、罗庄区。兰山区废污水年排放量全口径入河量和水功能区划水体入河污染物分别占总排放量的 20.9% 和 21.3%，郯城县化学需氧量全口径入河量和水功能区划水体入河污染物分别占总排放量的 17.7% 和 17.4%，沂南县氨氮全口径入河量和水功能区划水体入河污染物分别占总排放量的 35.8% 和 36.5%，沂水县总氮全口径入河量和水功能区划水体入河污染物分别占总排放量的 17.4% 和 17.7%，罗庄区总磷全口径入河量和水功能区划水体入河污染物分别占总排放量的 43.1% 和 43.6%。

第 4 章　水资源开发利用

4.1　社会经济

4.1.1　人口

2016 年临沂市常住总人口 1 044.3 万，平均人口密度为 607.5 人 /km^2，是全国平均人口密度 147 人 /km^2 的 4.1 倍，其中城镇常住人口 583.1 万，农村常住人口 461.2 万，城镇化率 55.8%。临沂市总常住人口由 2010 年的 1 005.6 万渐进增长到 2016 年的 1 044.3 万，其中城镇常住人口由 2010 年的 453.4 万逐渐增长到 2016 年的 583.1 万，城镇常住人口呈逐年增长趋势，农村常住人口由 2010 年的 552.1 万逐渐减少到 2016 年的 461.2 万，农村常住人口呈逐年减少趋势，城镇化程度逐年增强。临沂市 2010 ～ 2016 年常住人口过程线见图 4-1。

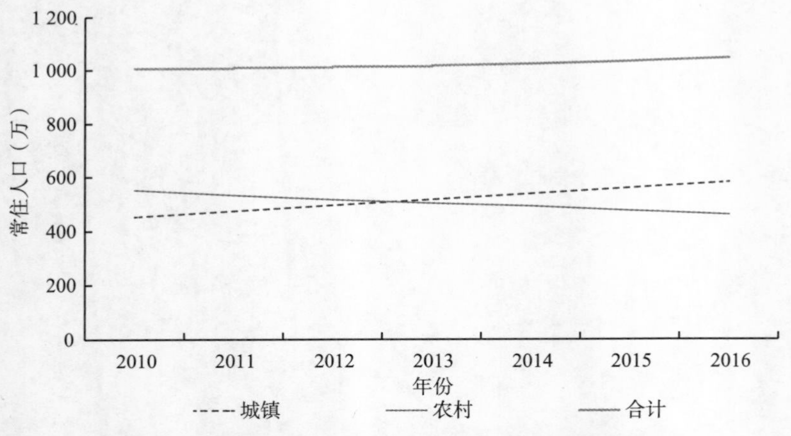

图 4-1　临沂市 2010 ～ 2016 年常住人口过程线

4.1.2　国内生产总值及工业增加值

2016 年临沂市国内生产总值（GDP）为 4 026.9 亿元，占全省 GDP 的 6.0%，其中第一产业增加值 359.0 亿元，第二产业增加值 1 736.3 亿元，第三产业增加值 1 931.6 亿元，三次产业增加值占比为 8.9 : 43.1 : 48。人均 GDP 为 38 803 元，低于全国人均 GDP 53 817 元的水平。2016 年临沂市工业增加值 1 437.9 亿元，占全省工业增加值的 4.3%，人均工业增加值 13 729 元，低于全国人均工业增加值 21 424 元的水平。

临沂市 2010 ～ 2016 年国内生产总值（GDP）、工业增加值 2010 年可比价过程线见图 4-2。

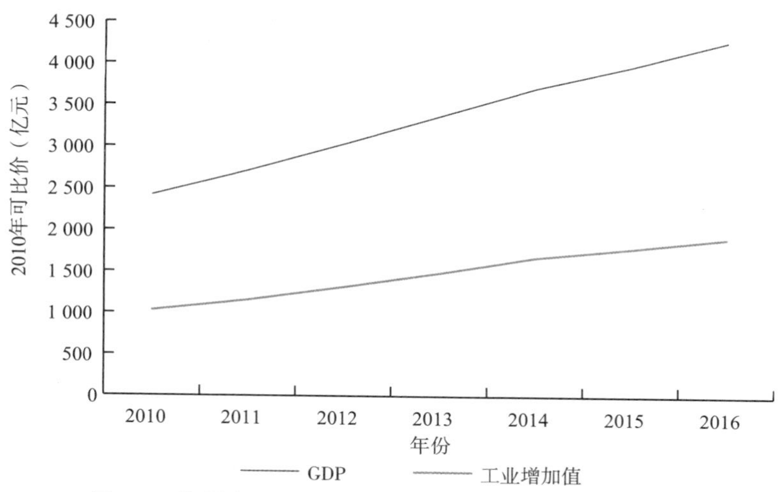

图 4-2　临沂市 2010 ～ 2016 年 GDP、工业增加值过程线

4.1.3　耕地

2016 年临沂市总耕地面积 1 258.4 万亩，人均耕地面积 1.2 亩；有效灌溉面积 521.9 万亩，人均有效灌溉面积 0.5 亩。实灌面积 425.5 万亩。鱼塘补水面积 6.2 万亩，大牲畜 32.5 万头，小牲畜 831.5 万头。临沂市 2016 年社会经济情况统计见表 4-1。

表 4-1　临沂市 2016 年社会经济统计

行政区名称	水资源分区名称	人口（万人）			国内生产总值（亿元，2010 年可比价）	工业增加值(亿元，2010 年可比价）	耕地面积（万亩）	农田有效灌溉面积（万亩）
		城镇	农村	合计				
兰山区	沂沭河区	105.675 1	28.070 3	133.745 4	823.7	260.0	49.3	13.4
罗庄区	沂沭河区	49.075 4	25.067 2	74.142 6	413.2	269.3	35.7	19.5
河东区	沂沭河区	44.088 3	22.884 2	66.972 5	364.8	228.2	60.6	44.1
沂南县	沂沭河区	42.438 1	39.845 7	82.283 8	233.7	89.0	136.1	56.8
郯城县	沂沭河区	42.192 1	45.017 7	87.209 8	354.3	160.8	107.2	85.7
沂水县	沂沭河区	52.905 2	47.145 8	100.051 0	373.1	176.6	166.6	82.7
兰陵县	中运河区	57.959 3	60.994 3	118.953 6	326.8	119.3	160.2	64.2
费县	沂沭河区	42.424 4	36.337 5	78.761 9	341.5	172.8	107.6	33.0
平邑县	沂沭河区	43.774 6	51.370 2	95.144 8	285.7	108.6	119.7	0.0
莒南县	日赣区	44.547 5	49.188 5	93.736 0	328.8	131.2	140.1	63.7
蒙阴县	沂沭河区	24.291 7	27.470 9	51.762 6	197.8	76.7	77.4	22.2
临沭县	沂沭河区	33.765 3	27.770 7	61.536 0	236.2	120.5	97.9	36.7
合计		583.137 2	461.162 8	1 044.300 0	4 279.8	1 912.7	1 258.4	521.9

4.2　供水量

4.2.1　2016 年供水量

根据《临沂市 2016 年度水资源公报》统计的供水量资料，2016 年全市总供水量 178 888 万 m^3，其中地表水 132 652 万 m^3，占总供水量的 74.2%；地下水 44 568 万 m^3，占总供水量的 24.9%；其他水源供水量 1 668 万 m^3，占总供水量的 0.9%。2016 年各县（区）供水量表详见表 4-2。

表 4-2　临沂市 2016 年各县（区）供水量　　（单位：万 m^3）

县级行政区	地表水源供水量					地下水源供水量			其他水源供水量			总供水量
	蓄水	引水	提水	调水	小计	浅层水	深层承压水	小计	污水处理回用	雨水利用	小计	
兰山区	4 660	5 850	1 195		11 705	2 755		2 755				14 460
罗庄区	2 981	5 747	605		9 333	3 928		3 928				13 261
河东区		14 430	742		15 172	4 761		4 761	556		556	20 489
沂南县	2 816	3 455	3 233		9 504	3 125		3 125				12 629
郯城县	467	11 338	579		12 384	4 246		4 246				16 630
沂水县	10 082		1 979		12 061	4 073		4 073	582		582	16 716
兰陵县	5 490	1 715	1 405		8 610	5 591		5 591				14 201
费县	7 050	181	1 691		8 922	4 347		4 347				13 269
平邑县	9 566	1 335	1 157		12 058	3 065		3 065				15 123
莒南县	13 624	1 240	1 636		16 500	2 677		2 677	530		530	19 707
蒙阴县	6 079	1 219	1 097		8 395	3 488		3 488				11 883
临沭县	2 590	3 271	2 147		8 008	2 512		2 512				10 520
全市	65 405	49 781	17 466		132 652	44 568		44 568	1 668		1 668	178 888

在地表水源供水量中，蓄水工程供水量 65 405 万 m^3，引水工程供水量 49 781 万 m^3，提水工程供水量 17 466 万 m^3，分别占地表水源供水量的 49.3%、37.5%、13.2%；在地下水源供水中，浅层地下水供水占地下水源供水量的 100%；在其他水源供水中，污水处理回用占其他水源供水量的 100%。不同水源供水占例见图 4-3。

4.2.2　变化情况

临沂市 2001 ～ 2016 年平均总供水量 174 687 万 m^3，其中地表水 116 496 万 m^3，占总供水量的 66.7%；地下水 57 239 万 m^3，占总供水量的 32.8%；其他水源供水量 953 万 m^3，占总供水量的 0.5%。临沂市 2001 ～ 2016 年总供水量整体呈波动趋势，2003

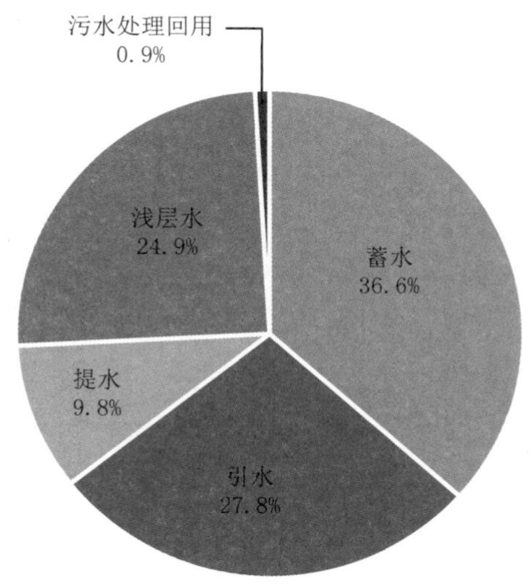

图 4-3　临沂市 2016 年不同水源供水比例示意图

年呈明显下降趋势，从 2004 年起基本呈现出递增的趋势。2001 ～ 2016 年总供水量的年均增长率为 –1.6%，其中地表水供水量年均增长率为 –0.4%；地下水供水量的年均增长率为 –4.1%；其他水源供水量年均增长率为 3.2%。临沂市 2001 ～ 2016 年的供水量见表 4-3。

表 4-3　临沂市 2001 ～ 2016 年供水量　（单位：万 m^3）

年份	地表水源供水量				地下水源供水量			其他水源供水量			总供水量
	蓄水	引水	提水	小计	浅层水	深层承压水	小计	污水处理回用	雨水利用	小计	
2001	54 541	64 035	22 587	141 163	63 734	20 022	83 756	1 035	0	1 035	225 954
2002	51 659	46 149	16 992	114 800	59 461	16 644	76 105	623	0	623	191 528
2003	25 867	45 534	11 914	83 315	48 226	14 333	62 559	331	173	504	146 378
2004	50 505	44 763	11 140	106 408	46 064	16 680	62 744	570	196	766	169 918
2005	51 822	44 849	11 246	107 917	43 830	12 478	56 308	736	222	958	165 183
2006	51 940	39 281	13 416	104 637	45 755	13 725	59 480	732	103	835	164 952
2007	56 384	34 029	14 046	104 459	43 666	13 959	57 625	470	0	470	162 554
2008	54 753	36 154	13 489	104 396	44 407	14 960	59 367	490	0	490	164 253
2009	59 286	35 303	13 146	107 735	46 325	14 846	61 171	520	0	520	169 426
2010	59 241	41 171	16 728	117 140	36 190	15 497	51 687	966	0	966	169 793
2011	70 581	46 120	17 223	133 924	51 783	1 390	53 173	1 501	0	1 501	188 597
2012	73 875	46 453	15 580	135 908	47 988	247	48 235	1 187	0	1 187	185 330
2013	69 153	41 813	13 886	124 852	47 103	0	47 103	2 174	0	2 174	174 129
2014	61 862	43 003	13 535	118 400	46 300	0	46 300	1 543	0	1 543	166 243
2015	65 009	44 902	16 318	126 229	45 637	0	45 637	0	0	0	171 866
2016	65 405	49 781	17 466	132 652	44 568	0	44 568	1 668	0	1 668	178 888
平均	57 618	43 959	14 919	116 496	47 565	9 674	57 239	909	43	953	174 687

2001～2016年全市供水量结构发生了明显变化。地表水供水量占比由2001年的62.5%上升至2016年的74.2%；地下水供水量占比由2001年的37.1%下降至2016年的24.9%；其他水源供水量占比由2001年的0.4%上升至2016年的0.9%。地表水供水量占比呈上升趋势，地下水供水量占比呈下降趋势，其他水源供水量占比呈上升趋势。供水结构变化分析情况详见表4-4，供水量变化趋势及供水结构详见图4-4。

表4-4　临沂市供水结构变化分析　（%）

年份	各供水水源占比		
	地表水	地下水	其他水源供水量
2001	62.5	37.1	0.4
2002	59.9	39.8	0.3
2003	56.9	42.8	0.3
2004	62.6	36.9	0.5
2005	65.3	34.1	0.6
2006	63.4	36.1	0.5
2007	64.3	35.4	0.3
2008	63.6	36.1	0.3
2009	63.6	36.1	0.3
2010	69.0	30.4	0.6
2011	71.0	28.2	0.8
2012	73.3	26.0	0.7
2013	71.7	27.1	1.2
2014	71.2	27.9	0.9
2015	73.4	26.6	0
2016	74.2	24.9	0.9

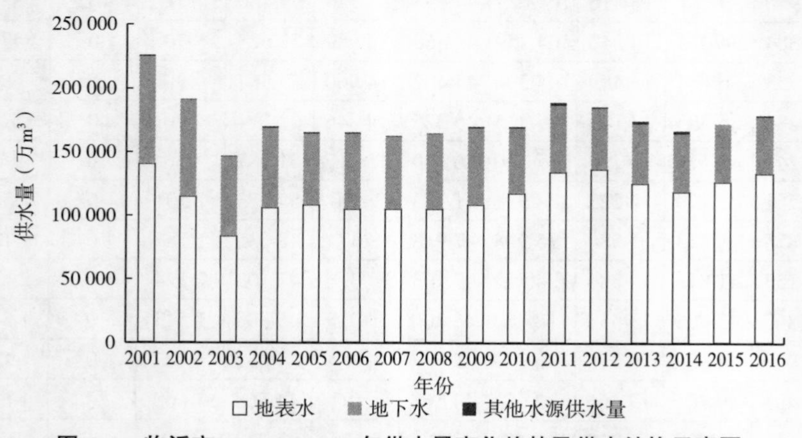

图4-4　临沂市2001～2016年供水量变化趋势及供水结构示意图

4.2.2.1　中运河区供水量变化分析

2001 ～ 2016 年中运河区平均总供水量 30 287 万 m^3，其中地表水 17 835 万 m^3，占总供水量的 58.9%；地下水 12 393 万 m^3，占总供水量的 40.9%；其他水源供水量 59 万 m^3，占总供水量的 0.2%。2001 ～ 2016 年中运河区总供水量总体呈降—升—降的变化趋势，2001 ～ 2005 年呈下降趋势，2006 ～ 2010 年呈上升趋势，2010 ～ 2016 年呈先降后升趋势。中运河区总供水量年均增长率为 –1.3%，其中地表水年均增长率为 0.2%，地下水年均增长率为 –3.5%。中运河区 2001 ～ 2016 年供水量详见表 4-5。

表 4-5　中运河区 2001 ～ 2016 年供水量　　（单位：万 m^3）

年份	地表水源供水量				地下水源供水量			其他水源供水量			总供水量
	蓄水	引水	提水	小计	浅层水	深层承压水	小计	污水处理回用	雨水利用	小计	
2001	4 555	10 393	4 928	19 876	13 203	4 308	17 511	269	0	269	37 656
2002	9 064	8 122	2 444	19 630	10 017	3 941	13 958	2	0	2	33 590
2003	6 395	8 295	2 415	17 105	9 572	3 343	12 915	0	0	0	30 020
2004	7 188	7 588	2 292	17 068	8 867	3 661	12 528	0	0	0	29 596
2005	6 100	8 630	2 013	16 743	7 567	1 879	9 446	0	0	0	26 189
2006	6 130	3 842	4 197	14 169	7 447	2 959	10 406	0	0	0	24 575
2007	6 270	6 622	764	13 656	9 184	2 966	12 150	0	0	0	25 806
2008	6 195	6 470	828	13 493	10 749	4 012	14 761	0	0	0	28 254
2009	6 738	7 840	829	15 407	11 184	3 514	14 698	0	0	0	30 105
2010	7 050	8 779	1 749	17 578	8 300	6 354	14 654	0	0	0	32 232
2011	10 256	9 815	2 246	22 317	11 854	48	11 902	0	0	0	34 219
2012	10 811	8 396	1 597	20 804	11 603	0	11 603	0	0	0	32 407
2013	9 341	7 446	1 542	18 329	11 083	0	11 083	676	0	676	30 088
2014	9 691	7 541	1 871	19 103	10 437	0	10 437	0	0	0	29 540
2015	9 365	7 975	2 128	19 468	9 996	0	9 996	0	0	0	29 464
2016	9 537	8 746	2 328	20 611	10 243	0	10 243	0	0	0	30 854
平均	7 793	7 906	2 136	17 835	10 082	2 312	12 393	59	0	59	30 287

2001 ～ 2016 年中运河区供水水源结构变化明显。地表水供水量占比由 2001 年的 52.8% 上升至 2016 年的 66.8%；地下水供水量占比由 2001 年的 46.5% 下降至 2016 年的 33.2%，其他水源供水量占比保持平稳。供水量结构变化见表 4-6，供水量变化趋势及供水结构详见图 4-5。

4.2.2.2　沂沭河区供水量变化分析

2001 ～ 2016 年沂沭河区平均总供水量 133 988 万 m^3，其中地表水 90 551 万 m^3，占总供水量的 67.6%；地下水 42 696 万 m^3，占总供水量的 31.8%；其他水源供水量 741 万 m^3，占总供水量的 0.6%。沂沭河区总供水量 2001 ～ 2003 年呈下降趋势，

表 4-6　中运河区供水量结构变化分析　　（%）

年份	各供水水源占比		
	地表水	地下水	其他水源供水量
2001	52.8	46.5	0.7
2002	58.4	41.6	0
2003	57.0	43.0	0
2004	57.7	42.3	0
2005	63.9	36.1	0
2006	57.7	42.3	0
2007	52.9	47.1	0
2008	47.8	52.2	0
2009	51.2	48.8	0
2010	54.5	45.5	0
2011	65.2	34.8	0
2012	64.2	35.8	0
2013	60.9	36.8	2.3
2014	64.7	35.3	0
2015	66.1	33.9	0
2016	66.8	33.2	0

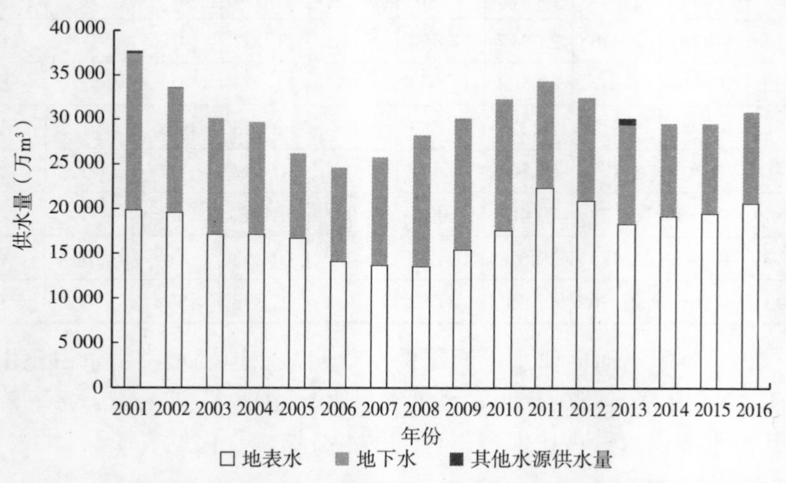

图 4-5　中运河区 2001–2016 年供水量变化趋势及供水结构示意图

2004 ～ 2016 年呈上升趋势，整体呈下降趋势，年均增长率为 –1.6%，其中地表水供水量年均增长率为 –0.5%，地下水供水量的年均增长率为 –4.3%，其他水源供水量年均增长率为 4.5%。沂沭河区 2001 ～ 2016 年供水量详见表 4-7。

表 4-7　沂沭河区 2001 ～ 2016 年供水量　（单位：万 m^3）

年份	地表水源供水量				地下水源供水量			其他水源供水量			总供水量
	蓄水	引水	提水	小计	浅层水	深层承压水	小计	污水处理回用	雨水利用	小计	
2001	41 717	52 830	16 538	111 085	47 052	15 686	62 738	694	0	694	174 517
2002	37 752	37 574	13 716	89 042	46 401	12 660	59 061	597	0	597	148 700
2003	17 226	37 086	9 263	63 575	36 644	10 900	47 544	322	153	475	111 594
2004	38 850	36 288	8 133	83 271	35 025	12 942	47 967	458	173	631	131 869
2005	38 442	35 419	8 418	82 279	34 110	10 535	44 645	604	195	799	127 723
2006	39 755	35 199	8 581	83 535	36 211	10 687	46 898	595	91	686	131 119
2007	43 092	27 163	12 724	82 979	32 954	10 886	43 840	369	0	369	127 188
2008	41 418	29 413	12 144	82 975	31 837	10 836	42 673	370	0	370	126 018
2009	44 909	27 289	11 792	83 990	33 149	11 199	44 348	386	0	386	128 724
2010	45 150	32 089	14 307	91 546	25 983	8 969	34 952	702	0	702	127 200
2011	52 712	36 050	13 803	102 565	37 844	1 342	39 186	1 223	0	1 223	142 974
2012	53 654	37 830	13 245	104 729	34 517	247	34 764	872	0	872	140 365
2013	51 385	34 150	11 739	97 274	34 236	0	34 236	1 255	0	1 255	132 765
2014	45 392	34 727	10 797	90 916	34 064	0	34 064	1 459	0	1 459	126 439
2015	47 535	36 282	12 893	96 710	33 772	0	33 772	0	0	0	130 482
2016	48 016	40 309	14 029	102 354	32 451	0	32 451	1 344	0	1 344	136 149
平均	42 938	35 606	12 008	90 551	35 391	7 306	42 696	703	38	741	133 989

2001 ～ 2016 年沂沭河区地表水供水量占比由 2001 年的 63.7% 上升至 2016 年的 75.2%；地下水供水量占比由 2001 年的 35.9% 下降至 2016 年的 23.8%，其他水源供水量占比由 2001 年的 0.4% 上升至 2016 年的 1.0%。供水量结构变化见表 4-8，供水量变化趋势及供水结构详见图 4-6。

表 4-8　沂沭河区供水量结构变化分析表　（%）

年份	各供水水源占比		
	地表水	地下水	其他水源供水量
2001	63.7	35.9	0.4
2002	59.9	39.7	0.4
2003	57.0	42.6	0.4
2004	63.1	36.4	0.5
2005	64.4	35.0	0.6
2006	63.7	35.8	0.5

续表 4-8

年份	各供水水源占比		
	地表水	地下水	其他水源供水量
2007	65.2	34.5	0.3
2008	65.8	33.9	0.3
2009	65.2	34.5	0.3
2010	72.0	27.5	0.6
2011	71.7	27.4	0.9
2012	74.6	24.8	0.6
2013	73.3	25.8	0.9
2014	71.9	26.9	1.2
2015	74.1	25.9	0
2016	75.2	23.8	1.0

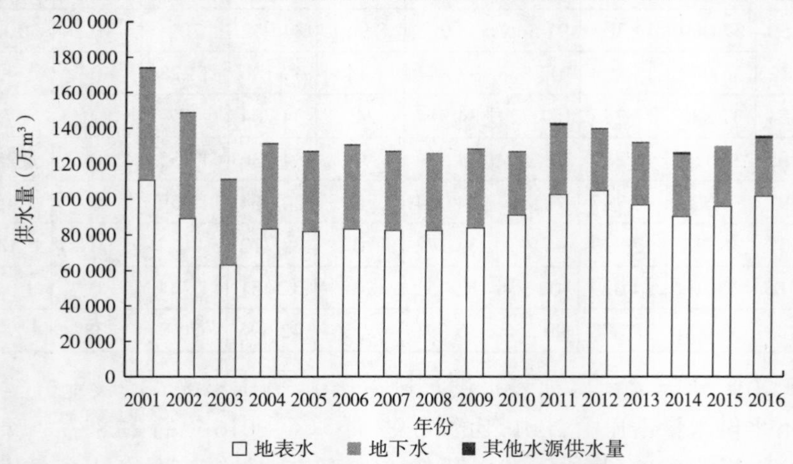

图 4-6 沂沭河区 2001 ～ 2016 年供水量变化趋势及供水结构示意图

4.2.2.3 日赣区供水量变化分析

2001 ～ 2016 年日赣区平均总供水量 8 795 万 m^3，其中地表水 7 117 万 m^3，占总供水量的 80.9%；地下水 1 546 万 m^3，占总供水量的 17.6%；其他水源供水量 132 万 m^3，占总供水量的 1.5%。2001 ～ 2016 年日赣区总供水量呈先降后升趋势，2001 ～ 2003 年逐年下降，2004 ～ 2016 年整体呈上升趋势，年均增长率为 –1.5%，其中地表水供水量年均增长率为 –1.0%，地下水供水量的年均增长率为 –4.3%，其他水源供水量年均增长率为 8.8%。日赣区 2001 ～ 2016 年供水量详见表 4-9。

2001 ～ 2016 年日赣区地表水供水量占比由 2001 年的 77.6% 上升至 2016 年的 83.4%；地下水供水量比例由 2001 年的 21.8% 下降至 2016 年的 14.0%，其他水源供水量占比由 2001 年的 0.6% 上升至 2016 年的 2.6%。供水量结构变化见表 4-10，供水量变化趋势及供水结构详见图 4-7。

表 4-9　日赣区 2001 ～ 2016 年供水量　（单位：万 m^3）

年份	地表水源供水量				地下水源供水量			其他水源供水量			总供水量
	蓄水	引水	提水	小计	浅层水	深层承压水	小计	污水处理回用	雨水利用	小计	
2001	7 841	707	991	9 539	2 677	10	2 687	72	0	72	12 298
2002	4 500	370	652	5 522	2 318	19	2 337	24	0	24	7 883
2003	1 933	95	108	2 136	1 245	5	1 250	0	0	0	3 386
2004	4 144	802	511	5 457	1 568	10	1 578	101	0	101	7 136
2005	6 956	715	748	8 419	1 602	10	1 612	120	0	120	10 151
2006	5 652	241	391	6 284	1 391	10	1 401	110	0	110	7 795
2007	6 367	245	402	7 014	970	10	980	101	0	101	8 095
2008	6 610	271	481	7 362	1 451	14	1 465	120	0	120	8 947
2009	7 071	174	486	7 731	1 604	23	1 627	134	0	134	9 492
2010	5 912	304	427	6 643	1 463	18	1 481	254	0	254	8 378
2011	6 474	254	824	7 552	1 488	0	1 488	269	0	269	9 309
2012	7 963	227	457	8 647	1 381	0	1 381	315	0	315	10 343
2013	7 132	217	354	7 703	1 332	0	1 332	243	0	243	9 278
2014	5 724	735	662	7 121	1 358	0	1 358	0	0	0	8 479
2015	6 856	645	992	8 493	1 381	0	1 381	0	0	0	9 874
2016	6 644	726	871	8 241	1 385	0	1 385	254	0	254	9 880
平均	6 111	421	585	7 117	1 538	8	1 546	132	0	132	8 795

表 4-10　日赣区供水量结构变化分析　（%）

年份	各供水水源占比		
	地表水	地下水	其他水源供水量
2001	77.6	21.8	0.6
2002	70.1	29.6	0.3
2003	63.1	36.9	0
2004	76.5	22.1	1.4
2005	82.9	15.9	1.2
2006	80.6	18.0	1.4
2007	86.7	12.1	1.2
2008	82.3	16.4	1.3
2009	81.4	17.1	1.4
2010	79.3	17.7	3.0
2011	81.1	16.0	2.9
2012	83.6	13.4	3.0
2013	83.0	14.4	2.6

续表 4-10

年份	各供水水源占比		
	地表水	地下水	其他水源供水量
2014	84.0	16.0	0
2015	86.0	14.0	0
2016	83.4	14.0	2.6

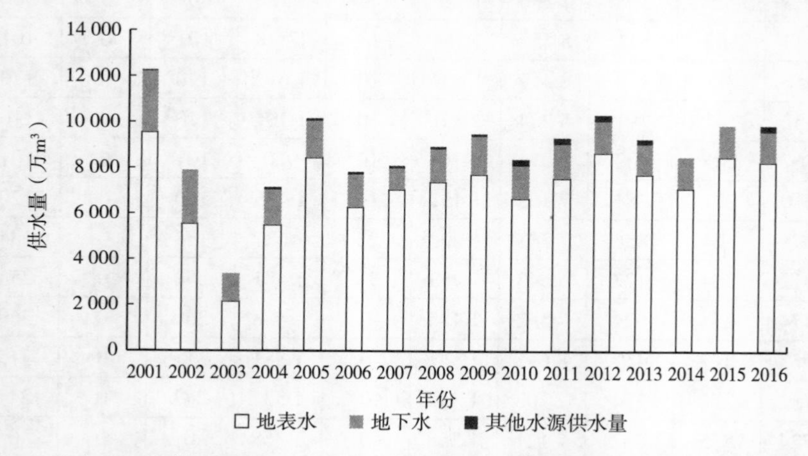

图 4-7 日赣区 2001 ～ 2016 年供水量变化趋势及供水结构示意图

4.2.2.4 潍弥白浪区供水量变化分析

2001 ～ 2016 年潍弥白浪区平均总供水量 1 616 万 m^3，其中地表水 993 万 m^3，占总供水量的 61.5%；地下水 603 万 m^3，占总供水量的 37.3%；其他水源供水量 20 万 m^3，占总供水量的 1.2%。2001 ～ 2016 年潍弥白浪区总供水量整体呈上升趋势，年均增长率为 2.0%，其中地表水供水量年均增长率为 5.3%，地下水供水量的年均增长率为 –3.4%。潍弥白浪区 2001 ～ 2016 年供水量详见表 4-11。

表 4-11 潍弥白浪区 2001 ～ 2016 年供水量 （单位：万 m^3）

年份	地表水源供水量				地下水源供水量			其他水源供水量			总供水量
	蓄水	引水	提水	小计	浅层水	深层承压水	小计	污水处理回用	雨水利用	小计	
2001	427	106	130	663	802	18	820	0	0	0	1 483
2002	343	83	180	606	725	24	749	0	0	0	1 355
2003	314	58	127	499	765	85	850	9	20	29	1 378
2004	323	86	203	612	604	67	671	11	23	34	1 317
2005	324	85	67	476	551	54	605	12	27	39	1 120
2006	402	0	247	649	705	69	774	27	12	39	1 462
2007	654	0	156	810	558	97	655	0	0	0	1 465
2008	530	0	36	566	370	98	468	0	0	0	1 034

续表 4-11

年份	地表水源供水量				地下水源供水量			其他水源供水量			总供水量
	蓄水	引水	提水	小计	浅层水	深层承压水	小计	污水处理回用	雨水利用	小计	
2009	568	0	39	607	388	110	498	0	0	0	1 105
2010	1 129	0	244	1 373	444	156	600	9	0	9	1 982
2011	1 138	0	351	1 489	597	0	597	9	0	9	2 095
2012	1 447	0	281	1 728	487	0	487	0	0	0	2 215
2013	1 294	0	251	1 545	453	0	453	0	0	0	1 998
2014	1 055	0	205	1 260	440	0	440	84	0	84	1 784
2015	1 254	0	305	1 559	488	0	488	0	0	0	2 047
2016	1 210	0	237	1 447	489	0	489	70	0	70	2 006
平均	776	26	191	993	554	49	603	14	5	20	1 615

2001 ～ 2016 年潍弥白浪区地表水供水量占比由 2001 年的 44.7% 上升至 2016 年的 72.2%；地下水供水量占比由 2001 年的 55.3% 下降至 2016 年的 24.4%，其他水源供水量占比由 2001 年的 0% 上升至 2016 年的 3.5%。供水水源结构变化见表 4-12，供水量变化趋势及供水结构详见图 4-8。

表 4-12　潍弥白浪区供水量结构变化分析　（%）

年份	各供水水源占比		
	地表水	地下水	其他水源供水量
2001	44.7	55.3	0
2002	44.7	55.3	0
2003	36.2	61.7	2.1
2004	46.4	51.0	2.6
2005	42.5	54.0	3.5
2006	44.4	52.9	2.7
2007	55.3	44.7	0
2008	54.7	45.3	0
2009	54.9	45.1	0
2010	69.3	30.3	0.5
2011	71.1	28.5	0.4
2012	78.0	22.0	0
2013	77.4	22.6	0
2014	70.6	24.7	4.7
2015	76.2	23.8	0
2016	72.2	24.4	3.5

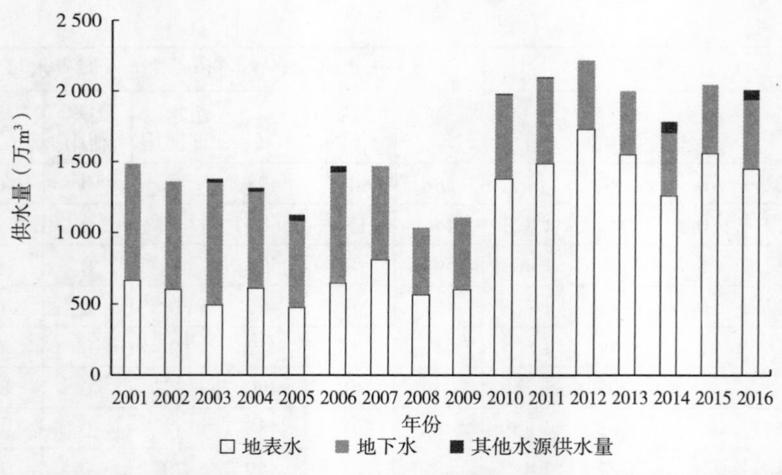

图 4-8　潍弥白浪区 2001 ～ 2016 年供水量变化趋势及供水结构示意图

4.3　用水量

4.3.1　2016 年用水量

根据《临沂市 2016 年度水资源公报》统计的用水量资料，2016 年临沂市总用水量 178 888 万 m^3，其中农业用水量 112 426 万 m^3，占总用水量的 62.8%；工业用水量 20 241 万 m^3，占总用水量的 11.3%；生活用水量 36 025 万 m^3，占总用水量的 20.2%；人工生态与环境补水量 10 196 万 m^3，占总用水量的 5.7%。

在农业用水量中，耕地灌溉用水量 93 952 万 m^3、林果地灌溉用水量 12 085 万 m^3、草地灌溉用水量 0 万 m^3、渔塘补水量 1 440 万 m^3、牲畜用水量 4 949 万 m^3，分别占农业用水量的 83.6%、10.7%、0%、1.3%、4.4%。在工业用水量中，火（核）电工业用水量 1 740 万 m^3、非火（核）电工业用水量 18 501 万 m^3，分别占工业用水量的 8.6%、91.4%。在生活用水量中，城镇居民用水量 16 227 万 m^3、农村居民用水量 12 678 万 m^3、建筑业用水量 1 523 万 m^3、服务业用水量 5 597 万 m^3，分别占生活用水量的 45.0%、35.2%、4.2%、15.5%。人工生态与环境补水全部为城镇环境用水。

2016 年分县区用水量表详见表 4-13。2016 年临沂市用水结构见图 4-9。

4.3.2　变化情况

临沂市 2001 ～ 2016 年平均总用水量 174 687 万 m^3，其中农业用水 123 947 万 m^3，占总用水量的 71.0%；工业用水 20 293 万 m^3，占总用水量的 11.6%；生活用水量 25 930 万 m^3，占总用水量的 14.8%；人工生态与环境补水量 4 517 万 m^3，占总用水量的 2.6%。临沂市 2001 ～ 2016 年总用水量的年均增长率为 –1.6%，其中农业用水、工

表 4-13　临沂市 2016 年分县区用水量

（单位：万 m^3）

县级行政区名称	农业用水量						工业用水量			生活用水量					人工生态与环境补水量			总用水量
	耕地灌溉	林果地灌溉	草地灌溉	鱼塘补水	牲畜用水	小计	火（核）电	非火（核）电	小计	城镇居民	农村居民	建筑业	服务业	小计	城镇环境	河湖补水	小计	合计
兰山区	3 983	432	0	50	110	4 575	90	2 888	2 978	2 858	1 056	201	2 181	6 296	611		611	14 460
罗庄区	5 614	485	0	120	280	6 499	486	2 349	2 835	1 451	1 138	240	212	3 041	886		886	13 261
河东区	10 084	455	0	430	414	11 383	0	2 173	2 173	1 976	942	281	747	3 946	2 987		2 987	20 489
沂南县	9 263	389	0	0	295	9 947	0	540	540	1 149	654	32	98	1 933	209		209	12 629
郯城县	11 554	174	0	231	287	12 246	0	1 425	1 425	610	967	96	143	1 816	1 143		1143	16 630
沂水县	9 190	1 132	0	0	850	11 172	95	1 719	1 814	1 991	1 014	40	114	3 159	571		571	16 716
兰陵县	8 070	395	0	0	265	8 730	3	1 305	1 308	535	2 195	105	625	3 460	703		703	14 201
费县	6 984	751	0	0	283	8 018	1 037	1 305	2 342	1 432	777	59	286	2 554	355		355	13 269
平邑县	10 716	1 526	0	0	540	12 782	0	870	870	475	695	131	110	1 411	60		60	15 123
莒南县	10 755	1 925	0	0	931	13 611	0	1 989	1 989	1 448	1 410	120	141	3 119	988		988	19 707
蒙阴县	2 756	4 100	0	540	342	7 738	29	682	711	954	966	173	823	2 916	518		518	11 883
临沭县	4 983	321	0	69	352	5 725	0	1 256	1 256	1 348	864	45	117	2 374	1 165		1 165	10 520
全市	93 952	12 085	0	1 440	4 949	112 426	1 740	18 501	20 241	16 227	12 678	1 523	5 597	36 025	10 196	0	10 196	178 888

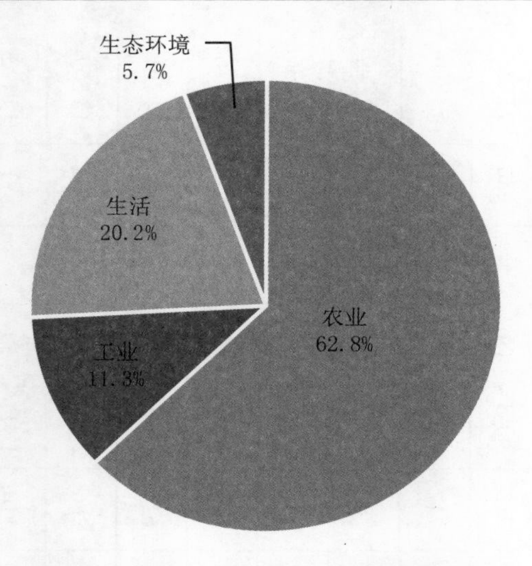

图 4-9　2016 年临沂市用水结构图

业用水、生活用水、人工生态与环境补水的年均增长率分别为 –2.8%、–3.5%、4.7%、12.9%。人工生态与环境补水量增长最快，其次为生活用水量，农业用水量在总用水量中所占比例在逐年减少，工业用水量基本保持稳定。临沂市 2001 ～ 2016 年用水量见表 4-14。

表 4-14　临沂市 2001 ～ 2016 年用水量　　（单位：万 m^3）

年份	农业	工业	生活	人工生态与环境补水量	总用水量
2001	171 501	34 630	18 173	1 650	225 954
2002	151 228	22 964	16 073	1 263	191 528
2003	100 829	24 346	20 666	537	146 378
2004	126 683	21 007	21 543	685	169 918
2005	128 941	14 012	21 533	697	165 183
2006	127 765	14 950	21 371	866	164 952
2007	120 986	17 252	23 492	824	162 554
2008	120 797	17 302	24 866	1 288	164 253
2009	123 381	17 804	26 724	1 517	169 426
2010	120 233	18 729	29 043	1 788	169 793
2011	120 322	19 514	29 222	19 539	188 597
2012	125 461	19 647	30 547	9 675	185 330
2013	114 640	20 590	31 676	7 223	174 129
2014	105 985	21 151	31 588	7 519	166 243
2015	111 968	20 545	32 341	7 012	171 866
2016	112 426	20 241	36 025	10 196	178 888
平均	123 947	20 293	25 930	4 517	174 687

2001 ～ 2016 年临沂市农业、工业、生活、生态环境四大主要用水组成的结构发生了显著的变化，农业用水占用水总量的比例由 2001 年的 75.9% 下降至 2016 年的 62.8%；工业用水占用水总量的比例由 2001 年的 15.3% 下降至 2016 年的 11.3%；生活用水占用水总量的比例由 2001 年的 8.0% 上升至 2016 年的 20.1%；人工生态与环境补水量占用水总量的比例由 2001 年的 0.7% 上升至 2016 年的 5.7%。生活用水量和人工生态与环境补水量在总用水量中所占比例正在逐年增加，农业用水量在总用水量中所占比例在逐年减少，工业用水量基本保持稳定。临沂市 2001 ～ 2016 年用水量结构变化见表 4-15，用水量趋势及用水结构见图 4-10。

表 4-15　临沂市用水量结构变化分析　（%）

年份	各行业用水占比			
	农业	工业	生活	人工生态与环境补水量
2001	75.9	15.3	8.0	0.7
2002	79.0	12.0	8.4	0.7
2003	68.9	16.6	14.1	0.4
2004	74.6	12.4	12.7	0.4
2005	78.1	8.5	13.0	0.4
2006	77.5	9.1	13.0	0.5
2007	74.4	10.6	14.5	0.5
2008	73.5	10.5	15.1	0.8
2009	72.8	10.5	15.8	0.9
2010	70.8	11.0	17.1	1.1
2011	63.8	10.3	15.5	10.4
2012	67.7	10.6	16.5	5.2
2013	65.8	11.8	18.2	4.1
2014	63.8	12.7	19.0	4.5
2015	65.1	12.0	18.8	4.1
2016	62.8	11.3	20.1	5.7

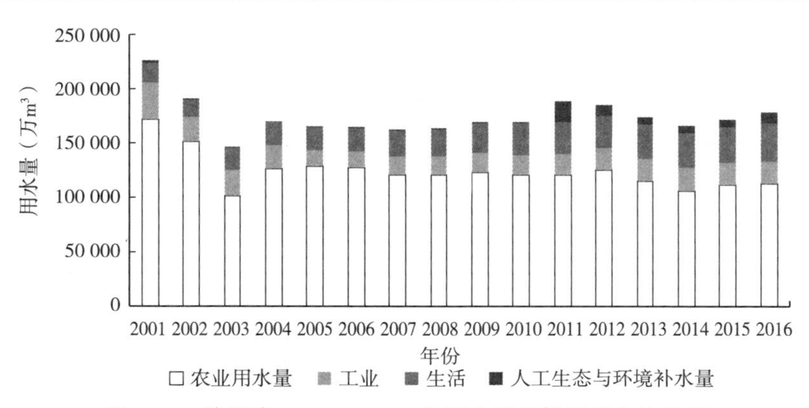

图 4-10　临沂市 2001 ～ 2016 年用水量趋势及用水结构图

4.3.2.1 中运河区用水量变化分析

中运河区 2001 ～ 2016 年平均总用水量 30 287 万 m^3，其中农业用水 19 131 万 m^3，占总用水量的 63.2%；工业用水 4 861 万 m^3，占总用水量的 16.1%；生活用水量 5 570 万 m^3，占总用水量的 18.4%，人工生态与环境补水量 725 万 m^3，占总用水量的 2.4%。中运河区 2001 ～ 2016 年总用水量的年均增长率为 –1.3%，其中农业用水、工业用水、生活用水、人工生态与环境补水量的年均增长率分别为 –2.4%、–4.6%、4.7%、16.1%。人工生态与环境补水量增长最快，其次为生活用水量，农业用水量和工业用水量呈逐年减少趋势。中运河区 2001 ～ 2016 年用水量见表 4-16。

表 4-16 中运河区 2001 ～ 2016 年用水量 （单位：万 m^3）

年份	农业	工业	生活	人工生态与环境补水量	总用水量
2001	24 207	9 431	3 834	184	37 656
2002	25 360	5 240	2 864	126	33 590
2003	18 709	6 704	4 521	86	30 020
2004	18 513	6 365	4 622	96	29 596
2005	19 060	2 745	4 287	97	26 189
2006	17 227	2 806	4 420	122	24 575
2007	17 587	3 609	4 477	133	25 806
2008	18 999	3 979	5 162	114	28 254
2009	19 269	4 437	6 241	158	30 105
2010	20 551	4 536	6 842	303	32 232
2011	20 495	4 662	6 629	2 433	34 219
2012	18 865	4 658	6 884	2 000	32 407
2013	16 599	5 017	6 803	1 669	30 088
2014	16 883	4 515	6 879	1 263	29 540
2015	16 866	4 436	7 068	1 094	29 464
2016	16 913	4 639	7 587	1 715	30 854
平均	19 131	4 861	5 570	725	30 287

2001 ～ 2016 年中运河区农业、工业、生活、生态环境四大主要用水组成的结构发生了显著的变化，农业用水占用水总量的比例由 2001 年的 64.3% 下降至 2016 年的 54.8%；工业用水占用水总量的比例由 2001 年的 25.0% 下降至 2016 年的 15.0%；生活用水占用水总量的比例由 2001 年的 10.2% 上升至 2016 年的 24.6%；人工生态与环境补水量占用水总量的比例由 2001 年的 0.4% 上升至 2016 年的 5.6%。生活用水量和人工生态与环境补水量在总用水量中所占比例正在逐年增加，农业用水量和工业用水量在总用水量中所占比例在逐年减少。

中运河区 2001 ～ 2016 年用水量结构变化情况见表 4-17，用水量趋势及用水结构见图 4-11。

表 4-17　中运河区用水量结构变化分析　（%）

年份	各行业用水占比			
	农业用水量	工业	生活	人工生态与环境补水量
2001	64.3	25.0	10.2	0.5
2002	75.5	15.6	8.5	0.4
2003	62.3	22.3	15.1	0.3
2004	62.6	21.5	15.6	0.3
2005	72.8	10.5	16.4	0.4
2006	70.1	11.4	18.0	0.5
2007	68.2	14.0	17.3	0.5
2008	67.2	14.1	18.3	0.4
2009	64.0	14.7	20.7	0.5
2010	63.8	14.1	21.2	0.9
2011	59.9	13.6	19.4	7.1
2012	58.2	14.4	21.2	6.2
2013	55.2	16.7	22.6	5.5
2014	57.2	15.3	23.3	4.3
2015	57.2	15.1	24.0	3.7
2016	54.8	15.0	24.6	5.6

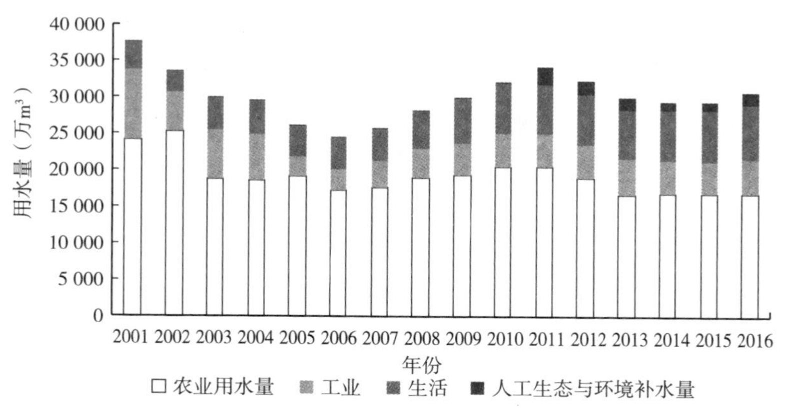

图 4-11　中运河区 2001 ～ 2016 年用水量趋势及用水结构图

4.3.2.2　沂沭河区用水量变化分析

沂沭河区 2001 ～ 2016 年平均总用水量 133 989 万 m^3，其中农业用水 96 884 万 m^3，占总用水量的 72.3%；工业用水 14 644 万 m^3，占总用水量的 10.9%；生活用水量 18 958 万 m^3，占总用水量的 14.1%，人工生态与环境补水量 3 503 万 m^3，占总用水量的 2.6%。沂沭河区 2001 ～ 2016 年总用水量呈减少趋势，年均增长率为 –1.6%，其中农业用水、工业用水、生活用水、人工生态与环境补水量的年均增长率分别为 –2.9%、–3.4%、4.8%、12.2%。人工生态与环境补水量增长最快，其次为生活用水量，农业用水量和工业用水量呈减少趋势。沂沭河区 2001 ～ 2016 年用水量见表 4-18。

表 4-18　沂沭河区 2001 ～ 2016 年用水量　（单位：万 m^3）

年份	农业	工业	生活	人工生态与环境补水量	总用水量
2001	135 849	24 089	13 178	1 401	174 517
2002	118 606	16 924	12 083	1 087	148 700
2003	79 222	16 865	15 059	448	111 594
2004	101 550	13 955	15 799	565	131 869
2005	100 369	10 678	16 097	579	127 723
2006	103 034	11 583	15 779	723	131 119
2007	95 473	13 183	17 846	686	127 188
2008	93 558	12 779	18 512	1 169	126 018
2009	95 507	12 849	19 014	1 354	128 724
2010	91 756	13 255	20 718	1 471	127 200
2011	91 822	14 066	21 065	16 021	142 974
2012	97 234	14 287	22 044	6 800	140 365
2013	89 923	14 819	23 163	4 860	132 765
2014	82 069	15 700	23 002	5 668	126 439
2015	86 759	14 893	23 507	5 323	130 482
2016	87 410	14 380	26 468	7 891	136 149
平均	96 884	14 644	18 958	3 503	133 989

2001 ～ 2016 年沂沭河区农业、工业、生活、生态环境四大主要用水组成的结构发生了显著的变化，农业用水占用水总量的比例由 2001 年的 77.8% 下降至 2016 年的 64.2%；工业用水占用水总量的比例由 2001 年的 13.8% 下降至 2016 年的 10.6%；生活用水占用水总量的比例由 2001 年的 7.6% 上升至 2016 年的 19.4%；人工生态与环境补水量占用水总量的比例由 2001 年的 0.8% 上升至 2016 年的 5.8%。生活用水量和人工生态与环境补水量在总用水量中所占比例正在逐年增加，农业用水量和工业用水量在总用水量中所占比例在逐年减少。

沂沭河区 2001 ～ 2016 年用水量结构变化见表 4-19，用水量趋势及用水结构见图 4-12。

表 4-19　沂沭河区用水量结构变化分析　（%）

年份	各行业用水占比			
	农业用水量	工业	生活	人工生态与环境补水量
2001	77.8	13.8	7.6	0.8
2002	79.8	11.4	8.1	0.7
2003	71.0	15.1	13.5	0.4

续表 4-19

年份	各行业用水占比			
	农业用水量	工业	生活	人工生态与环境补水量
2004	77.0	10.6	12.0	0.4
2005	78.6	8.4	12.6	0.5
2006	78.6	8.8	12.0	0.6
2007	75.1	10.4	14.0	0.5
2008	74.2	10.1	14.7	0.9
2009	74.2	10.0	14.8	1.1
2010	72.1	10.4	16.3	1.2
2011	64.2	9.8	14.7	11.2
2012	69.3	10.2	15.7	4.8
2013	67.7	11.2	17.4	3.7
2014	64.9	12.4	18.2	4.5
2015	66.5	11.4	18.0	4.1
2016	64.2	10.6	19.4	5.8

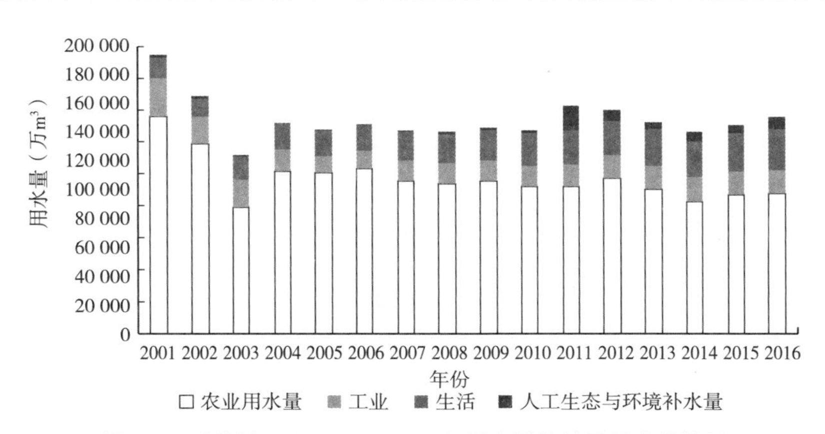

图 4-12　沂沭河区 2001 ～ 2016 年用水量趋势及用水结构图

4.3.2.3　日赣区用量变化分析

日赣区 2001 ～ 2016 年平均总用水量 8 795 万 m³，其中农业用水 6 795 万 m³，占总用水量的 77.3%；工业用水 584 万 m³，占总用水量的 6.6%；生活用水量 1 158 万 m³，占总用水量的 13.2%，人工生态与环境补水量 258 万 m³，占总用水量的 2.9%。日赣区 2001 ～ 2016 年总用水量呈减少趋势，年均增长率为 –1.4%，2003 年用水量降幅明显，之后呈起伏增长趋势。2001 ～ 2016 年农业用水、工业用水、生活用水、人工生态与环境补水的年均增长率分别为 –2.8%、0.6%、3.3%、17.8%。人工生态与环境补水量增长最快，其次为生活用水量，农业用水量呈减少趋势，工业用水量基本保持稳定。日赣区 2001 ～ 2016 年用水量见表 4-20。

表 4-20 日赣区 2001 ～ 2016 年用水量 （单位：万 m^3）

年份	农业	工业	生活	人工生态与环境补水量	总用水量
2001	10 355	914	984	45	12 298
2002	6 272	613	969	29	7 883
2003	1 918	563	902	3	3 386
2004	5 668	527	937	4	7 136
2005	8 758	438	950	5	10 151
2006	6 415	404	971	5	7 795
2007	6 809	310	971	5	8 095
2008	7 578	386	978	5	8 947
2009	7 915	339	1 233	5	9 492
2010	6 441	737	1 189	11	8 378
2011	6 526	573	1 235	975	9 309
2012	7 762	479	1 324	778	10 343
2013	6 710	506	1 414	648	9 278
2014	5 896	615	1 413	555	8 479
2015	6 935	941	1 472	526	9 874
2016	6 762	1 005	1 592	521	9 880
平均	6 795	584	1 158	258	8 795

2001 ～ 2016 年日赣区主要用水组成结构发生了明显变化，农业用水占用水总量的比例由 2001 年的 84.2% 下降至 2016 年的 68.4%；工业用水占用水总量的比例由 2001 年的 7.4% 上升至 2016 年的 10.2%；生活用水占用水总量的比例由 2001 年的 8.0% 上升至 2016 年的 16.1%；人工生态与环境补水量占用水总量的比例由 2001 年的 0.4% 上升至 2016 年的 5.3%。生活用水量、工业用水量、人工生态与环境补水量占比正在逐年增加，农业用水量占比在逐年减少。

日赣区 2001 ～ 2016 年用水量结构变化见表 4-21，用水量趋势及用水结构见图 4-13。

表 4-21 日赣区用水量结构变化分析 （%）

年份	各行业用水占比			
	农业用水量	工业	生活	人工生态与环境补水量
2001	84.2	7.4	8.0	0.4
2002	79.6	7.8	12.3	0.4
2003	56.6	16.6	26.6	0.1
2004	79.4	7.4	13.1	0.1
2005	86.3	4.3	9.4	0

续表 4-21

年份	各行业用水占比			
	农业用水量	工业	生活	人工生态与环境补水量
2006	82.3	5.2	12.5	0.1
2007	84.1	3.8	12.0	0.1
2008	84.7	4.3	10.9	0.1
2009	83.4	3.6	13.0	0.1
2010	76.9	8.8	14.2	0.1
2011	70.1	6.2	13.3	10.5
2012	75.0	4.6	12.8	7.5
2013	72.3	5.5	15.2	7.0
2014	69.5	7.3	16.7	6.5
2015	70.2	9.5	14.9	5.3
2016	68.4	10.2	16.1	5.3

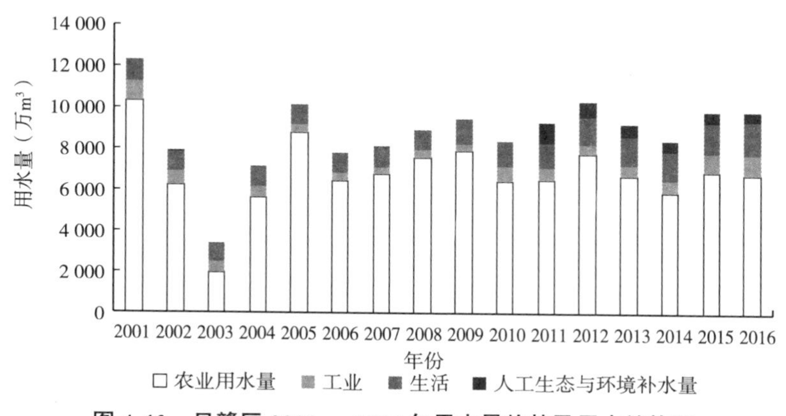

图 4-13　日赣区 2001 ～ 2016 年用水量趋势及用水结构图

4.3.2.4　潍弥白浪区用水量变化分析

潍弥白浪区 2001 ～ 2016 年平均总用水量 1 615 万 m^3，其中农业用水 1 136 万 m^3，占总用水量的 70.3%；工业用水 203 万 m^3，占总用水量的 12.6%；生活用水量 244 万 m^3，占总用水量的 15.1%，人工生态与环境补水量 33 万 m^3，占总用水量的 2.0%。潍弥白浪区 2001 ～ 2016 年总用水量呈上升趋势，年均增长率为 2.0%，其中农业用水、工业用水、生活用水、人工生态与环境补水量的年均增长率分别为 1.4%、0.7%、5.2%、8.5%。人工生态与环境补水量增长最快，其次为生活用水量，农业用水量和工业用水量基本保持稳定。潍弥白浪区 2001 ～ 2016 年用水量见表 4-22。

2001 ～ 2016 年潍弥白浪区主要用水组成的结构发生了显著的变化，农业用水占用水总量的比例由 2001 年的 73.5% 下降至 2016 年的 66.8%；工业用水占用水总量的比例由 2001 年的 13.2% 下降至 2016 年的 10.9%；生活用水占用水总量的比例由 2001 年的 12.0% 上升至 2016 年的 18.9%；人工生态与环境补水量占用水总量的比例由 2001 年的

1.4% 上升至 2016 年的 3.4%。生活用水量、人工生态与环境补水量在总用水量中所占比例正在逐年增加，农业用水量、工业用水量在总用水量中所占比例在逐年减少。

表 4-22 潍弥白浪区 2001 ～ 2016 年用水量 （单位：万 m^3）

年份	农业	工业	生活	人工生态与环境补水量	总用水量
2001	1 090	196	177	20	1 483
2002	989	187	158	21	1 355
2003	980	214	184	0	1 378
2004	952	160	185	20	1 317
2005	754	151	199	16	1 120
2006	1 089	156	201	16	1 462
2007	1 117	150	198	0	1 465
2008	662	158	214	0	1 034
2009	690	179	236	0	1 105
2010	1 485	201	293	3	1 982
2011	1 479	213	293	110	2 095
2012	1 600	223	295	97	2 215
2013	1 408	248	296	46	1 998
2014	1 137	321	294	32	1 784
2015	1 408	275	294	70	2 047
2016	1 341	217	379	69	2 006
平均	1 136	203	244	33	1 615

潍弥白浪区 2001 ～ 2016 年用水量结构变化见表 4-23，用水量趋势及用水结构见图 4-14。

表 4-23 潍弥白浪区用水量结构变化分析 （%）

年份	各行业用水占比			
	农业用水量	工业	生活	人工生态与环境补水量
2001	73.5	13.2	12.0	1.4
2002	73.1	13.8	11.6	1.5
2003	71.1	15.5	13.4	0
2004	72.3	12.1	14.1	1.5
2005	67.3	13.5	17.8	1.4
2006	74.4	10.7	13.8	1.1
2007	76.2	10.2	13.5	0
2008	64.0	15.3	20.7	0
2009	62.5	16.1	21.4	0

续表 4-23

年份	各行业用水占比			
	农业用水量	工业	生活	人工生态与环境补水量
2010	74.9	10.1	14.8	0.2
2011	70.6	10.2	14.0	5.2
2012	72.2	10.1	13.3	4.4
2013	70.5	12.4	14.8	2.3
2014	63.7	18.0	16.5	1.8
2015	68.8	13.4	14.4	3.4
2016	66.8	10.9	18.9	3.4

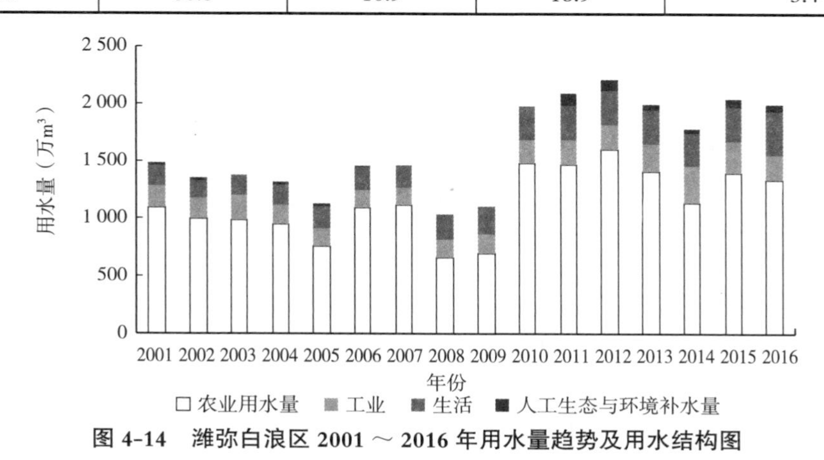

图 4-14　潍弥白浪区 2001 ～ 2016 年用水量趋势及用水结构图

4.3.3　用水消耗量

临沂市 2001 ～ 2016 年平均用水消耗量 118 807 万 m³，平均耗水率 68.0%。其中，农业用水平均消耗量 88 745 万 m³，平均耗水率 71.6%；工业用水平均消耗量 9 231 万 m³，平均耗水率 45.5%；生活用水平均消耗量 17 945 万 m³，平均耗水率 69.2%，人工生态与环境补水量平均消耗量 2 886 万 m³，平均耗水率 63.9%，详见表 4-24。

表 4-24　临沂市 2001 ～ 2016 年平均用水消耗量

年份	农业		工业		生活		人工生态与环境补水量		总耗水量	
	耗水率（%）	耗水量（万 m³）	耗水率（%）	耗水量（万 m³）	耗水率（%）	耗水量（万 m³）	耗水率（%）	耗水量（万 m³）	耗水率（%）	耗水量（万 m³）
2001	69.9	119 869	43.7	15 122	78.9	14 333	50.5	834	66.5	150 158
2002	62.9	95 132	48.6	11 154	80.0	12 865	46.6	588	62.5	119 739
2003	69.9	70 442	48.3	11 764	75.1	15 523	50.0	268	66.9	97 997
2004	67.1	84 951	42.5	8 932	75.9	16 353	78.7	539	65.2	110 775
2005	69.6	89 688	41.7	5 847	80.1	17 252	52.6	367	68.5	113 154

续表 4-24

年份	农业		工业		生活		人工生态与环境补水量		总耗水量	
	耗水率（%）	耗水量（万 m^3）	耗水率（%）	耗水量（万 m^3）	耗水率（%）	耗水量（万 m^3）	耗水率（%）	耗水量（万 m^3）	耗水率（%）	耗水量（万 m^3）
2006	73.0	93 330	47.4	7 091	73.7	15 745	67.5	584	70.8	116 750
2007	72.2	87 391	52.8	9 108	79.4	18 653	78.3	645	71.2	115 796
2008	72.1	87 110	45.7	7 902	71.3	17 729	47.6	613	69.0	113 354
2009	70.1	86 546	44.5	7 926	71.3	19 062	59.9	909	67.5	114 443
2010	73.1	87 860	43.0	8 044	70.0	20 335	58.8	1 051	69.1	117 290
2011	74.3	89 351	44.1	8 603	66.5	19 418	71.6	13 990	69.7	131 362
2012	74.9	94 005	44.5	8 735	66.2	20 224	59.6	5 769	69.5	128 733
2013	74.8	85 791	46.7	9 622	64.3	20 374	65.8	4 754	69.2	120 542
2014	76.4	80 955	45.0	9 522	64.9	20 498	63.9	4 802	69.6	115 777
2015	74.4	83 359	43.6	8 961	56.0	18 125	62.1	4 352	66.8	114 798
2016	74.8	84 145	46.2	9 360	57.3	20 634	59.9	6 104	67.2	120 243
平均	71.6	88 745	45.5	9 231	69.2	17 945	63.9	2 886	68.0	118 807

4.3.3.1 中运河区用水消耗量

中运河区 2001 ～ 2016 年平均用水消耗量 20 489 万 m^3，平均耗水率 67.7%。其中农业用水平均消耗量 13 489 万 m^3，平均耗水率 70.5%；工业用水平均消耗量 2 265 万 m^3，平均耗水率 46.6%；生活用水平均消耗量 4 310 万 m^3，平均耗水率 77.4%，人工生态与环境补水量平均消耗量 426 万 m^3，平均耗水率 58.7%，详见表 4-25。

表 4-25　中运河区 2001 ～ 2016 年平均用水消耗量

年份	农业		工业		生活		人工生态与环境补水量		总耗水量	
	耗水率（%）	耗水量（万 m^3）	耗水率（%）	耗水量（万 m^3）	耗水率（%）	耗水量（万 m^3）	耗水率（%）	耗水量（万 m^3）	耗水率（%）	耗水量（万 m^3）
2001	70.7	17 119	33.7	3 180	85.9	3 295	58.2	107	62.9	23 702
2002	60.5	15 337	46.0	2 409	90.1	2 579	48.5	61	60.7	20 386
2003	67.9	12 708	55.1	3 697	84.4	3 817	46.1	40	67.5	20 261
2004	66.3	12 269	51.6	3 285	84.0	3 884	75.1	72	65.9	19 511
2005	68.0	12 965	33.1	908	87.7	3 758	58.7	57	67.5	17 687
2006	74.5	12 841	43.6	1 222	82.2	3 632	64.6	79	72.3	17 774
2007	70.2	12 346	48.6	1 755	86.8	3 888	73.1	97	70.1	18 086
2008	69.9	13 274	43.4	1 725	81.6	4 214	64.4	73	68.3	19 287
2009	67.5	13 003	43.4	1 927	79.4	4 957	59.0	93	66.4	19 981
2010	71.9	14 784	47.9	2 172	79.0	5 405	56.5	171	69.9	22 531
2011	73.3	15 026	48.1	2 244	72.8	4 825	64.0	1 556	69.1	23 652
2012	73.9	13 942	49.2	2 293	72.7	5 008	56.0	1 120	69.0	22 363

续表 4-25

年份	农业		工业		生活		人工生态与环境补水量		总耗水量	
	耗水率（%）	耗水量（万 m³）	耗水率（%）	耗水量（万 m³）	耗水率（%）	耗水量（万 m³）	耗水率（%）	耗水量（万 m³）	耗水率（%）	耗水量（万 m³）
2013	73.6	12 217	55.3	2 776	70.1	4 772	56.4	942	68.8	20 706
2014	74.3	12 539	49.3	2 224	71.7	4 934	55.5	701	69.1	20 397
2015	74.7	12 603	48.7	2 159	65.4	4 624	60.7	664	68.0	20 050
2016	76.0	12 854	48.6	2 257	70.7	5 366	57.0	977	69.5	21 454
平均	70.5	13 489	46.6	2 265	77.4	4 310	58.7	426	67.7	20 489

4.3.3.2　沂沭河区用水消耗量

沂沭河区 2001 ～ 2016 年平均用水消耗量 91 523 万 m³，平均耗水率 68.3%。其中，农业用水平均消耗量 69 819 万 m³，平均耗水率 72.1%；工业用水平均消耗量 6 835 万 m³，平均耗水率 46.7%；生活用水平均消耗量 12 629 万 m³，平均耗水率 66.6%，人工生态与环境补水量平均消耗量 2 240 万 m³，平均耗水率 63.9%，详见表 4-26。

表 4-26　中运河区 2001 ～ 2016 年平均用水消耗量

年份	农业		工业		生活		人工生态与环境补水量		总耗水量	
	耗水率（%）	耗水量（万 m³）	耗水率（%）	耗水量（万 m³）	耗水率（%）	耗水量（万 m³）	耗水率（%）	耗水量（万 m³）	耗水率（%）	耗水量（万 m³）
2001	70.3	95 460	48.7	11 737	77.6	10 220	48.4	678	67.7	118 095
2002	63.5	75 367	50.7	8 586	78.1	9 434	45.0	489	63.1	93 877
2003	70.1	55 496	47.2	7 960	72.1	10 853	50.5	226	66.8	74 534
2004	67.1	68 099	39.8	5 557	73.4	11 601	79.2	447	65.0	85 705
2005	70.0	70 294	45.2	4 823	78.2	12 582	51.5	299	68.9	87 998
2006	73.1	75 303	50.0	5 790	71.0	11 210	68.3	493	70.8	92 797
2007	72.9	69 598	55.3	7 284	77.8	13 878	79.2	543	71.8	91 302
2008	72.8	68 137	47.7	6 098	68.2	12 619	45.8	535	69.3	87 388
2009	70.8	67 573	46.1	5 921	68.3	12 981	59.9	811	67.8	87 287
2010	73.6	67 494	43.4	5 749	66.8	13 846	59.1	869	69.1	87 958
2011	74.8	68 728	44.4	6 245	64.0	13 484	72.4	11 592	70.0	100 049
2012	75.6	73 460	44.2	6 321	63.7	14 032	58.5	3 981	69.7	97 795
2013	75.6	67 949	45.2	6 699	62.1	14 382	67.6	3 283	69.5	92 313
2014	77.3	63 462	45.3	7 119	62.4	14 351	64.2	3 638	70.0	88 569
2015	74.9	65 016	44.2	6 584	53.1	12 490	60.9	3 242	66.9	87 332
2016	75.1	65 668	47.9	6 887	53.3	14 095	59.7	4 711	67.1	91 361
平均	72.1	69 819	46.7	6 835	66.6	12 629	63.9	2 240	68.3	91 523

4.3.3.3 日赣区消耗量

日赣区 2001 ～ 2016 年平均用水消耗量 5 726 万 m^3，平均耗水率 65.1%。其中，农业用水平均消耗量 4 621 万 m^3，平均耗水率 68.0%；工业用水平均消耗量 82 万 m^3，平均耗水率 14.0%；生活用水平均消耗量 817 万 m^3，平均耗水率 70.5%；人工生态与环境补水量平均消耗量 206 万 m^3，平均耗水率 80.1%，详见表 4-27。

表 4-27 日赣区 2001 ～ 2016 年平均用水消耗量

年份	农业		工业		生活		人工生态与环境补水量		总耗水量	
	耗水率（%）	耗水量（万 m^3）	耗水率（%）	耗水量（万 m^3）	耗水率（%）	耗水量（万 m^3）	耗水率（%）	耗水量（万 m^3）	耗水率（%）	耗水量（万 m^3）
2001	62.5	6 473	12.9	118	69.1	680	89.7	40	59.4	7 310
2002	61.7	3 867	15.3	94	76.4	740	86.6	25	60.0	4 726
2003	79.7	1 529	11.5	65	77.8	702	83.5	3	67.9	2 298
2004	68.4	3 879	11.1	58	76.4	716	89.2	3	65.3	4 657
2005	67.0	5 869	11.0	48	78.2	743	89.9	4	65.7	6 664
2006	68.3	4 383	11.7	47	75.8	737	89.7	5	66.3	5 172
2007	67.8	4 616	12.3	38	75.7	735	89.6	5	66.6	5 393
2008	68.7	5 205	12.2	47	74.7	730	88.9	5	66.9	5 987
2009	68.9	5 453	11.8	40	76.3	942	88.9	5	67.8	6 440
2010	70.4	4 532	10.5	78	72.1	857	89.5	10	65.4	5 476
2011	69.8	4 553	12.6	72	71.3	880	81.8	798	67.7	6 303
2012	70.1	5 442	15.8	76	72.1	955	80.9	630	68.7	7 102
2013	68.6	4 601	19.0	96	70.1	992	78.8	510	66.8	6 200
2014	70.1	4 135	16.1	99	69.9	988	81.1	450	66.9	5 672
2015	68.4	4 744	16.9	159	53.6	789	79.7	419	61.9	6 111
2016	68.8	4 655	16.9	170	55.8	888	74.6	389	61.7	6 101
平均	68.0	4 621	14.0	82	70.5	817	80.1	206	65.1	5 726

4.3.3.4 潍弥白浪区消耗量

潍弥白浪区 2001 ～ 2016 年平均用水消耗量 1 069 万 m^3，平均耗水率 66.2%。其中，农业用水平均消耗量 816 万 m^3，平均耗水率 71.8%；工业用水平均消耗量 50 万 m^3，平均耗水率 24.6%；生活用水平均消耗量 190 万 m^3，平均耗水率 77.8%；人工生态与环境补水量平均消耗量 14 万 m^3，平均耗水率 42.6%，详见表 4-28。

表 4-28　潍弥白浪区 2001 ～ 2016 年平均用水消耗量

年份	农业		工业		生活		人工生态与环境补水量		总耗水量	
	耗水率（%）	耗水量（万 m^3）	耗水率（%）	耗水量（万 m^3）	耗水率（%）	耗水量（万 m^3）	耗水率（%）	耗水量（万 m^3）	耗水率（%）	耗水量（万 m^3）
2001	75.0	817	45.0	88	77.7	138	42.0	8	70.9	1 052
2002	56.6	561	34.7	65	70.8	111	59.8	12	55.3	749
2003	72.4	709	20.0	43	81.9	151	40.0	0	65.5	903
2004	73.9	703	20.0	32	81.7	151	79.9	16	68.5	903
2005	74.3	560	44.7	68	84.9	169	43.9	7	71.7	804
2006	73.7	802	20.5	32	82.3	165	43.9	7	68.8	1 007
2007	74.4	831	20.5	31	76.6	152	40.0	0	69.2	1 014
2008	74.6	494	20.6	32	77.5	166	40.0	0	67.0	692
2009	74.9	516	20.8	37	77.0	182	40.0	0	66.6	735
2010	70.7	1 051	22.6	45	77.9	228	40.0	1	66.9	1 325
2011	70.6	1 044	20.0	43	78.0	229	40.0	44	64.9	1 359
2012	72.6	1 161	20.0	45	77.9	230	40.0	39	66.6	1 474
2013	72.8	1 024	20.6	51	77.2	228	40.1	19	66.2	1 322
2014	72.0	819	25.2	81	76.5	225	39.9	13	63.8	1 138
2015	70.8	997	21.5	59	75.3	222	39.8	28	63.8	1 306
2016	72.2	968	21.5	47	75.4	286	39.8	27	66.2	1 328
平均	71.8	816	24.6	50	77.8	190	42.6	14	66.2	1 069

4.4　用水效率与开发利用程度

4.4.1　用水水平

2016 年临沂市总人口 1 044.3 万人，人均综合用水量为 171.3 m^3。其中城镇人口 583.1 万人，城镇生活用水量为 1.622 7 亿 m^3，城镇公共用水量为 0.712 0 亿 m^3，城镇综合用水量为 2.334 7 亿 m^3，人均综合用水定额 109.7 L/（人 · d）；农村人口 461.2 万人，农村生活用水量为 1.267 8 亿 m^3，人均综合用水定额 75.3 L/（人·d）。2016 年全市工业增加值 1 437.91 亿元，工业总用水量为 2.024 1 亿 m^3，万元地区生产总值用水量 44.4 m^3/ 万元。工业万元增加值取水量为 14 m^3/ 万元。2012 年全市实灌面积 521.88 万亩，农业灌溉用水量 9.395 2 亿 m^3，毛灌溉定额为 208m^3/ 亩。2010 ～ 2016 年临沂市用水水平变化趋势见表 4-29，用水水平变化趋势如图 4-15 所示。

表 4-29　2010 ～ 2016 年临沂市用水水平变化趋势

年份	总用水量（万 m^3）	人均用水量（m^3/ 人）	单位国内生产总值用水量（m^3/ 万元）	城镇生活（m^3/ 人）	农村生活（m^3/ 人）	万元工业增加值用水量（m^3/ 万元）	农田灌溉亩均用水量（m^3/ 亩）
2010	169 793	158	76	140	49	15	306
2011	188 597	174	68	175	49	14	260
2012	185 330	168	62	154	49	12	260
2013	174 129	161	32	180	54	11	259
2014	166 243	149	45	151	50	11	203
2015	171 866	167	46	114	53	9	204
2016	178 888	171	44	110	75	14	208

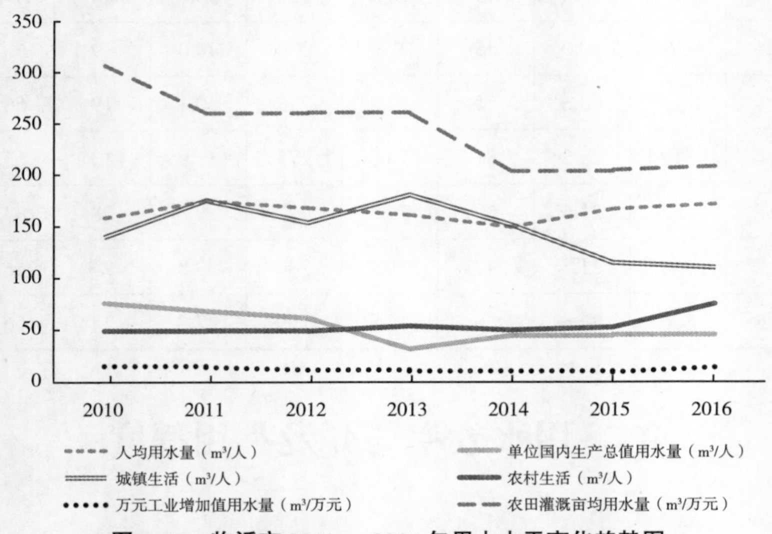

图 4-15　临沂市 2010 ～ 2016 年用水水平变化趋势图

从表 4-29 中可以看出，临沂市人均用水量增加趋势不稳定，2014 年人均用水量相对较低，整体呈增长趋势。单位国内生产总值用水量整体呈下降趋势。万元工业增加值用水量整体较为平稳。城镇生活人均用水量呈下降趋势，农村生活人均用水量呈上升趋势。农田灌溉亩均用水量整体呈下降趋势，其中 2014 年下降较为明显。

4.4.2　开发利用程度

临沂市多年平均水资源量 530 340 万 m^3，2010 ～ 2016 年时段平均年供水量 176 407 万 m^3，水资源开发利用率为 33.3%。临沂市多年平均地表水资源量 445 588 万 m^3，2010 ～ 2016 年时段地表水平均年供水量 127 015 万 m^3，地表水资源开发利用率为 28.5%。临沂市多年平均地下水资源量 194 493 万 m^3，2010 ～ 2016 年时段地下水平均年供水量 48 100 万 m^3，地下水资源开发利用率为 24.7%。临沂市水资源开发利用还有较大潜力。临沂市分区水资源开发利用程度见表 4-30。

表 4-30　临沂市分区水资源开发利用程度

水资源三级区	水资源量（万 m^3）			年平均供水量（万 m^3）			开发利用率（%）		
	水资源总量	地表水	地下水	总供水量	地表水	地下水	水资源总量	地表水	地下水
中运河区	89 701	70 201	31 528	31 257	19 744	11 417	34.8	28.1	36.2
沂沭河区	413 672	349 071	153 515	133 768	98 013	34 775	32.3	28.1	22.7
日赣区	20 268	20 066	7 251	9 363	7 771	1 401	46.2	38.7	19.3
潍弥白浪区	6 698	6 250	2 198	2 018	1 486	508	30.1	23.8	23.1
全市	530 340	445 588	194 493	176 407	127 015	48 100	33.3	28.5	24.7

第5章　水生态调查评价

根据《全国水资源调查评价技术细则》《全省水资源调查评价技术细则》的要求，水生态调查评价部分主要包括河流水生态调查、湖泊湿地水生态调查以及地下水超采状况调查等内容，根据临沂市实际情况，仅有河流水生态调查部分。本章主要通过分析河道内径流情势变化、河道断流情况以及河流水域岸线侵占等情况，评价河流水生态状况及其变化原因。

5.1　河　流

5.1.1　河川径流变化

5.1.1.1　评价代表站选取

本次评价主要选择流域面积1 000 km^{2}以上、主要控制断面数据支撑较好的河流相应的代表站，选择1956～2016年河道内天然、实测径流量资料以及在全年、汛期和非汛期实测径流资料（成果来源于临沂市本次地表水章节评价的单站历年径流量成果）作为计算的基础数据，包括沂河、沭河、东汶河、祊河、西泇河共5条河流的8个代表站，汛期为6～9月，各代表站基本情况见表5-1。

表5-1　评价流域主要代表站基本情况

河流名称	流域面积（km^2）	站点名称	地理位置
沂河	11 470	跋山水库	临沂市沂水县沂城街道跋山水库
		葛沟	临沂市河东区汤头街道葛沟村
		临沂	临沂市河东区冠亚星城
沭河	5 175	沙沟水库	临沂市沂水县沙沟镇沙沟水库
		大官庄	临沂市临沭县石门镇大官庄
东汶河	2 427	岸堤水库	临沂市蒙阴县垛庄镇岸堤水库
祊河	3 379	角沂	临沂市兰山区兰山街道沟上村
西泇河	783	会宝岭水库	临沂市兰陵县尚岩镇会宝岭水库

5.1.1.2　年径流量变化分析

根据临沂市本次地表水专题评价单站历年逐月径流量成果，分析汇总形成临沂市主要河流断面1956～2000年、2001～2016年以及1956～2016年3个系列天然径流量与实测径流量系列成果，见表 5-2、表 5-3。

表 5-2　代表站多年平均天然径流量统计　（单位：万 m^3）

站名	多年平均天然径流量		
	1956 ～ 2000 年	2001 ～ 2016 年	1956 ～ 2016 年
跋山水库	45 905	38 868	44 059
葛沟	142 553	137 853	141 234
临沂	271 126	258 391	267 672
沙沟水库	3 922	2 952	3 667
大官庄	127 096	100 964	120 242
岸堤水库	43 960	48 197	45 149
角沂	87 634	80 408	85 640
会宝岭水库	14 607	12 353	13 963

表 5-3　代表站多年平均实测径流量统计　（单位：万 m^3）

站名	多年平均实测径流量		
	1956 ～ 2000 年	2001 ～ 2016 年	1956 ～ 2016 年
跋山水库	40 458	35 288	39 007
葛沟	104 419	79 746	97 493
临沂	193 362	170 353	187 122
沙沟水库	3 603	2 856	3 386
大官庄	101 382	108 366	103 214
岸堤水库	40 260	41 885	40 716
角沂	62 610	59 010	61 617
会宝岭水库	11 948	10 597	11 562

由表 5-2，对比 1956 ～ 2000 年与 2001 ～ 2016 年、1956 ～ 2016 年 3 个系列多年平均天然径流量，结果表明岸堤水库站 2001 ～ 2016 年系列较 1956 ～ 2000 年系列天然径流量增长 9.6%，呈弱增长趋势；其他各代表站天然径流量均呈减少趋势，其中沭河沙沟水库、大官庄站 2001 ～ 2016 年系列较 1956 ～ 2000 年系列天然径流量分别减少 24.7%、20.6%，减少的趋势较为明显。

由表 5-3，对比 1956 ～ 2000 年与 2001 ～ 2016 年、1956 ～ 2016 年 3 个系列多年平均实测径流量，结果表明大官庄、岸堤水库站实测径流量 2001 ～ 2016 年系列较 1956 ～ 2000 年系列分别增长 6.9%、4.0%，呈增长趋势；其他代表站实测径流量呈减少趋势，其中葛沟站 2001 ～ 2016 年系列较 1956 ～ 2000 年系列减少 23.6%，减少幅度最大，其次是沙沟水库站减少 20.7%。

除大官庄站外，其他代表站的的实测径流量的变化规律与天然径流量的变化规律类似。

进一步绘制各代表站 1956 ～ 2016 年天然、实测径流量逐站对比图，见图 5-1 ～图 5-8。

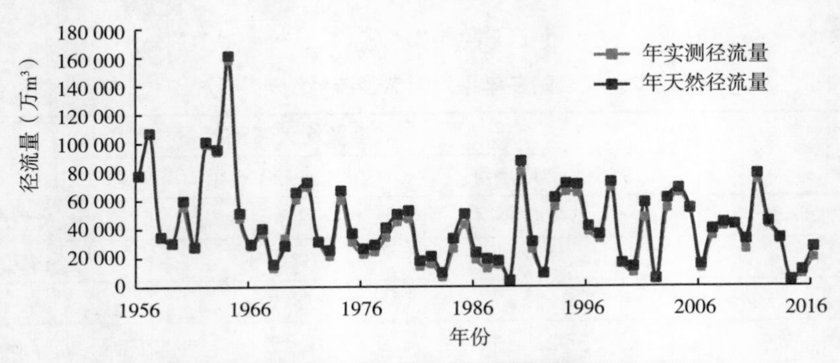

图 5-1　跋山水库站年天然、实测径流量系列对比图

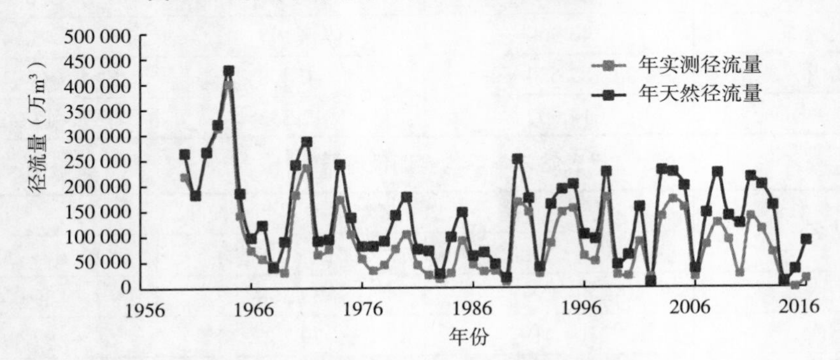

图 5-2　葛沟站年天然、实测径流量系列对比图

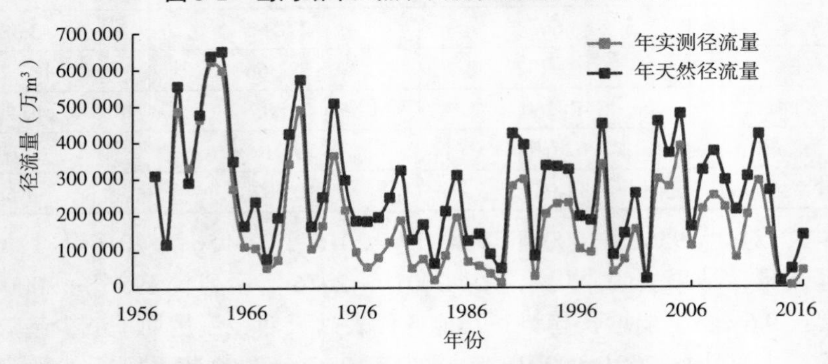

图 5-3　临沂站年天然、实测径流量系列对比图

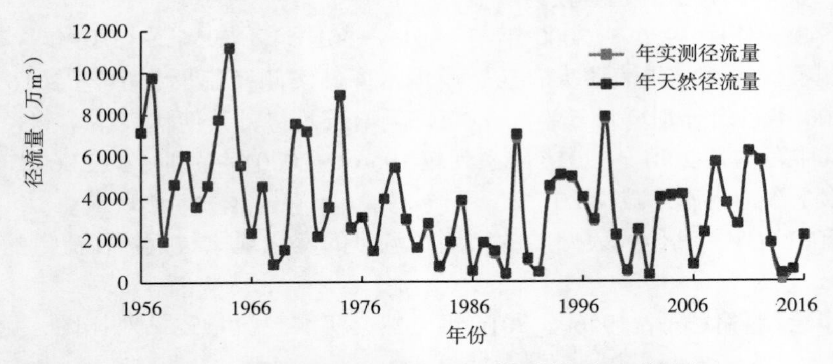

图 5-4　沙沟水库站年天然、实测径流量系列对比图

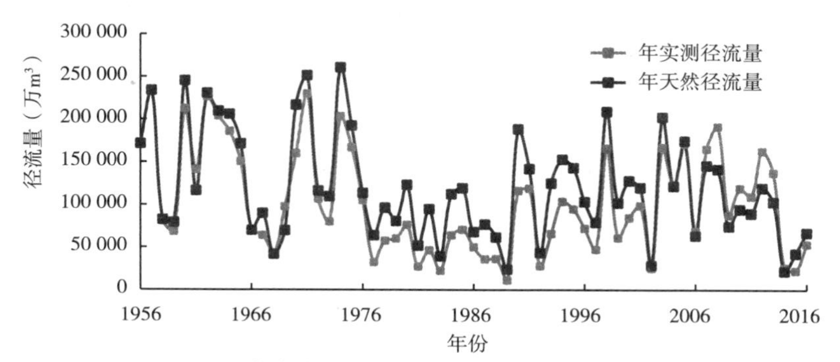

图 5-5 大官庄站年天然、实测径流量系列对比图

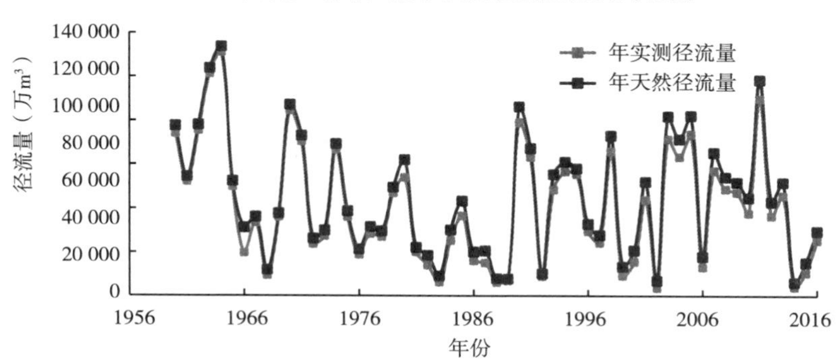

图 5-6 岸堤水库站年天然、实测径流量系列对比图

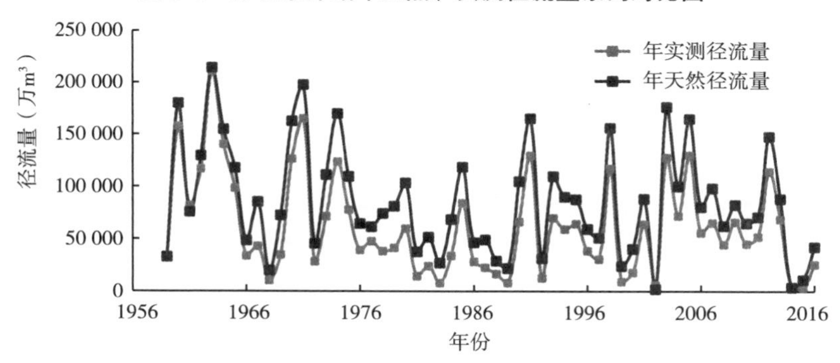

图 5-7 角沂站年天然、实测径流量系列对比图

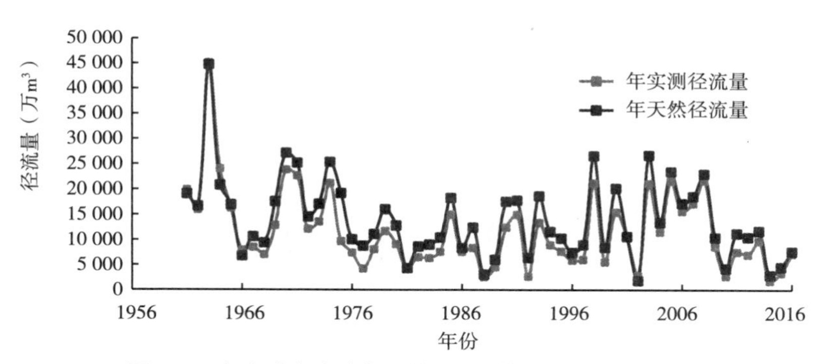

图 5-8 会宝岭水库站年天然、实测径流量系列对比图

由图 5-1 ～图 5-8 可知，各代表站天然与实测年径流量趋势基本类似。河流上游代表站，如沙沟、跋山、岸堤水库等站天然与实测年径流量趋势相似，年径流量数值差异也不大，年实测径流量占天然径流量的 90% 左右；下游代表站受人类活动因素影响，天然与实测年径流量趋势相似，但年径流量数值差异增大，年实测径流量占天然径流量的 75% 左右，葛沟站年实测径流量占天然径流量的比值最小，为 69%。

图 5-5 中，受人类活动因素主要是工程调水影响，大官庄站 2006 ～ 2014 年连续 9 年出现实测径流量大于天然径流量的情况，所以大官庄站 2001 ～ 2016 年系列较 1956 ～ 2000 年系列天然径流量减少，但是实测径流量反而呈现增长的现象。

不仅各代表站天然与实测年径流量变化趋势有差异，而且径流量的年内、年际变化也较大。对各代表站 1956 ～ 2016 年河道内全年、汛期和非汛期的实测径流量统计见表 5-4。

表 5-4 各代表站 1956 ～ 2016 年多年平均实测径流量统计 （单位：万 m^3）

站名	实测径流量		
	汛期	非汛期	全年
跋山水库	30 423	8 584	39 007
葛沟	75 193	22 300	97 493
临沂	148 554	38 568	187 122
沙沟水库	2 912	474	3 386
大官庄	79 829	23 369	103 198
岸堤水库	34 294	6 423	40 717
角沂	49 174	12 443	61 617
会宝岭水库	9 217	2 345	11 562

由表 5-4 可知，各代表站全年实测径流量主要来自汛期，汛期实测径流量占全年的 75% 左右，其中沙沟水库、岸堤水库站的汛期实测径流量占全年实测径流量的 80%，其他各站均不足 80%。

绘制各代表站实测径流系列在全年、汛期和非汛期的趋势变化图，见图 5-9 ～图 5-16。

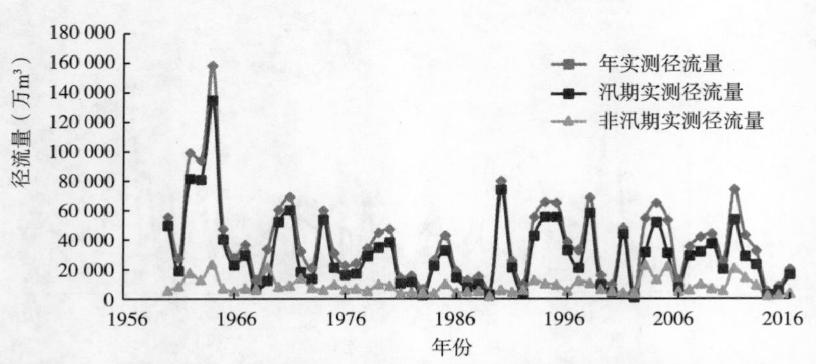

图 5-9 跋山水库站年实测径流系列全年、汛期和非汛期的趋势变化图

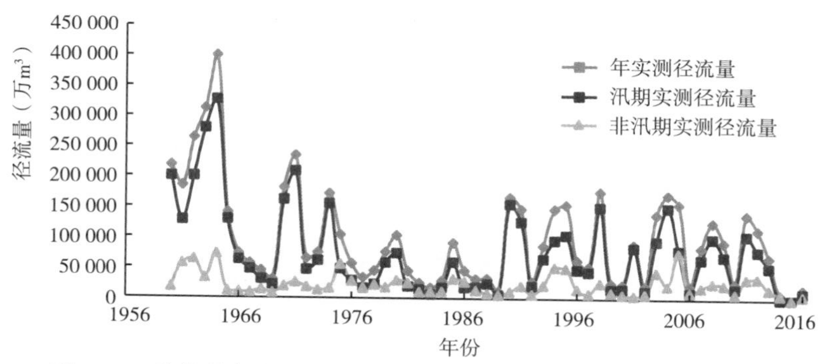

图 5-10 葛沟站年实测径流系列全年、汛期和非汛期的趋势变化图

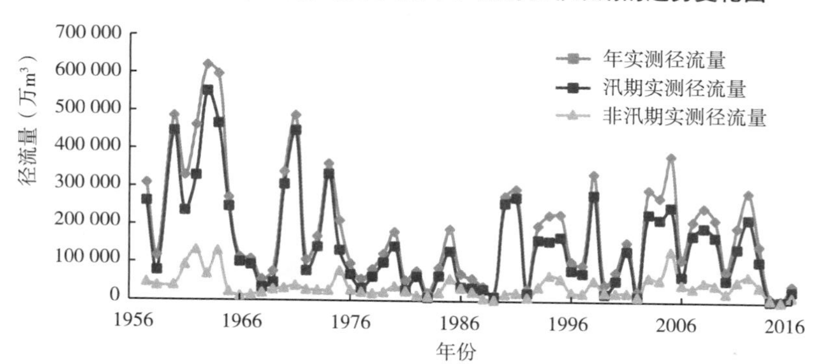

图 5-11 临沂站年实测径流系列全年、汛期和非汛期的趋势变化图

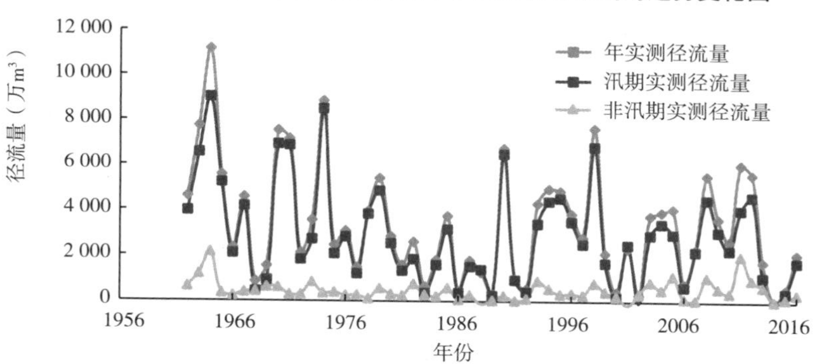

图 5-12 沙沟水库站年实测径流系列全年、汛期和非汛期的趋势变化图

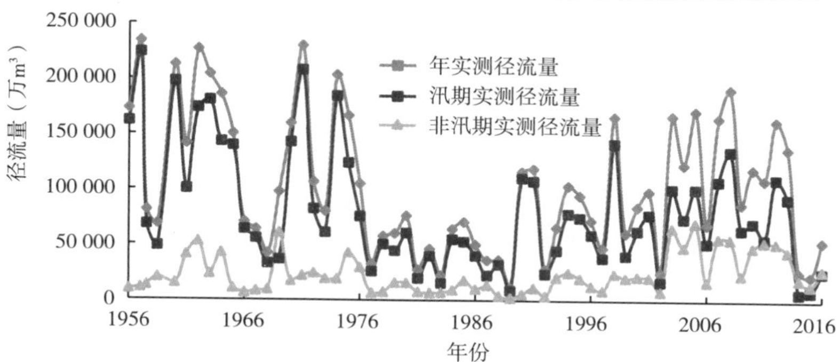

图 5-13 大官庄站年实测径流系列全年、汛期和非汛期的趋势变化图

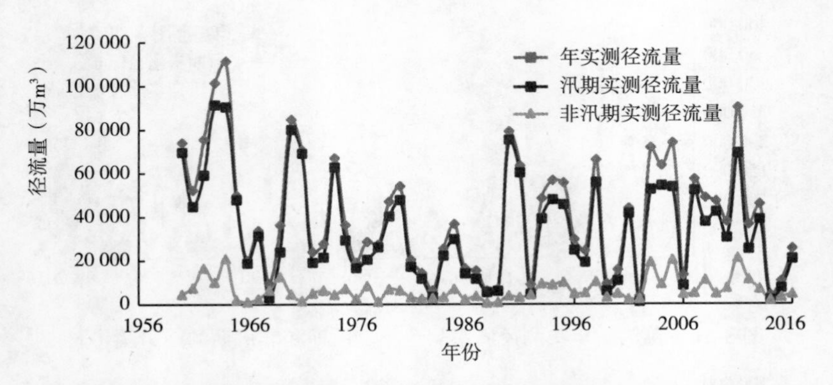

图 5-14　岸堤水库站年实测径流系列全年、汛期和非汛期的趋势变化图

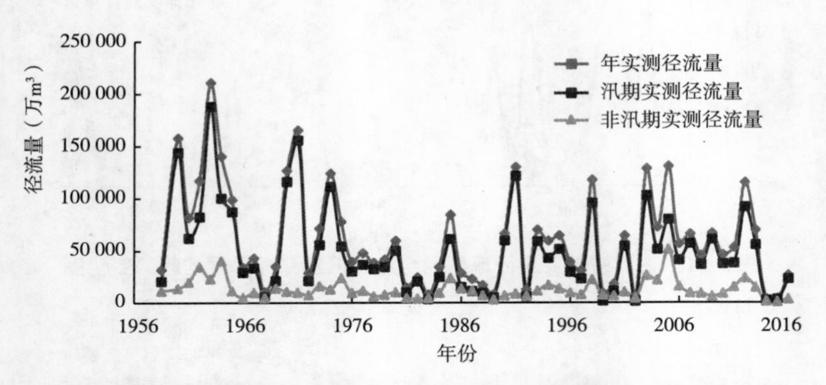

图 5-15　角沂站年实测径流系列全年、汛期和非汛期的趋势变化图

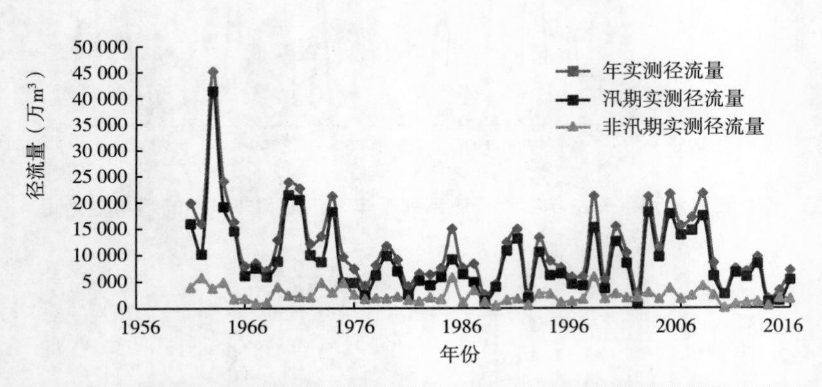

图 5-16　会宝岭水库站年实测径流系列全年、汛期和非汛期的趋势变化图

由图 5-9～图 5-16 可知，评价期内各代表站全年、汛期实测径流量变化特征趋势基本一致，全年实测径流量主要是来自汛期，但是大官庄站自 2002 年以来，汛期实测径流量占全年径流量的比例低，2014 年汛期实测径流量仅占全年的 26%，非汛期实测径流量增加。其他各站非汛期实测径流量变化幅度均较小，非汛期实测径流量一般占全年实测径流量的 25% 左右。

5.1.1.3　人类活动影响年径流量变化分析

人类活动对河川径流量的影响包括直接影响和间接影响。一般直接影响是指随着经济社会的发展，河道外引用消耗的水量不断增加，造成河川径流量的减少。间接影响即由于工农业生产、基础设施建设和水利工程措施改变了流域的下垫面条件，包括植被、土壤、水面、耕地、潜水位等因素，导致流域产汇流条件发生变化从而间接造成径流量的减少。产流方面人类活动主要是通过影响蒸散发、入渗等产流水量平衡要素来影响产流量，汇流方面人类活动主要是通过改变流域调蓄作用来影响径流过程的。

首先，自 20 世纪 50 年代以来，人们在沂沭河干流先后修建了大中型水库、拦河闸坝等水利工程拦蓄水量，导致下泄水量减少；另外人工开挖水道，河流之间调洪补枯，使河道实测流量不能反映天然径流。其次，随着经济和社会发展，人们在沂沭河流域取用水活动逐渐增强，河道外引用消耗的水量不断增加，也造成河川径流量减少；工农业生产、基础设施建设和生态环境建设改变了流域的下垫面条件（包括植被、土壤、水面、耕地、潜水位、气温升高的影响），导致入渗、径流、蒸散发等水平衡要素的变化，从而造成产流量的减少或增加。

5.1.2　断流情况

5.1.2.1　断流总体情况

本次调查评价中的河流断流（干涸）是指河流无水的情况，全市属湿润半湿润气候带，径流量的年内年际变化较大，河道自然条件下也有断流现象，在充分利用第二次水资源调查评价成果的基础上，采取走访调查、实际调研等方法，对流域面积 1 000 km^2 以上并且天然情况下有水的河流，调查分析河道断流情况。结果表明，临沂市水资源季节分配不均衡，冬春枯水期易造成断流，沂河水系比较发达，只有 1989 年出现断流现象，沭河在 1982 ～ 1999 年出现断流，最长断流河段长度 90 km，导致河流无水的情况主要是上游天然来水不足。2000 年以后没有断流现象。

5.1.2.2　主要河流断流情况

沂河河道 1989 年发生断流，最长断流河段位置在葛沟水文站，最长断流长度为 43 km，年断流天数 51 d，1990 年后未发生断流。

沭河河道最长断流河段位置在莒县—大官庄，分别在 1982 年、1984 年、1988 ～ 1990 年、1992 ～ 1993 年、1995 年、1999 年发生断流，年最长断流长度 90 km，年断流天数分别为 41 d、116 d、47 d、7 d、67 d、84 d、91 d、4 d、3 d；1997 年发生断流，石拉渊—大官庄河段发生断流，最长断流长度为 59.4 km，年断流天数为 13 d；2000 年后未发生断流。

临沂市河流断流（干涸）情况见表 5-5。临沂市主要河流断流（干涸）情况见图 5-17。

表 5-5　临沂市河流断流（干涸）情况

序号	河流名称	水资源二级区	水资源三级区	发生断流（干涸）年份	断流（干涸）次数	最长断流（干涸）河段位置	最长断流（干涸）河段长度（km）	年断流（干涸）天数（d）	断流（干涸）原因	备注
1	沂河	沂沭泗河	沂沭河区	1982	1	田庄—韩旺	60	2		第二次水资源调查评价成果
				1984	2	田庄—韩旺	60	9		第二次水资源调查评价成果
				1985	1	田庄—韩旺	60	5		第二次水资源调查评价成果
				1988	2	田庄—韩旺	60	14		第二次水资源调查评价成果
				1989	1	田庄—韩旺	60	7	上游天然来水不足	第二次水资源调查评价成果
					1	葛沟水文站	43	51	上游天然来水不足	
2	沭河	沂沭泗河	沂沭河区	1982	1	莒县—大官庄	90	41		第二次水资源调查评价成果
				1984	1	莒县—大官庄	90	116		第二次水资源调查评价成果
				1988	1	莒县—大官庄	90	47		第二次水资源调查评价成果
				1989	1	莒县—大官庄	90	7		第二次水资源调查评价成果
				1990	1	莒县—大官庄	90	67		第二次水资源调查评价成果
				1992	1	莒县—大官庄	90	84		第二次水资源调查评价成果
				1993	1	莒县—大官庄	90	91		第二次水资源调查评价成果
				1995	1	莒县—大官庄	90	4		第二次水资源调查评价成果
				1997	1	石拉渊—大官庄	59.4	13	上游天然来水不足	
				1999	1	莒县—大官庄	90	3		第二次水资源调查评价成果

图 5-17　临沂市主要河流断流（干涸）分布图（1980 ～ 1999 年）

5.1.3　河流岸线开发利用调查

5.1.3.1　调查对象与任务说明

本次岸线开发利用调查选择沂河、沭河的干流为调查对象，调查水平年为2016年。

5.1.3.2　岸线开发利用统计分析

经调查统计，临沂市沂河、沭河岸线资源总长度为871.3 km，开发利用总长77.2 km，岸线总开发利用率为8.9%。左（右）岸开发利用率最大的河流是沭河，其右岸岸线开发利用率为10.2%，其他河流左、右岸岸线开发利用率均不足10%，具体详见表5-6。

表5-6　临沂市主要河流岸线开发利用情况

序号	河流名称	水资源二级区	省级行政区	左岸			右岸		
				总长（km）	开发利用长度（km）	开发利用率（%）	总长（km）	开发利用长度（km）	开发利用率（%）
1	沂河	沂沭泗河	山东省	235.0	20.8	8.9	235.0	20.5	8.7
2	沭河	沂沭泗河	山东省	200.7	15.4	7.7	200.6	20.5	10.2

注：成果来自《山东省淮河流域综合规划》。

5.2　生态流量（水量）保障

5.2.1　评价范围

为全面了解临沂市主要河流水系及其主要控制节点和断面的生态水量保障情况，本次评价选择水资源开发利用程度较高、水文情势变化较为显著以及具有重要保护意义的河流水系及其主要控制节点和断面（见图5-18）。

根据临沂市实际，本次共评价主要河流3条，控制断面3个，本次开展评价的控制断面情况见表5-7。

表5-7　评价河流控制断面名录

序号	河湖水系名称	水资源一级区	流域面积（km^2）	主要控制节点和断面信息				
				名称	性质	位置		
						省区	经度	纬度
1	沂河	淮河区	11 470	临沂	省界断面	山东省	118°23′	35°01′
2	沭河	淮河区	5 175	大官庄	省界断面	山东省	118°33′	34°48′
3	西泇河	淮河区	783	会宝岭水库	省界断面	山东省	117°49′	34°54′

图 5-18　临沂市重点河流生态水量调查评价断面分布图

5.2.2 评价指标与方法

5.2.2.1 评价指标

生态需水目标主要包括基本生态环境需水量和目标生态环境需水量。

（1）基本生态环境需水量是指维持河湖给定的生态环境保护目标对应的生态环境功能不丧失，需要保留在河道内的最小水量（流量、水位、水深）及其过程。基本生态环境需水量是河湖生态环境需水要求的底限值，包括生态基流、敏感期生态需水量、不同时段需水量和全年需水量等指标。其中，生态基流是其过程中的最小值，一般用月均流量表征；不同时段需水量可分为汛期（6～9月）、非汛期（10月至次年5月）两个时段的需水量。

（2）目标生态环境需水量是确定河湖地表水资源可利用量的控制指标。

本次评价的重点是基本生态环境需水量及其满足程度。

5.2.2.2 生态需水目标计算方法

1. 本次主要计算方法说明

（1）Q_P 法。又称不同频率最枯月平均值法，以节点长系列（$n \geqslant 30$ 年）天然月平均流量、月平均水位或径流量（Q）为基础，用每年最枯月排频，选择不同频率下的最枯月平均流量、月平均水位或径流量作为节点基本生态环境需水量的最小值。频率 P 根据河湖水资源开发利用程度、规模、来水情况等确定。

（2）Tennant 法。Tennant 法依据观测资料建立的流量和河流生态环境状况之间的经验关系，用历史流量资料就可以确定年内不同时段的生态环境需水量，使用简单、方便。不同河道内生态环境状况对应的流量百分比见表 5-8。表 5-8 中百分比与同时段多年平均天然流量的乘积为该时段的生态流量，与时长的乘积为该时段的生态水量。

表 5-8 不同河道内生态环境状况对应流量百分比 （%）

不同流量百分比对应河道内生态环境状况	占同时段多年年均天然流量百分比（年内较枯时段）	占同时段多年年均天然流量百分比（年内较丰时段）
最大	200	200
最佳	60～100	60～100
极好	40	60
非常好	30	50
好	20	40
中	10	30
差	10	10
极差	0～10	0～10

（3）频率曲线法。其中频率曲线法的频率宜取 95%，也可根据需要适当调整。该方法一般需要 30 年以上的水文系列数据。

2. 生态需水目标计算方法采用

（1）生态基流原则上采用 Q_p 法等综合确定。

水文站生态基流是根据 1956 ～ 2016 年、1980 ～ 2016 年两个水文系列天然径流量折算成月均流量，挑选每年的最枯月排频，选择 p=90% 频率下的最枯月平均流量作为节点生态基流。

（2）基本生态环境需水量的年内不同时段值以月为时间尺度进行分析计算，并按照汛期、非汛期两个时段统计。各时段的基本生态环境需水量，可以用 Tennant 法、Q_p 法、频率曲线法等方法计算，相应参数取值应按照《河湖生态环境需水计算规范》（CSL/Z 712—2014）等规范的有关规定，以及河湖水系水资源情势等综合确定。

基本生态环境需水量的全年值，应根据基本生态环境需水量的年内不同时段值加和得到。

水文站基本生态流量是根据 1956 ～ 2016 年、1980 ～ 2016 年两个水文系列天然径流量折算成月均流量，计算汛期、非汛期多年平均天然流量，分别选用占同时段多年年均天然流量的 10%、20% 两种比例方案进行，经计算、对比分析，最终得到该站的基本生态流量。

5.2.2.3　水文系列

本次调查评价的水文系列要求：采用 1956 ～ 2016 年水文系列的天然径流量分析计算生态需水目标。对于有关成果中已提出的生态需水目标的河湖水系及其主要控制节点和断面，应将有关成果采用的水文系列延长至 2016 年。对于近年来水资源情势变化较大的河湖水系及其主要控制节点和断面，还需根据 1980 ～ 2016 年水文系列天然径流量，分析计算其在新系列条件下的生态需水目标。

5.2.2.4　类型划分

本次评价的控制断面的类型有Ⅰ类、Ⅱ类、Ⅲ类。

（1）Ⅰ类是指全国水资源综合规划、全国水资源保护规划、主要江河及重要支流流域综合规划、流域水资源综合规划、跨省主要江河流域水量分配方案等成果（简称有关成果）中明确提出生态需水目标的河湖水系及其主要控制节点和断面。

（2）Ⅱ类是指有关成果不可靠；填有关成果、长序列长序列 1956 ～ 2016 年，短序列 1980 ～ 2016 年等计算相应的生态需水目标。

（3）Ⅲ类是指无有关成果，完全新增的，需要根据 1956 ～ 2016 年、1980 ～ 2016 年等两个水文系列天然径流量，计算相应的生态需水目标。

本次评价中沂河临沂、沭河大官庄属于Ⅰ类控制断面，2 处水文站的控制断面生态流量成果来自《水利部关于沭河流域水量分配方案的批复》（水资源〔2016〕263 号）、《水利部关于沂河流域水量分配方案的批复》（水资源〔2016〕264 号）、淮河流域综合规划、淮河流域水资源保护规划、淮河流域生态流量（水位）试点工作方案，成果可靠，可以直接采用。采用已有成果生态流量的最小值作为断面生态基流，基本生态水量采用以往成果中提出的不同时段生态流量换算为逐月、汛期、非汛期与全年径流量。

本次评价中西泇河会宝岭水库属于Ⅲ类控制断面，需要分别计算 1956 ～ 2016 年、1980 ～ 2016 年两个系列的生态基流和基本生态需水量。考虑会宝岭水库下游河道受水库大坝拦蓄影响，全年来水较少，建议不考虑生态基流，生态基流为 0，基本生态需水量取非汛期为 0、汛期取断面多年平均汛期径流量的 10%。

河湖水系及其主要控制节点和断面生态需水目标见表 5-9。

表 5-9 河湖水系及其主要控制节点和断面生态需水目标整理分析

序号	河湖水系名称	水资源一级区	流域面积（km^2）	主要控制节点和断面名称	类型	确定生态需水目标采用的水文系列	项目	生态需水目标																备注
								1月	2月	3月	4月	5月	6月	7月	8月	9月	10月	11月	12月	生态基流（m^3/s）	不同时段值（万 m^3）		全年值（万 m^3）	
																					汛期	非汛期		
1	沂河	淮河区	11 470	临沂	Ⅰ类	有关成果系列	基本	664	600	664	811	838	5 135	5 306	5 306	5 135	664	643	664	2.48	20 881	5 549	26 431	生态基流来自水利部关于沂河流域水量分配方案的批复（水资源〔2016〕264 号）；生态水量已有成果来自淮河流域水资源保护规划与淮河流域生态流量（水位）试点工作实施方案，两成果一致，单位为 m^3/s
							目标	—	—	—	—	—	—	—	—	—	—	—	—	—				
						1956 ~ 2016 年	基本																	
							目标	—	—	—	—	—	—	—	—	—	—	—	—	—				
						1980 ~ 2016 年	基本																	
							目标	—	—	—	—	—	—	—	—	—	—	—	—	—				
2	沭河	淮河区	5 175	大官庄	Ⅰ类	有关成果系列	基本	305	276	305	397	410	2 372	2 451	2 451	2 372	305	296	305	1.14	9 646	2 599	12 245	生态基流来自水利部关于沭河流域水量分配方案的批复（水资源〔2016〕263 号）；生态水量已有成果来自淮河流域水资源保护规划与淮河流域生态流量（水位）试点工作实施方案，两成果一致，单位为 m^3/s
							目标	—	—	—	—	—	—	—	—	—	—	—	—	—				
						1956 ~ 2016 年	基本																	
							目标	—	—	—	—	—	—	—	—	—	—	—	—	—				
						1980 ~ 2016 年	基本																	
							目标	—	—	—	—	—	—	—	—	—	—	—	—	—				
3	西泇河	淮河区	783	会宝岭水库	Ⅲ类	有关成果系列	基本																	生态基流采用 Q_p 法计算为 0，由于非汛期来水较少，建议生态基流按 0 处理或不考虑；基本生态水量按汛期 10%、非汛期 10% 计算，考虑其为水库站，不考虑分配至各月，只定汛期、非汛期与全年 3 个时段值
							目标	—	—	—	—	—	—	—	—	—	—	—	—	—				
						1961 ~ 2016 年	基本													0	1 085	251	1 336	
							目标	—	—	—	—	—	—	—	—	—	—	—	—	—				
						1980 ~ 2016 年	基本													0	956	249	1 205	
							目标	—	—	—	—	—	—	—	—	—	—	—	—	—				

注：1.“河湖水系名称”和“主要控制节点和断面名称”应与表 5-7 一致。

2.“类型”填写“Ⅰ类、Ⅱ类、Ⅲ类”，应与表 5-7 一致。Ⅰ类河湖水系及其主要控制节点和断面填报有关成果栏；Ⅱ类河湖水系及其主要控制节点和断面填报“有成果”“1956 ~ 2016 年”“1980 ~ 2016 年”等 3 栏；Ⅲ类河湖水系及其主要控制节点和断面中填报“1956 ~ 2016 年”栏，其中 1980 ~ 2016 年水文系列多年平均天然径流量较 1956 ～ 2000 水文系列的变化幅度超过 10%（含）的河湖水系及其主要控制节点和断面还需填报“1980 ~ 2016 年”栏。

3. 如控制节点和断面为湖泊水位站，填写最小生态水位（m）。

4.“敏感期生态需水量”和“不同时段值”的时段划分应与表 5-7 中对应河湖水系及其主要控制节点和断面的时段划分保持一致，如无敏感期生态需水要求的，可不填“敏感期生态需水量”一列。

5.“备注”中注明以下信息：①控制节点和断面生态需水目标计算方法；②如果是河段需水目标的，注明河段起始点；③如生态需水目标来自有关成果，注明有关成果具体名称及生态需水目标；④其他需要说明的问题。

5.2.3　生态流量（水量）保障情况

按照 2007 ～ 2016 年水文系列的实际径流量与生态需水目标比较，评价生态用水的满足程度。

（1）对比 2007 ～ 2016 年水文系列的实测径流量与生态基流、不同时段（汛期和非汛期）需水量、全年需水量，评价河湖水系及其主要控制节点和断面生态用水满足程度。对于有两个不同水文系列生态需水目标的河流水系及其主要控制节点和断面，应分别与两个系列的生态需水目标进行对比。

（2）长系列逐月生态用水满足程度评价按照以下方法开展：

①生态基流满足程度评价。用水文系列中实际径流量超过生态基流的月份数与水文系列总时长的比值评价满足程度。

②基本生态环境需水过程满足程度评价。用水文系列中全年、汛期和非汛期各评价时段实际径流量超过相应的基本生态环境需水量目标的年份数与水文系列时长总年份数的比值评价满足程度。

河湖水系及其主要控制节点和断面生态用水满足程度见表 5-10。

表 5-10　河湖水系及其主要控制节点和断面生态用水满足程度评价

<table>
<tr><th rowspan="4">序号</th><th rowspan="4">河湖水系名称</th><th rowspan="4">水资源一级区</th><th rowspan="4">流域面积（km²）</th><th rowspan="4">主要控制节点和断面名称</th><th rowspan="4">类型</th><th rowspan="4">确定生态需水目标采用的水文系列</th><th>生态基流</th><th colspan="3">基本生态环境需水量</th></tr>
<tr><th rowspan="3">满足程度（%）</th><th colspan="3">满足程度（%）</th></tr>
<tr><th colspan="2">不同时段值</th><th rowspan="2">全年值</th></tr>
<tr><th>汛期</th><th>非汛期</th></tr>
<tr><td>1</td><td>沂河</td><td>淮河区</td><td>11 470</td><td>临沂</td><td>Ⅰ类</td><td>有关成果系列</td><td>82</td><td>80</td><td>90</td><td>80</td></tr>
<tr><td>2</td><td>沭河</td><td>淮河区</td><td>5 175</td><td>大官庄</td><td>Ⅰ类</td><td>有关成果系列</td><td>98</td><td>80</td><td>100</td><td>100</td></tr>
<tr><td rowspan="2">3</td><td rowspan="2">西泇河</td><td rowspan="2">淮河区</td><td rowspan="2">783</td><td rowspan="2">会宝岭水库</td><td rowspan="2">Ⅲ类</td><td>1961 ～ 2016 年</td><td>80</td><td>100</td><td>100</td><td>100</td></tr>
<tr><td>1980 ～ 2016 年</td><td>80</td><td>100</td><td>100</td><td>100</td></tr>
</table>

注：1. 本表是通过对比分析河湖水系及其主要控制节点和断面不同水文系列下的生态需水目标与近十年（2007 ～ 2016 年）实测径流量进行对比，分析其生态用水满足程度。

2. “河湖水系名称”和“主要控制节点和断面名称”应与表 5-7 一致。

3. “类型”指“Ⅰ类、Ⅱ类、Ⅲ类”，应与表 5-7 一致。Ⅰ类河湖水系及其主要控制节点和断面填报有关成果栏；Ⅱ类河湖水系及其主要控制节点和断面填报有关成果、“1956 ～ 2016 年”“1980 ～ 2016 年”等 3 栏；Ⅲ类河湖水系及其主要控制节点和断面中填报“1956 ～ 2016 年”栏，其中 1980 ～ 2016 年水文系列多年平均天然径流量较 1956 ～ 2000 年水文系列的变化幅度超过 10%（含）的河湖水系及其主要控制节点和断面还需填报“1980 ～ 2016 年”栏。

5.2.3.1　满足程度评价

1. 生态基流

2007 ～ 2016 年水文系列的 120 个月中共有 98 个月的实测径流量超过生态基流，

因此临沂站生态基流的满足程度为82%；依次类推，大官庄站的满足程度为98%，会宝岭水库站的满足程度为80%。

2. 基本生态需水

临沂站在汛期、非汛期、全年生态水量的满足程度分别为80%、90%、80%；大官庄站在汛期、非汛期、全年生态水量的满足程度分别为80%、100%、100%；会宝岭水库站在汛期、非汛期、全年生态水量的满足程度较高，均达到100%。

5.2.3.2 原因分析

1. 水资源禀赋条件

临沂市地处暖温带，气候温和，地势西北高东南低，境内各种地貌差异明显，东南部为丘陵和平原，西北部大部为山区和丘陵，为背风坡，使降水量从东南向西北呈递减的趋势；临沂市河道径流主要靠降水补给，现多年平均降水量略有降低，且降水量的年内分配很不均匀，全年降水量主要集中在汛期6～9月，降水量的季节变化较大，春旱、夏涝严重，导致河道生态流量存在季节性差异。

降水量年际变化大，丰枯变化明显。最大年径流量为1963年的101.43亿m^3，最小年径流量为2014年的4.47亿m^3，极值比为22.7，天然来水不足年份也导致河道生态流量满足程度差。

2. 水资源情势演变

2000年以来实测径流量呈减少趋势，加之社会经济发展，人类活动改变了水循环自然变化的空间格局和过程，加剧了水资源形成和变化的复杂性。

3. 河流特性

临沂市河流水系多为季节性山洪河道，尤其是沂、沭两河，河道比降较大，具有洪水来势猛、大水过后河道水位骤减、河边滩大面积出露、水流短期内回归主槽等显著的季节性变化特点，河道生态基流保证难度较大。

第 6 章　水资源综合评价

6.1　水资源禀赋条件分析

临沂市位于山东省东南部，属北暖温带季风区、半湿润过渡性气候，市内群山环抱，雨量集中，有利于河系的发育；以沂蒙山脉为中心，形成一辐射状水系。著名的沂沭断裂带把全市大致分为三个区块：沂沭断裂带本身、沭河以东、沂河以西。各个区块的地层时代、岩性分布各具明显特点。

6.1.1　降水及蒸发条件

受气候和地形影响，全市多年平均年降水量 815.8 mm（1956 ～ 2016 年系列），折合降水总量 140.2 亿 m^3。从附图 1 可以看出，800 mm 年降水量等值线东南部的莒南、临沭、三区、兰陵、郯城等县（区）的全部地区，费县、沂南等县的大部分地区以及平邑、沂水、蒙阴县的局部地区为湿润带，其他地区属于过渡带。过渡带的特点是：降水量主要集中在夏、秋季节，降水量变率大，容易受旱涝威胁。

降水量年际变化大。东南部丘陵、平原区一般小于 0.23，西北部的山区和丘陵区在 0.23 ～ 0.25，C_v 值呈东南向西北递增的趋势。全市各地最大年降水量一般为最小年降水量的 4.5 倍左右，最大年降水量比最小年降水量大 699 ～ 1 147 mm。降水量年内分布不均，汛期 6 ～ 9 月降水量占 70%。

全市多年平均水面蒸发能力一般在 900 ～ 1 200 mm，蒸发能力等值线总体呈西北向东南递减；干旱指数一般在 1.0 ～ 1.5，总体呈西北—东南走向，由南往北增加。

6.1.2　地表水资源条件

受地形、下垫面及水文地质条件影响，全市多年平均年径流深 259.3 mm（1956 ～ 2016 年系列），折合地表水资源量 44.56 亿 m^3。全市年径流深等值线走向与降水量相应，但受下垫面等影响其变化更加剧烈、更加复杂。

全市年径流深一般在 220 ～ 300 mm。分布总趋势是：南大北小，东大西小，山区大、丘陵平原小。具体来讲，径流深 275 mm 的等值线从费县南部的梁邱镇、县城、西北的上冶水库经蒙阴县南部的郭家水营转孟良崮，到沂南县的孙祖、杨家坡镇进入莒县出市界。该等值线西北部即蒙阴、沂南县大部分，费县少部分和平邑、沂水全部地区，年径流深均小于 275 mm，是市内河川径流量的最低值。该等值线东南部，即市内的大部分地区年径流深都大于 275 mm。蒙山东北部黄仁水库到青驼附近和苍山西北部山区年径流深达 300 mm 以上，是高值区。高值区的年径流深比低值区大 140 mm 以上，是低值区的 1.7 倍，但高值区的年降水量仅是低值区年降水量的 1.2 倍。

地表水资源量年际变化大。受下垫面条件影响，地表水资源量（年径流深）变差系数远大于年降水量变差系数，变差系数 C_v 值在 0.47 ～ 0.75，变化的总趋势是中部较大，四周较小，中部的兰山区、罗庄区一般在 0.69 ～ 0.75，东南部的临沭、莒南两县一般在 0.47 ～ 0.51，其他县（区）一般在 0.52 ～ 0.68。由年径流变差系数 C_v 和年径流深两种等值线图对照表明：在同一流域或地区，年径流量变差系数 C_v 一般随着年径流深的减少而加大。C_v 值在地区上的分布趋势是平原小、山区大，干旱地区大、湿润地区小。地表水资源量年内变化亦大于降水量，约 80% 年径流量发生在汛期 6 ～ 9 月，其中 60% 发生在 7 ～ 8 月。

6.1.3 地下水资源条件

受地形、地貌、水文地质及人类活动等多因素影响，各地地下水资源模数差异很大。总体趋势是平原区大于山丘区，山间平原区大于山前区。全市山丘区多年平均地下水资源模数为 9.3 万 m^3/（km^2·a）。按水资源分区：沂沭河一般平原区多年平均地下水资源模数为 22.1 万 m^3/（km^2·a），中运河一般平原区地下水资源模数为 19.0 万 m^3/（km^2·a），沂沭河山间平原区地下水资源模数为 22.6 万 m^3/（km^2·a），中运河山间平原区地下水资源模数为 26.1 万 m^3/（km^2·a）。沂沭河区一般山丘区多年平均地下水资源模数为 9.5 万 m^3/（km^2·a），日赣区一般山丘区地下水资源模数为 8.3 万 m^3/（km^2·a）；潍弥白浪区一般山丘区地下水资源模数为 7.3 万 m^3/（km^2·a），中运河岩溶山区地下水资源模数为 8.6 万 m^3/（km^2·a），沂沭河岩溶山区地下水资源模数为 9.5 万 m^3/（km^2·a）。按行政分区：河东区多年平均地下水资源模数最大为 19.7 万 m^3/（km^2·a），其次为郯城县 19.2 万 m^3/（km^2·a），平邑县多年平均地下水资源模数最小，为 8.6 万 m^3/（km^2·a），其次为费县 7.4 万 m^3/（km^2·a）；其他县（区）在 9.5 万～ 13.2 万 m^3/（km^2·a）。

6.1.4 水资源总量条件

全市多年平均水资源总量 53.03 亿 m^3（1956 ～ 2016 年系列），水资源总量模数 30.9 万 m^3/（km^2·a）。全市各地水资源总量模数一般在 5.0 万～ 45.0 万 m^3/（km^2·a）。

水资源总量年际变化小于地表水资源量年际变化。全省平均水资源总量变差系数 0.47，极值比 1.6。各地水资源总量变差系数一般在 0.42 ～ 0.62。

6.2 水资源演变情势分析

水资源演变情势是指人类活动改变了地表与地下产水的下垫面条件，造成水资源数量、质量发生时空变化的态势。因“温室效应”影响气温、降水等变化而造成水资源情势的变化不作为分析内容。

6.2.1 影响水资源演变情势的主要人类活动分析

影响水资源变化情势的主要人类活动包括城市化，水土保持，水利工程拦蓄、调、引水，地下水开采等。

6.2.1.1 城市化

城市是政治、经济、科学和文化集中的地方。随着社会经济的不断发展，山东省的城市化程度愈来愈高，城市不断向郊区和邻近的农村扩展。城市的增加、城市的扩大，对水资源情势影响主要包括以下几点：

（1）增加局地降水量。城市内每天有大量的烟尘排入大气中，这些微粒有的作为凝结核吸附空气中的水分，致使城市上空云量增加；城市中人为热的大量释放，使市区局地升温，有上升气流。城市上空凝结核比较丰富，并有上升气流和较多的云量，致使降水量增加。以济南市为例，从近几十年的降水情况看，几次灾害性的暴雨，其暴雨中心大多都出现在城区。降水是当地水资源的主要来源，降水量增加，必然导致当地水资源量加大。

（2）随着城市的增加和扩大，不透水面积也在增大。城市内不透水面积的比例有的可达 80%以上。不透水面积的增大，一方面会导致地表水资源量的增加；另一方面也会降低降水对地下水的补给量，特别是在地处地下水补给径流区的岩溶山丘区，不透水面积的增加会导致岩溶地下水补给量明显减少。另外，城市化导致的汇流速度加快、峰现时间提前、峰量增加等地表径流汇流特征的改变，也会影响下游河道与两岸地下水之间的补排关系。上述几方面的共同作用会造成水资源的构成及其相互转化规律的改变。

（3）下游水质变差。这有两方面的原因，一是城市地区工业生活等污废水大量增加，有的未经处理直接排放到河流水体；二是城市地区雨洪径流水质较差。

总体来说，城市化对水资源情势的影响是复杂的。

6.2.1.2 水土保持

对水土流失地区有效地采取水土保持措施后，森林和植被覆盖率增大，增加了植物截留、流域蒸散发和地下水入渗，减少了地表径流。

6.2.1.3 蓄水工程

据统计，全市现有大型水库 7 座，总库容 23.25 亿 m^3，兴利库容 13.72 亿 m^3；全市现有中型水库 31 座，总库容 6.42 亿 m^3，兴利库容 3.98 亿 m^3；小型水库 863 座，总库容 4.74 亿 m^3，兴利库容 3.02 亿 m^3。

各类蓄水工程建成运行后，下垫面条件发生了深刻变化，因此水资源情势随之变化。

大量蓄水工程的兴建对地表径流量的影响主要表现在如下两个方面：

第一，蓄水工程的兴建，改变了下游河道河川径流量的年内、年际分配。

第二，各类蓄水工程建成运行后，原来的陆面变成了水面，因此蒸发量也随之加大。与此同时，地表产水量相应加大。蒸发量的加大增加了库区周围的空气湿度，降低了蒸发能力，可能会相应减少产汇流损失，增加区域地表产水量。总体来看，蓄水工程兴建后，库区局地水量损耗增加，但从整个流域范围，地表水资源量的增减还应考虑当地径流特性、河流、水库形态、用水、水库调度运用方式等多种因素进行具体分析。

蓄水工程对地下水的影响主要有两种情况：一种是利用蓄水工程调控下泄水量，增加河道过流时间，增加河流对两岸地下水的补给；另一种是蓄水工程拦蓄的水大部分被引用，除汛期弃水外，下游河道基本无水，造成河流对沿岸地下水补给的减少。从山东省实际情况看，后一种情形较为多见。另外，平原水库渗漏对当地地下水会产生一定补给。

6.2.1.4　地下水开发利用

2001 年以来，随着用水的增加，临沂市地下水开采量逐年加大，部分地区甚至出现了地下水超采的局面，地下水开采量大于降水入渗补给量，形成了多处地下水漏斗区。地下水开发利用的影响，主要包括以下几个方面：

（1）地下水开采后，地下水位下降，包气带增厚，减少了地表径流量。地下水位变化对地下水资源量变化的影响相对复杂一些。从降水入渗补给系数与地下水埋深之间的关系上可以看出，降水入渗补给有一个最佳埋深。浅于最佳埋深时，降水入渗补给随地下水埋深的增大而加大；深于最佳埋深时，降水入渗补给随地下水埋深的增大而减小。

（2）沿河两岸大量开采地下水，当地下水位低于河水位时，汛期会发生河川径流量补给地下水资源量，从而导致地表水资源量减少，枯季因无地下水排泄而发生河道断流，加剧河流年内年际分配不均的状况。

（3）开采地下水资源用于农业灌溉后，有效地改善了土壤的墒情，增加了土壤的含水量，从而降低土壤入渗能力，减少产流损失，增大地表产流量。

6.2.1.5　供水增加

2001 年以后，临沂市用水量明显增加，供水量也相应增加。供水增加的影响主要表现在以下几个方面：

第一，流域上游蓄水工程拦蓄的大量河川径流通过专用输水渠、管道等被直接利用，只有少量回归到河道，造成下游河道河川径流量骤减，断流时间延长。这在一定程度上，会造成下游补排关系、干流汇流损失等方面的变化，从而对当地水资源的变化情势产生影响。

第二，为了满足当地用水需求，地下水开采量大量增加，不仅袭夺了河川基流，还造成河川径流反向补给地下水，这是导致河道断流的一个最主要的直接因素。同时，也是造成临沂市地表水资源量减少的一个重要原因。

6.2.2　水资源演变情势分析

6.2.2.1　地下水资源情势变化

地下水资源评价是以现状条件为评价基础的，因此对比本次与第二次地下水资源评价成果，可以分析下垫面条件和人类活动引起的地下水资源情势变化。2001 ～ 2016 年全市多年平均地下水资源量为 19.45 亿 m^3/a，多年平均地下水资源模数为 11.3 万 $m^3/(km^2 \cdot a)$，与 1980 ～ 2000 年多年平均地下水资源量 19.25 亿 m^3/a 和多年平均地下水资源模数 11.2 万 $m^3/(km^2 \cdot a)$ 相比基本持平。而 2001 ～ 2016 年、

1980 ～ 2000 年两个系列降水量分别为 807.6 mm、765.7 mm，两者变化规律有明显差别。这说明地下水资源量的多少，不仅取决于降水量的多少，也与其他因素，尤其是下垫面与水资源开发利用等人类活动有关。

平原区地下水资源评价采用补给量法。在各项补给量中，降水入渗补给量的变化不仅受降水量变化的影响，也与人类活动，如地下水开发利用引起的地下水埋深变化、城市化带来的不透水面积增加等。其他各项补给量，如地表水体补给量、井灌回归补给量等则主要与人类活动有关。全市平原区（$M \leqslant 2$ g/L 区域）1980 ～ 2000 年系列、2001 ～ 2016 年系列多年平均地下水总补给量分别为 55 048 万 m^3/a（平原区面积 2 520 km^2）、72 415 万 m^3/a（平原区面积 3 345 km^2），总补给模数分别为 21.8 万 m^3/（km^2·a）、21.7 万 m^3/（km^2·a）；地下水资源量分别为 53 591 亿 m^3/a、70 346 万 m^3/a，资源模数分别为 21.3 万 m^3/（km^2·a）、21.0 万 m^3/（km^2·a），均有不同程度的减少。在各项补给量中，1980 ～ 2000 年多年平均降水入渗补给量为 46 651 万 m^3/a，地表水体补给量为 5 956 万 m^3/a，井灌回归补给量 1 457 万 m^3/a，分别占地下水资源量的 87.1%、11.1%、2.7%，而 2001 ～ 2016 年降水入渗补给量为 59 567 万 m^3/a、模数为 18.3 万 m^3/（km^2·a），地表水体补给量为 9 965 万 m^3/a，井灌回归补给量 2 069 万 m^3/a，分别占地下水资源量 70 346 万 m^3/a 的 84.7%、14.2%、2.9%。受 2000 年以来河道大量建设拦河闸坝蓄水灌溉的影响，地表水体补给量和井灌回归补给量所占的比重都有所增加。

山丘区地下水资源评价采用排泄量法。1980 ～ 2000 年河川基流量为 75 175 万 m^3/a，2001 ～ 2016 年为 105 588 万 m^3/a，增加了 40%，超过了同期降水量的变化幅度（5.4%）。分析原因，一是受 2000 年以来河道大量建设拦河闸坝蓄水灌溉的影响；二是上游水土保持、生态建设都取得了不错的成绩，导致河川基流量增加。

6.2.2.2　地表水资源情势变化

临沂市地表水资源主要来源于大气降水。降水年际变化很大，导致径流量年际变化更大。1956 ～ 2016 年径流量最大的 1963 年达 1 014 253 万 m^3；最小的 2014 年仅为 44 710 万 m^3，最小径流量仅为最大径流量的 4.4%，相差较大，且 80% 以上主要集中于 6 ～ 9 月。径流年际变幅大，年内分布十分不均，并且主要集中在几次大的洪水过程，因此丰水年常水多为患，易发生洪涝灾害；枯水年又经常发生严重旱灾，水旱灾害频繁发生。在枯水年份和枯水期内，从客观上决定了临沂市水资源存在严重不足的紧张局面。

6.2.2.3　水资源演变趋势预测

随着国民经济的发展，未来全市的城市化程度将进一步提高。综合考虑它们对水资源的影响，预计未来水资源可能会出现如下变化趋势。

1. 局部地区产水量可能进一步增加

城市化地区，随着建成区面积的增大，局部范围产水量亦会增加。

2. 年内、年际变化将较现状为小

根据建设生态文明的战略部署，山东省制定了 2030 年森林覆盖率达 30% 的任务，这将涵养土壤水源，减少水土流失，增加植被面积，增加城市绿地，使流域的下垫面条件得到改善。随着水源涵养工程、水土保持工程、湿地保护与恢复工程、生态河湖治理工程等的建设，地表水资源的年内、年际变化将较现状为小。

3. 地下水各项补给量所占比例会有所变化

随着节水灌溉面积的进一步扩大，灌溉定额、灌溉水量进一步降低，灌溉入渗补给量也会有所减少。但是，各种地下水补源措施的实施、河道基流保障制度的建立落实，地表水对地下水的补给量会相应增加。

4. 水质会逐步好转

随着水污染治理工程实施、各项环保制度的落实、污染治理投资的增加、污水回用率的提高，超标排污的状况会得到遏制，从而促进各类水体水质状况的好转。

5. 河道生态水量会逐渐得到保障

生态文明建设对主要河道重点断面生态水量提出了具体要求，随着河长制建设和水资源管理、调度水平的进一步提高，河道生态需水量将逐步得到保障。

6.3 水生态环境状况

临沂是水利大市，境内山区重峦叠嶂，丘陵连绵起伏，平原坦荡如砥，有罕见的地貌奇观崮，水系发育呈脉络辐射状分布，流域面积 50 km^2 以上河流有 136 条，丰富的地貌类型以及发达的水系分布，造就了临沂北国粗犷风光与南国鱼米之乡风韵于一体的独特水生环境体系。

6.3.1 河流水生态

本次评价中共选择临沂市境内 5 条主要河流 8 个代表站进行分析，对比 2000 年前后河道内天然和实测径流量，结果年径流量呈现减小的趋势。而且径流量主要集中在汛期，汛期实测径流量占全年实测径流量的 75% 左右，但受人类活动影响，也出现了汛期实测径流量占全年实测径流量较低的情况。临沂市主要河流 2000 年后未出现断流（干涸）情况，其中沂河水系比较发达，只有 1989 年出现断流现象；沭河在 1982 ～ 1999 年出现多次断流，最长断流河段长度 90 km，导致河流无水的情况主要原因是上游天然来水不足。沂河、沭河的岸线资源总长度为 871.3 km，开发利用总长 77.2 km，岸线总开发利用率为 8.9%。

6.3.2 生态流量评价

为分析河流断面生态流量满足情况，选取临沂站、大官庄站、会宝岭水库站 3 站为代表站，通过不同方法综合分析，结果表明临沂市代表站河流生态水量（流量）满足程度比较高：选取的控制断面的生态基流满足程度都在 80% 以上，大官庄站达到了 98%；基本生态环境需水量满足程度也都在 80% 以上，会宝岭水库站达到 100%。

6.4　水资源及其开发利用状况综合评述

水资源是人类不可缺少、不可替代的资源，临沂市水资源年际、年内和地区分配不均，人均和亩均水资源占有量不足，对工农业生产均产生一定程度的影响。随着临沂市区域经济社会的持续发展，对水资源的需求会不断增加。因此，水资源评价工作是水资源综合规划工作的一项重要内容，是科学管理水资源的前提。对水资源的优化配置，以使其达到水资源可持续利用发展的目标提供坚实的科学依据。

6.4.1　地表水资源评价

6.4.1.1　**降水量**

1956 ～ 2016 年系列，全市多年平均降水总量 1 402 042 万 m^3，折合降雨深 815.8 mm，其中潍弥白浪区多年平均降水总量 21 830.7 万 m^3，折合降雨深 727.7 mm；沂沭河区多年平均降水总量 10 861 265 万 m^3，折合降雨深 809.9 mm；中运河区多年平均降水总量 221 078 万 m^3，折合降雨深 850.3 mm；日赣区多年平均降水总量 73 007.1 万 m^3，折合降雨深 833.4 mm。

本次评价 1956 ～ 2016 年系列与二次评价 1956 ～ 2000 年系列相比，全市多年平均降水深由 818.8 mm 减少到 815.8 mm，减少 3.0 mm，减幅 0.4%。

6.4.1.2　**天然径流量**

1956 ～ 2016 年多年平均天然径流量：全市平均 445 588 万 m^3，相应多年平均径流深 259.3 mm，最大为 1963 年的 1 014 253 万 m^3，最小为 2014 年的 44 709.5 万 m^3，倍比为 22.7，其中沂沭河流域 349 071 万 m^3，相应径流深 260.3 mm，最大为 1963 年的 742 672 万 m^3，最小为 2014 年的 35 777 万 m^3，倍比为 20.8。

本次临沂市 1956 ～ 2016 年多年平均天然年径流量比第二次评价 1956 ～ 2000 年多年平均天然年径流量偏小 2.3%，其中潍弥白浪区偏小 4.5%，日赣区偏小 5.0%，沂沭河区偏小 2.7%，中运河区偏大 1.2%。

6.4.1.3　**地表水资源特点**

临沂市地表水资源主要来源于大气降水。由于降水年际变化很大，导致径流量年际变化更大。1956 ～ 2016 年径流量最大的 1963 年达 1 014 253 万 m^3；最小的 2014 年仅为 44 710 万 m^3，最小径流量仅为最大径流量的 4.4%，相差较大，且 80% 以上主要集中于 6 ～ 9 月。径流年际变幅大，年内分布十分不均，并且主要集中在几次大的洪水过程，因此丰水年常水多为患，易发生洪、涝灾害；枯水年又经常发生严重旱灾。水旱灾害频繁发生。在枯水年份和枯水期内，从客观上决定了临沂市水资源存在严重不足的紧张局面。

6.4.2　地下水资源评价

根据地下水的补给、径流、排泄条件及地形、地质构造和水文地质条件，全市划分为 39 个地下水计算单元，其中平原区 21 个，一般山丘区 10 个，岩溶山区 8 个。全市评价面积统一采用 17 186 km^2，本市地下水矿化度均为 $M \leqslant 2$ g/L 的淡水，平原区面积 3 345 km^2，山丘区面积 13 841 km^2。

全市近期条件下的多年平均（2001 ～ 2016 年，下同）浅层淡水（$M \leqslant 2$ g/L）地下水资源量为 194 493 万 m^3，其中平原区地下水资源量为 70 346 万 m^3，山丘区地下水资源量为 128 269 万 m^3，平原区与山丘区之间的地下水重复量为 4 122 万 m^3。全市多年平均地下水可开采量为 142 203 万 m^3。

6.4.2.1　地下水资源的年际变化

临沂市地下水资源的补给主要来源于大气降水，地下水资源量与降水量的变化密切相关。降水入渗补给量的年际变化，基本代表地下水资源量的年际变化。随降水量的丰枯变化，降水入渗补给量的年际间的差异很大。降水入渗补给量最大值出现在 2003 年，为 275 583 万 m^3；最小值出现在 2002 年，为 902 214 万 m^3，极值比为 3.12。降水入渗补给量最大值和最小值，分别占多年平均值（2001 ～ 2016 年）的 148.3% 和 47.6%。

6.4.2.2　地下水资源的分布特征

地下水资源受地质、地貌、水文气象、水文地质条件等多种因素的影响，地域分布很不平衡。总体是平原区大于山丘区，岩溶山区大于一般山丘区，降水量大的区域相对较大，降水量小的区域相对较小。全市多年平均地下水资源模数为 11.6 万 m^3/（km^2 · a），全市山丘区多年平均地下水资源模数为 9.3 万 m^3/（km^2 · a）。按水资源分区：沂沭河一般平原区多年平均地下水资源模数为 22.1 万 m^3/（km^2 · a），中运河一般平原区地下水资源模数为 19.0 万 m^3/（km^2 · a），沂沭河山间平原区地下水资源模数为 22.6 万 m^3/（km^2 · a），中运河山间平原区地下水资源模数为 26.1 万 m^3/（km^2 · a），沂沭河区一般山丘区多年平均地下水资源模数为 9.5 万 m^3/（km^2 · a），日赣区一般山丘区地下水资源模数为 8.3 万 m^3/（km^2 · a）；潍弥白浪区一般山丘区地下水资源模数为 7.3 万 m^3/（km^2 · a），中运河岩溶山区地下水资源模数为 8.6 万 m^3/（km^2 · a），沂沭河岩溶山区地下水资源模数为 9.5 万 m^3/（km^2 · a）。按行政分区：河东区多年平均地下水资源模数最大为 19.7 万 m^3/（km^2 · a），其次为郯城县 19.2 万 m^3/（km^2 · a），平邑县多年平均地下水资源模数最小，为 8.6 万 m^3/（km^2 · a），其次为河东区 9.4 万 m^3/（km^2 · a）；其他县（区）在 9.5 万～ 13.2 万 m^3/（km^2 · a）。

6.4.2.3　浅层地下水呈增加态势

降水量、地表径流量的增加使地下水补给量随之增加。本次评价降水入渗补给地下水量比上次评价增加了 5.4%。全市主要河流兴建了大量水利工程拦蓄地表径流，导致河道常年蓄水，进而导致沿河道线状渗漏补给地下水明显增加。上游水土保持、生态建设都取得了不错的成绩，导致河川基流量增加，使地下水资源量增加。

6.4.3　地表水水质评价

6.4.3.1　水化学特征评价结果

地表水总硬度分布范围为 85 ～ 170 mg/L 的面积占全区流域总面积的 1%、

170 ～ 250 mg/L 的占总面积的 24%，大于 250 mg/L 的占总面积的 75%。

全市地表水矿化度范围在 200 ～ 1 000 mg/L，主要集中在 500 ～ 1 000 mg/L，其中 300 ～ 500 mg/L、500 ～ 1 000 mg/L 的分布面积分别为 6 846 km^2 与 10 252 km^2，分别占 40%、60%。

临沂市地表水化学类型主要分为 C 类 Ca 组Ⅲ型、Cl 类 Ca 组Ⅲ型、C 类 Mg 组Ⅲ型、C 类 Ca 组Ⅱ型、Cl 类 Na 组Ⅱ型与极少部 S 类 Ca 组Ⅱ型和 S 类 Mg 组Ⅲ型。其中 C 类 Ca 组Ⅲ型所占面积为 12 461 km^2，占比 73%；Cl 类 Ca 组Ⅲ型所占面积为 3 842 km^2，占比 22%；C 类 Mg 组Ⅲ型所占面积为 372 km^2，占比 2%；C 类 Ca 组Ⅱ型所占面积为 295 km^2，占比 2%；Cl 类 Na 组Ⅱ型所占面积为 210 km^2，占比 1%。

6.4.3.2　地表水现状评价结果

2016 年临沂市全年期评价河流总河长 1 161.3 km，其中Ⅰ～Ⅲ类河长 717.1 km，占 61.7%；Ⅳ～Ⅴ类河长 372.2 km，占 32.1%；劣Ⅴ类河长 72.0 km，占 6.2%。主要污染物是化学需氧量、高锰酸盐指数、总磷；2016 年临沂市汛期评价河流总河长 1 161.3 km，其中Ⅰ～Ⅲ类河长 621.9 km，占 53.6%；Ⅳ～Ⅴ类河长 431.4 km，占 37.1%；劣Ⅴ类河长 108.0 km，占 9.3%。主要污染物是化学需氧量、总磷、高锰酸盐指数；2016 年临沂市非汛期评价河流总河长 1 161.3 km，其中Ⅰ～Ⅲ类河长 747.1 km，占 64.3%；Ⅳ～Ⅴ类河长 372.2 km，占 32.1%；劣Ⅴ类河长 42.0 km，占 3.6%。主要污染物是化学需氧量、高锰酸盐指数、五日生化需氧量。

全市共有会宝岭水库、跋山水库、岸堤水库、许家崖水库、唐村水库、沙沟水库和陡山水库 7 座大型水库，7 座水库评价类别全年均符合Ⅲ类水标准，汛期和非汛期水质无明显差别。陡山水库水体呈轻度富营养化，其他 6 座水库水体呈中营养化，总氮是临沂市各水库的主要污染物。

6.4.3.3　水质变化趋势分析

临沂市地表水质量总体稳定趋好。苍山区污染项目氨氮、总氮高度显著下降，总磷无明显升降趋势，高锰酸盐指数高度显著上升；沭河区上游污染项目氨氮、总氮高度显著下降，高锰酸盐指数和总磷高度显著上升；沭河区下游污染项目氨氮高度显著下降，总氮高度显著上升，高锰酸盐指数和总磷无明显升降趋势；沂河区污染项目氨氮明显下降趋势，高锰酸盐指数、总氮、总磷总体下降趋势。

6.4.3.4　水功能区水质达标分析

2016 年全市监测全因子评价的 44 个重点水功能区中，2 处水功能区连续 6 个月河干不参与评价，达标的功能区有 17 个，不达标的功能区有 25 个，年度达标率为 40.5%。

6.4.3.5　地表水供水水源地水质评价结果

主要供水水源地有刘庄水库、寨子水库、沂南县东汶河南寨、凌山头水库、陡山水库、石泉湖水库、岸堤水库。除沂南县东汶河南寨水源地为河流型水源地外，其他均为水库型水源地。7 个地表水水源地年度总供水量为 9 508.54 万 m^3，供水人口为 232 万人，年合格供水量为 5 062.2 万 m^3，占 53.2%。

6.4.4 地下水水质评价

6.4.4.1 水化学特征评价结果

全市选择 19 个地下水井点水质监测资料进行水化学特性分析。

水化学类型主要是 4 区 A 组和 1 区 A 组。其中 4 区 A 组占全市总面积的 84.0%，1 区 A 组占全市总面积的 16.0%。

矿化度主要集中在 500 mg/L ＜ M ≤ 1 000 mg/L，占全市总面积的 81.8%，矿化度在 M ≤ 300 mg/L 范围的，占全市总面积的 5.8%，矿化度在 500 mg/L ＜ M ≤ 1 000 mg/L 范围的，占全市总面积的 12.4%。

总硬度主要集中在 300 mg/L ＜ N ≤ 450 mg/L，占全市总面积的 78.3%；总硬度在 150 mg/L ＜ N ≤ 300 mgL 的占全市总面积的 7.0%；总硬度在 450 mg/L ＜ N ≤ 550 mg/L 的占全市总面积的 11.6%；总硬度在 550 mg/L ＜ N ≤ 650 mg/L 的占全市总面积的 2.8%；总硬度在 N ＞ 650 mg/L 范围的占全市总面积的 0.3%。

6.5 ≤ pH ≤ 8.5 的占总评价面积的 100%。大部主要集中在 6.5 ＜ pH ≤ 8，pH 整体呈弱碱性。

6.4.4.2 地下水水质现状及污染区

临沂市平原区浅层地下水水质监测井共 19 眼，优于Ⅲ类标准的监测井有 8 眼，其中Ⅲ类标准的监测井有 8 眼，占总评价井数的 42.1%，主要分布在兰陵、郯城、沂水。劣于Ⅲ类标准的监测井有 11 眼，占总评价井数的 57.9%，其中Ⅳ类标准的监测井有 8 眼，占总评价井数的 42.1%，主要分布在兰山区、河东区、郯城、临沭、兰陵境内；Ⅴ类标准的监测井有 3 眼，占总评价井数的 15.8%，主要分布在河东区、郯城。

6.4.5 水资源总量

全市多年平均水资源总量为 530 340 万 m^3，20%、50%、75%、95% 保证率时水资源总量分别为 721 169 万 m^3、491 692 万 m^3、347 783 万 m^3、196 151 万 m^3。

临沂市水资源总量时空分布不平衡，其空间分布总趋势是南大北小、东大西小。临沂市多年平均（1956 ～ 2016 年）产水模数为 30.9 万 m^3/（km^2·a），其中以中运河为最大，产水模数为 34.5 万 m^3/（km^2·a），沂沭河区次之，产水模数为 30.8 万 m^3/（km^2·a），潍弥白浪区最小，产水模数为 22.3 万 m^3/（km^2·a）。其时间分布上的变化受降雨影响，同地表径流基本一致，年际变化大，丰枯年变化明显。1956 ～ 2016 年水资源量最大的 1963 年达 1 114 345 万 m^3，而最小的 2014 年仅 111 823 万 m^3，最小水资源量仅为最大水资源量的 10.0%。在没有足够水利工程进行调节的情况下，丰水年常水多为患，往往造成大量弃水，枯水年则可拦蓄的水量很小，经常发生严重旱灾。

6.4.6 水资源可利用总量

临沂市水资源可利用总量为 315 244 万 m^3，可利用率 59.4%。其中，潍弥白浪区可利用总量为 1 486 万 m^3，可利用率 22.2%；日赣区可利用总量为 9 636 万 m^3，可利用率 47.5%；沂沭河流域可利用总量为 258 208 万 m^3，可利用率 62.4%；中运河区可利用总量为 42 561 万 m^3，可利用率 47.4%。

6.4.7　水资源开发利用

临沂市 2001 ～ 2016 年平均总供水量 174 687 万 m^3，其中地表水 116 496 万 m^3，占总供水量的 66.7%；地下水 57 239 万 m^3，占总供水量的 32.8%；其他水源供水量 953 万 m^3，占总供水量的 0.5%。地表水供水量占比呈上升趋势，地下水供水量占比呈下降趋势，其他水源供水量占比呈上升趋势。

临沂市 2001 ～ 2016 年平均总用水量 174 687 万 m^3，其中农业用水 123 947 万 m^3，占总用水量的 71.0%；工业用水 20 293 万 m^3，占总用水量的 11.6%；生活用水量 25 930 万 m^3，占总用水量的 14.8%，人工生态与环境补水量 4 517 万 m^3，占总用水量的 2.6%。生活用水量和人工生态与环境补水量在总用水量中所占比例正在逐年增加，农业用水量在总用水量中所占比例在逐年减少，工业用水量基本保持稳定。

2016 年全市现状年人均用水量 171.3 m^3，全市万元 GDP 用水量 44.43 m^3，城市人均综合用水定额 109.7 L/（人·d），农村人均综合用水定额 75.32 L/（人·d），农田灌溉用水量为 207.6 m^3/ 亩，林果灌溉用水量为 215.3 m^3/ 亩，鱼塘补水用水量为 236.1 m^3/ 亩。

临沂市多年平均水资源量 530 340 万 m^3，2010 ～ 2016 年时段平均年供水量 176 407 万 m^3，水资源开发利用率为 33.3%。临沂市多年平均地表水资源量 445 588 万 m^3，2010 ～ 2016 年时段地表水平均年供水量 127 015 万 m^3，地表水资源开发利用率为 28.5%。临沂市多年平均地下水资源量 194 493 万 m^3，2010 ～ 2016 年时段地下水平均年供水量 48 100 万 m^3，地下水资源开发利用率为 24.7%。

附录

附图

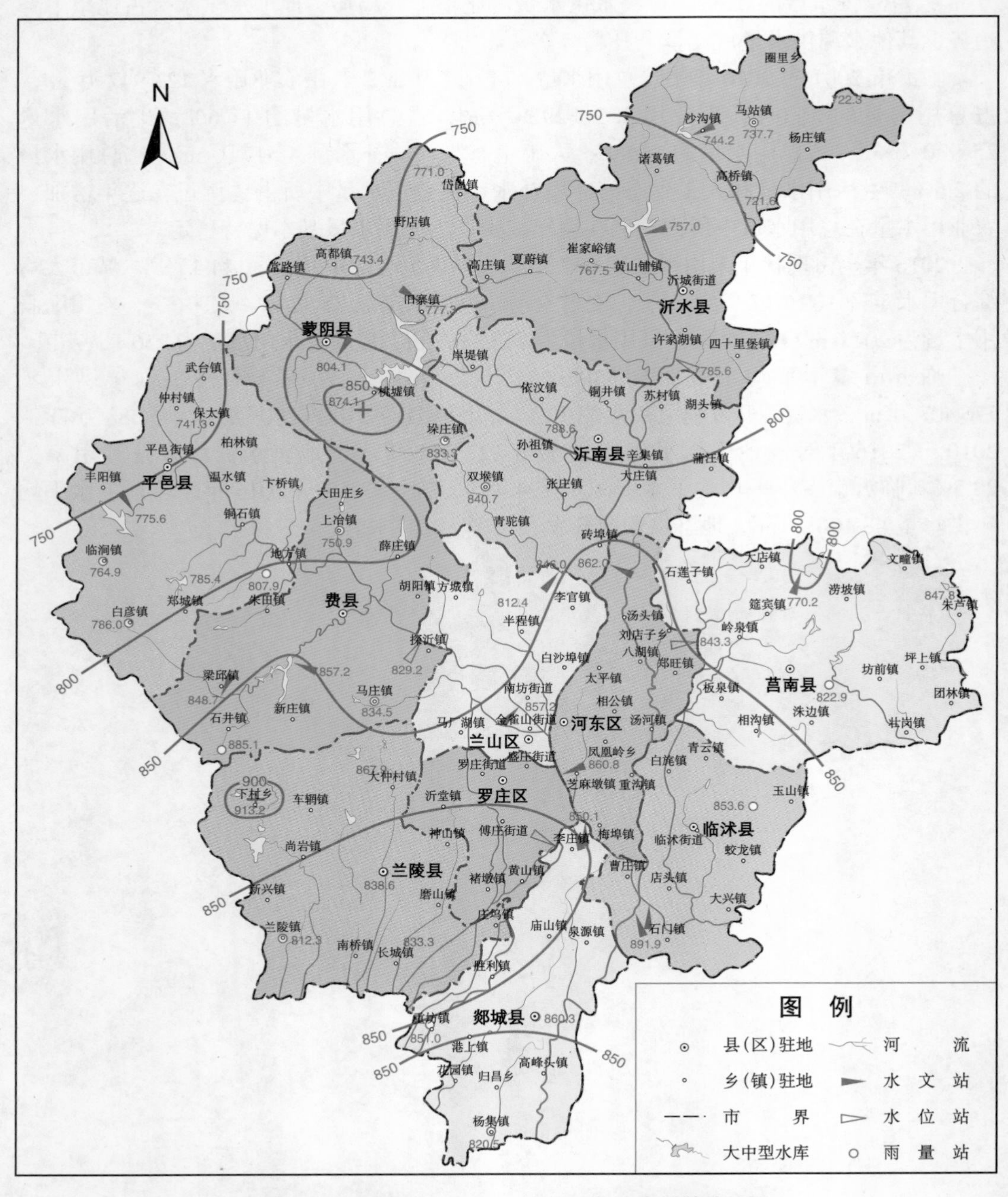

附图1 临沂市1956～2016年平均年降水量等值线图

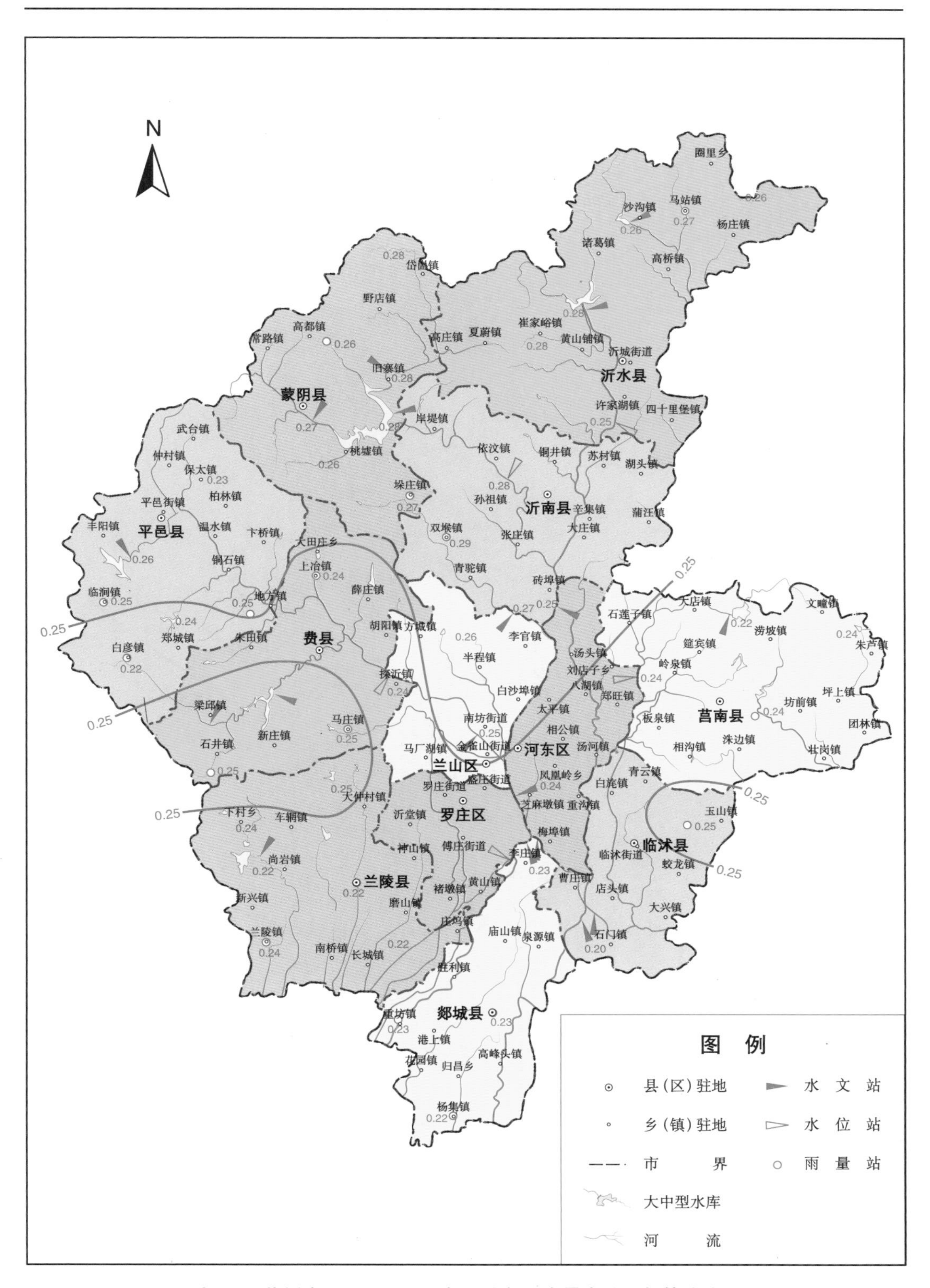

附图 2　临沂市 1956 ～ 2016 年平均年降水量变差系数等值线图

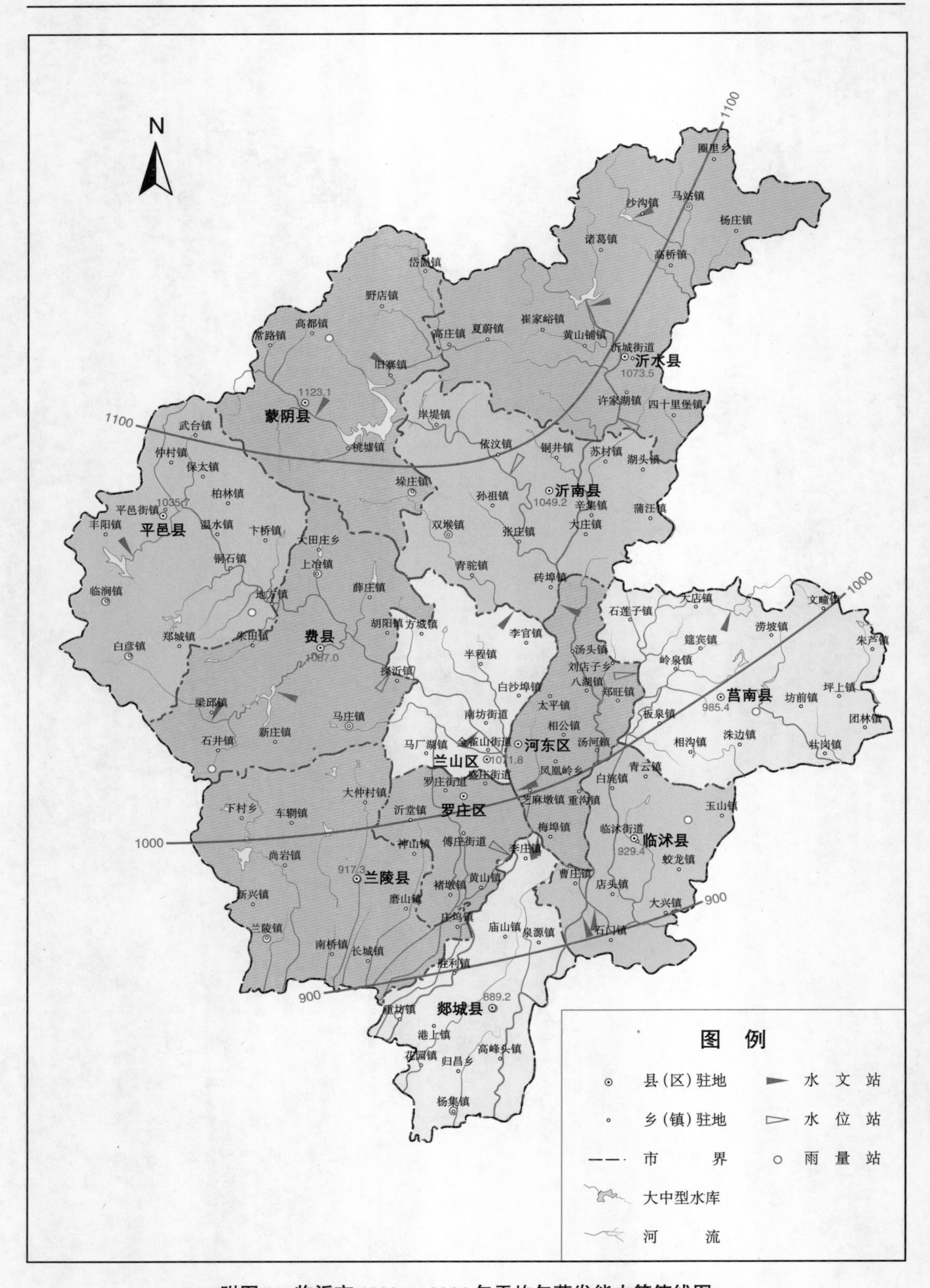

附图3　临沂市1980～2016年平均年蒸发能力等值线图

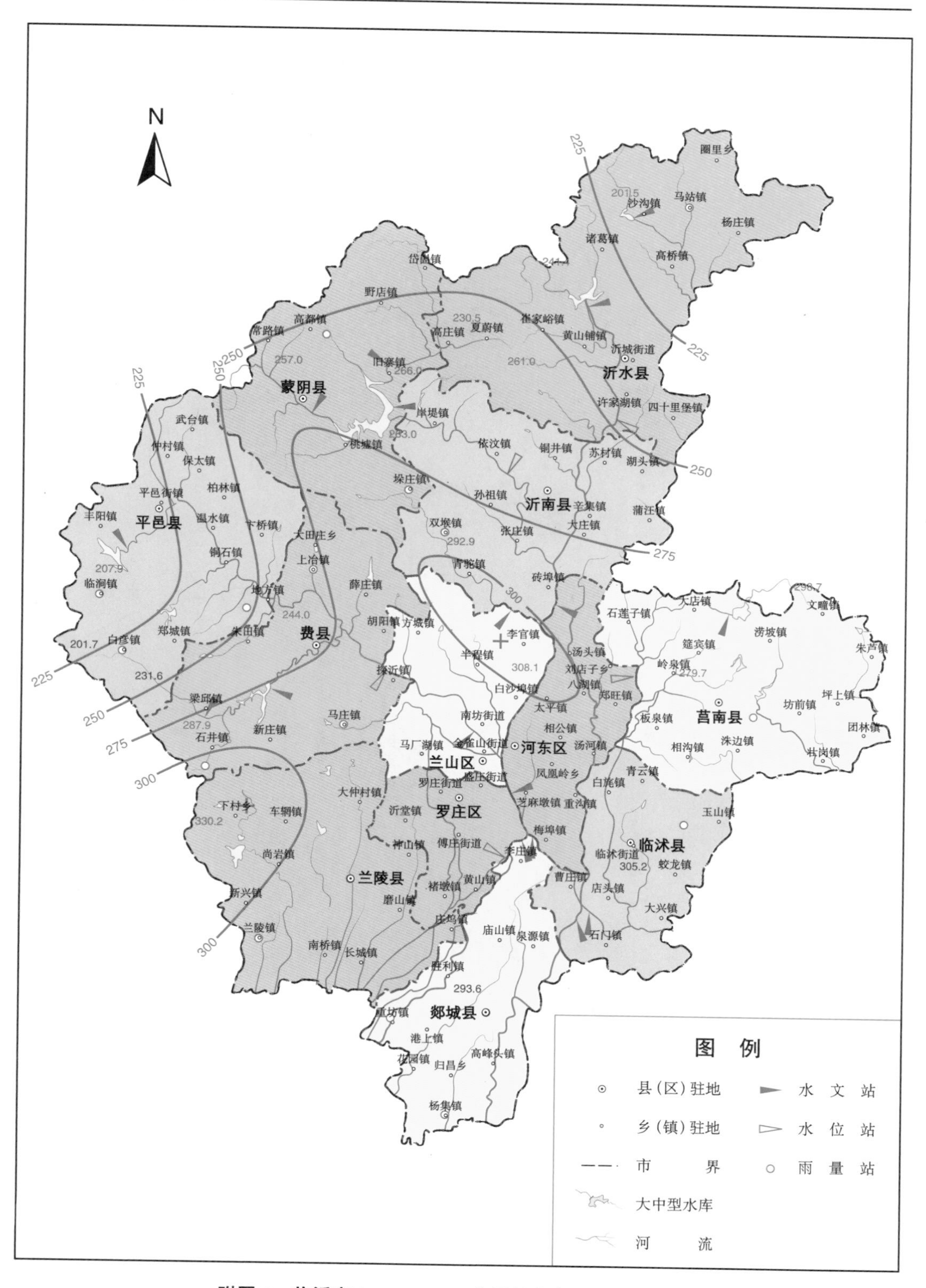

附图4 临沂市1956～2016年平均年径流深等值线图

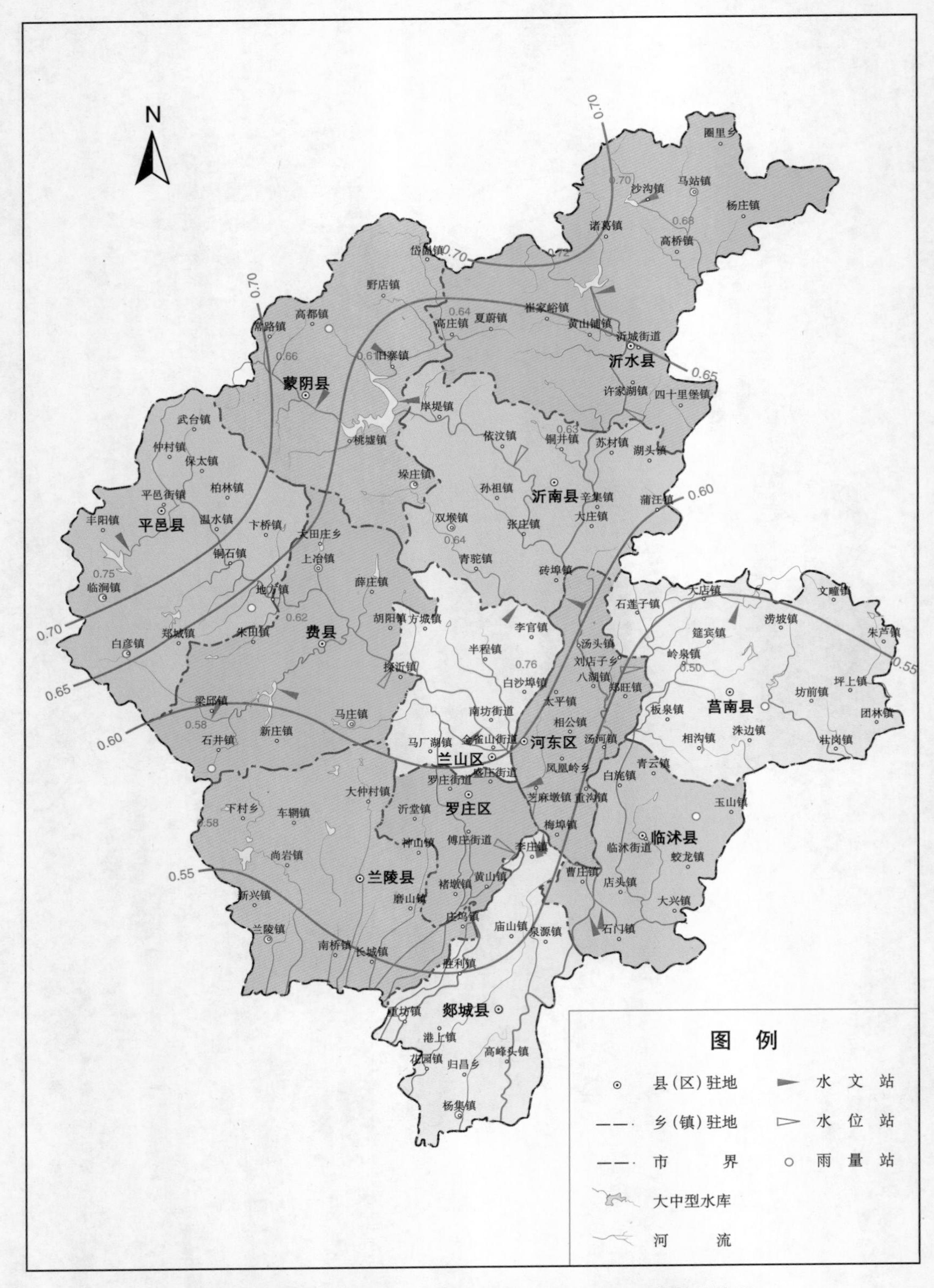

附图 5　临沂市 1956 ～ 2016 年平均年径流深变差系数等值线图

附图 6 临沂市 1956 ～ 2016 年平均年径流系数等值线图

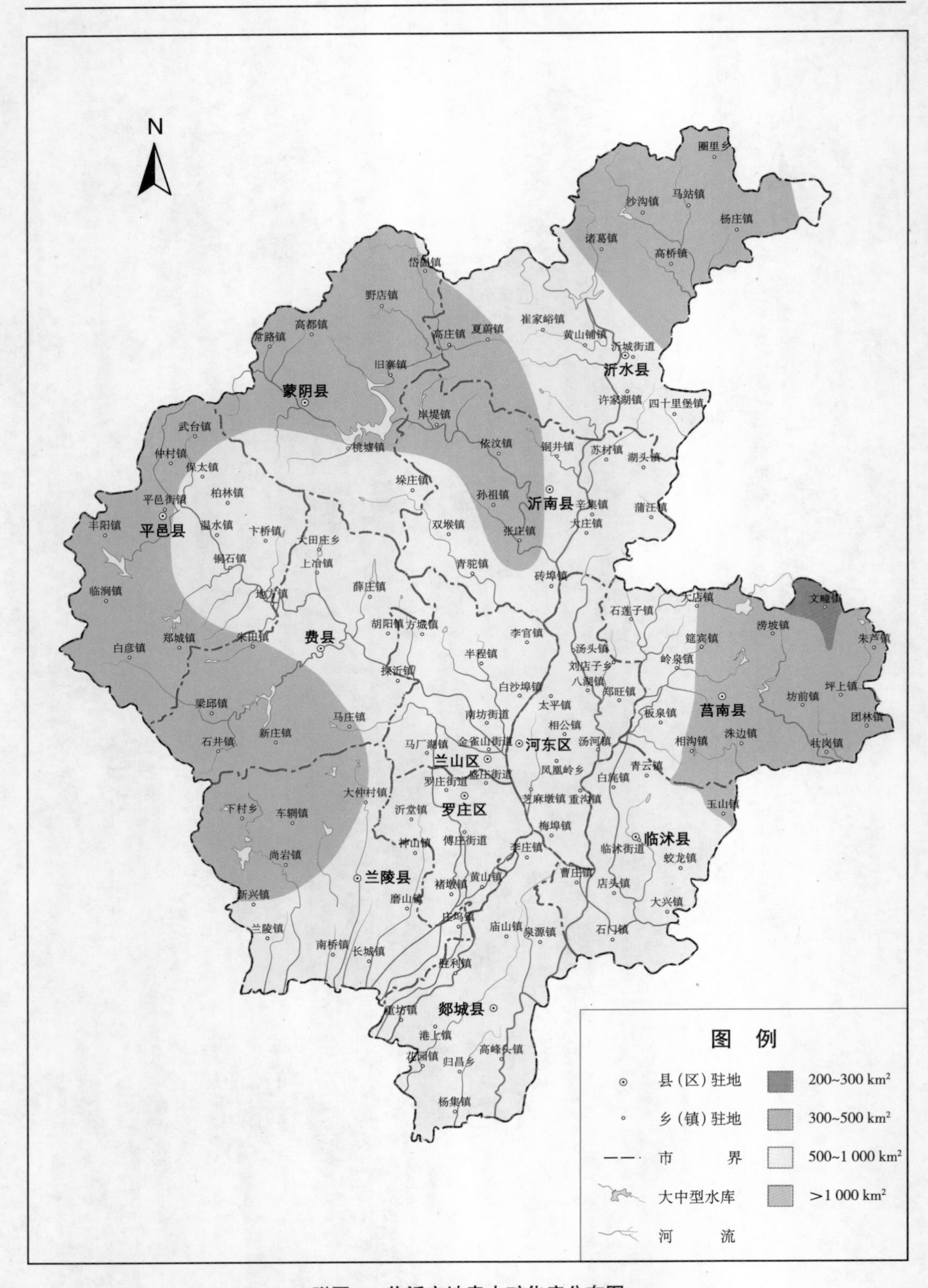

附图 7　临沂市地表水矿化度分布图

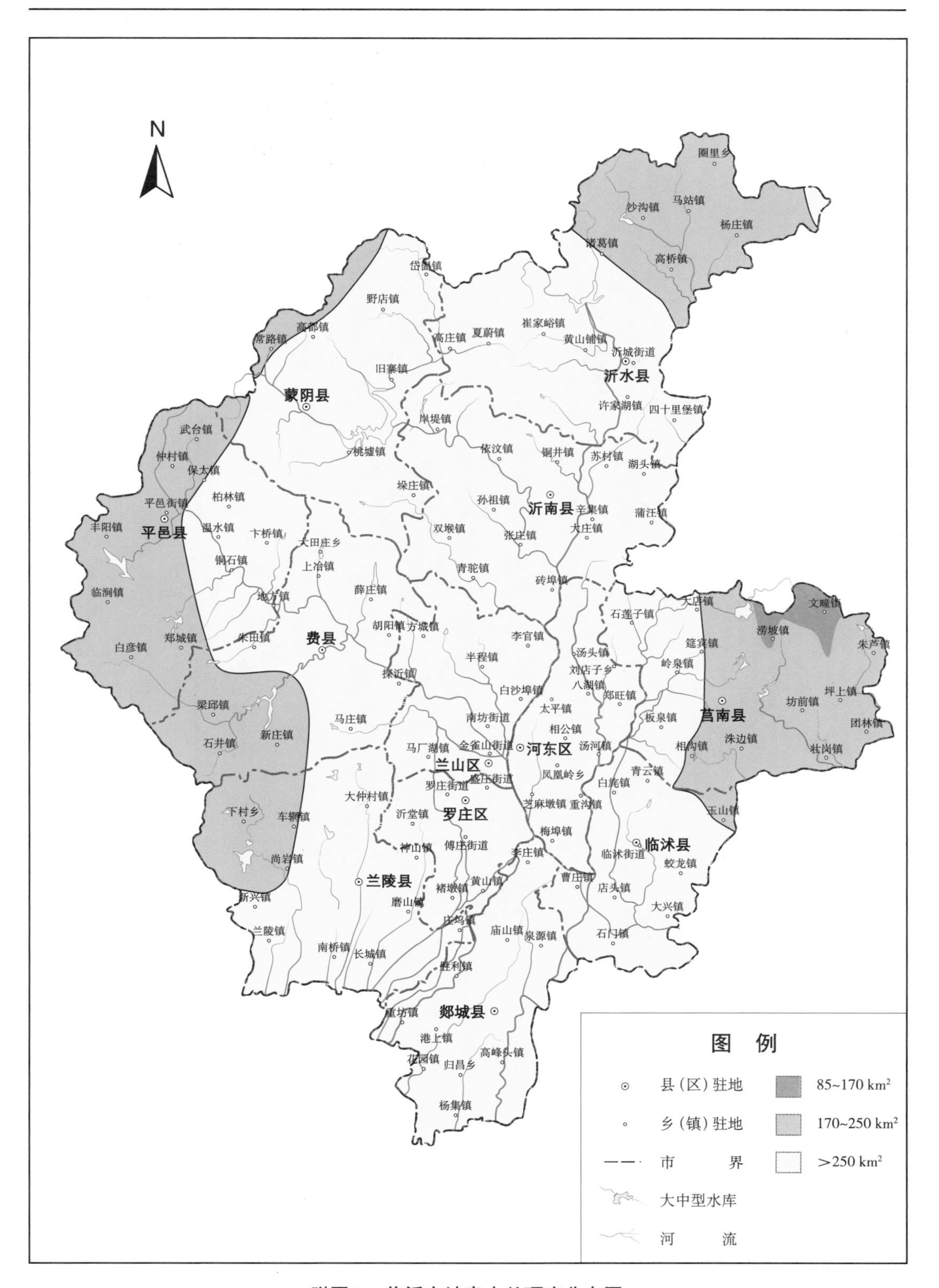

附图 8 临沂市地表水总硬度分布图

附图9　临沂市地表水水化学类型分布图

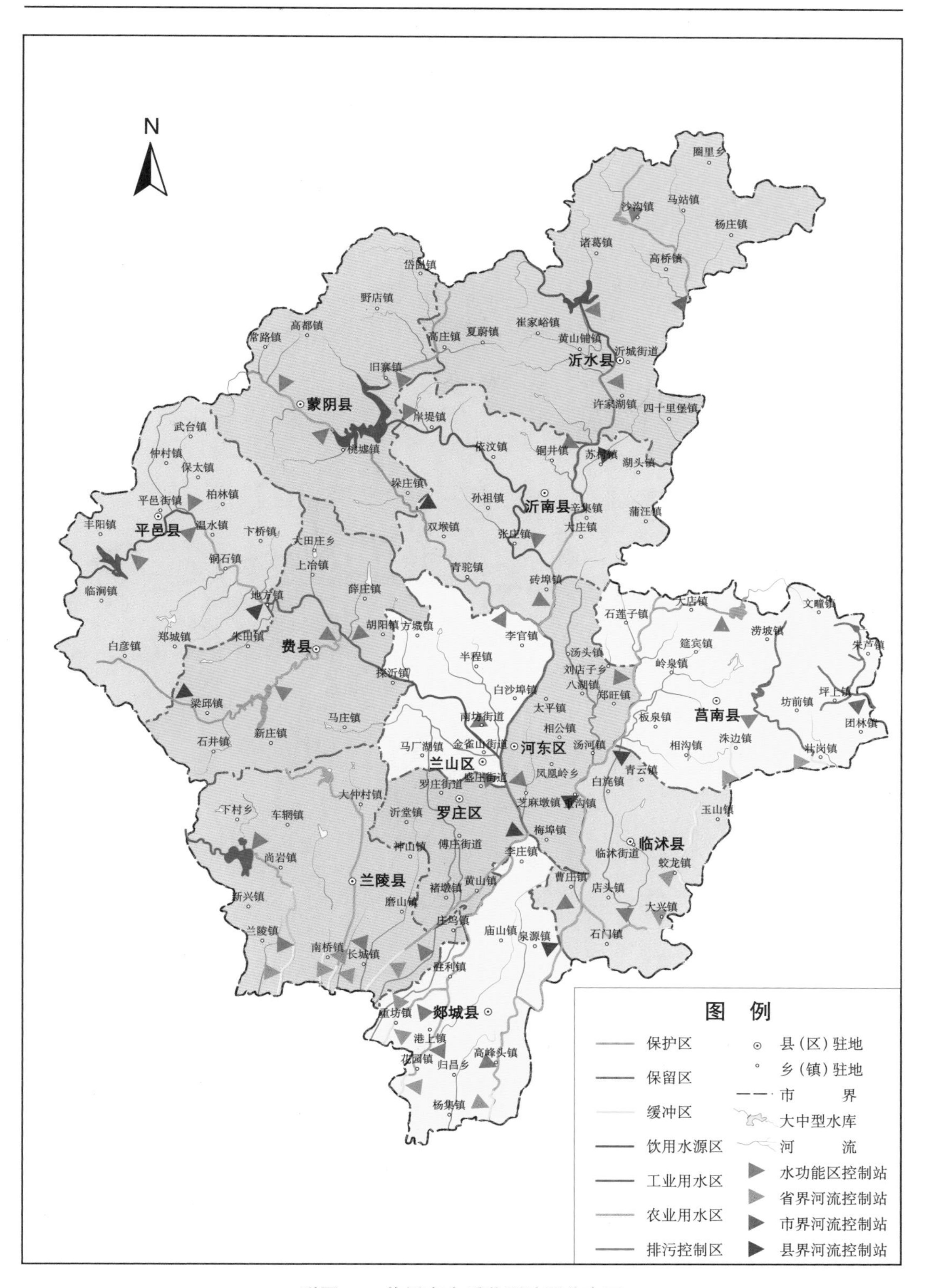

附图 10　临沂市水质监测站网分布图

附图 11 临沂市平原区浅层地下水水化学分布图

附图 12　临沂市平原区浅层地下水矿化度分布图

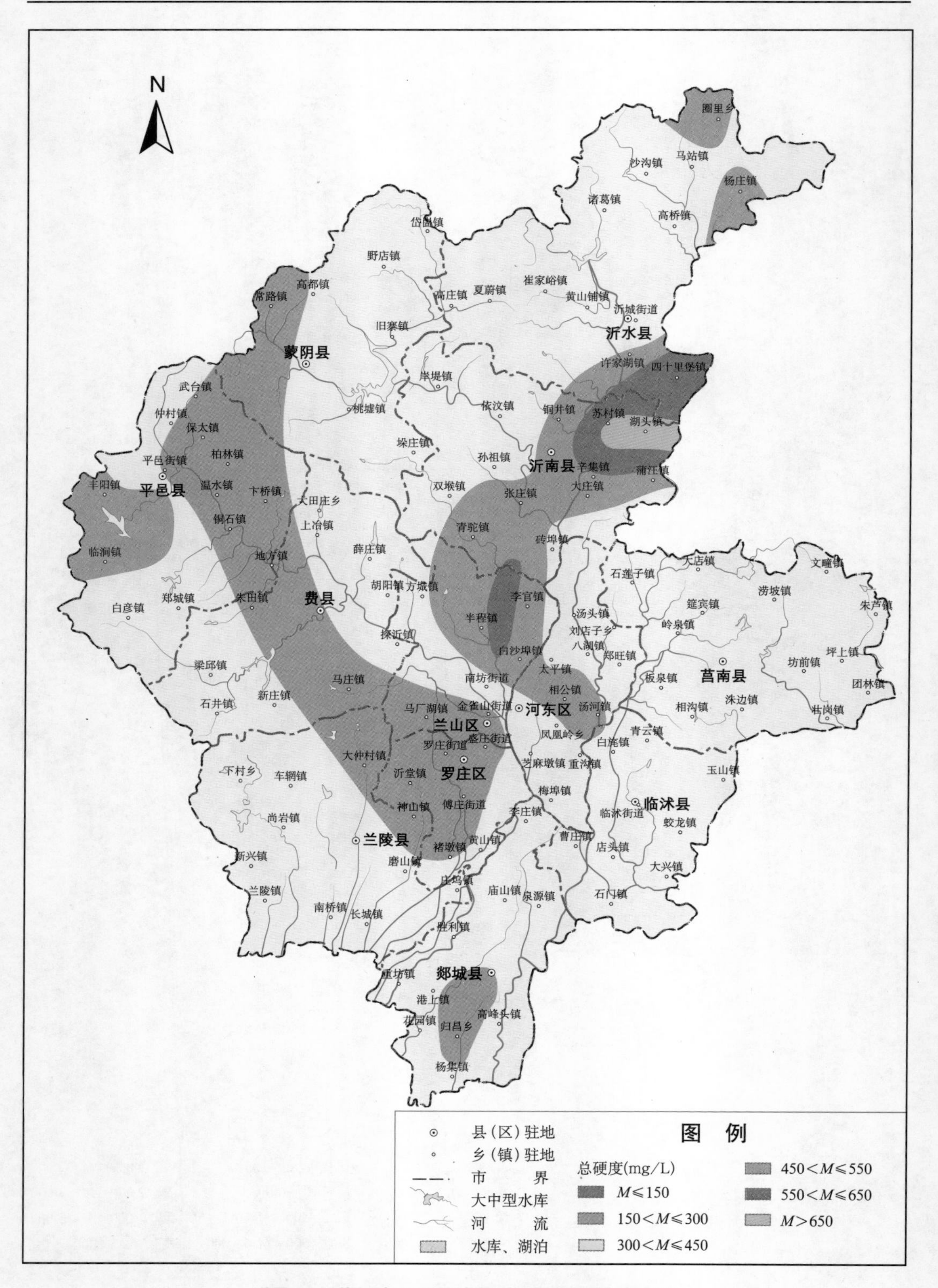

附图 13 临沂市平原区浅层地下水总硬度分布图

附图 14　临沂市平原区浅层地下水酸碱度分布图

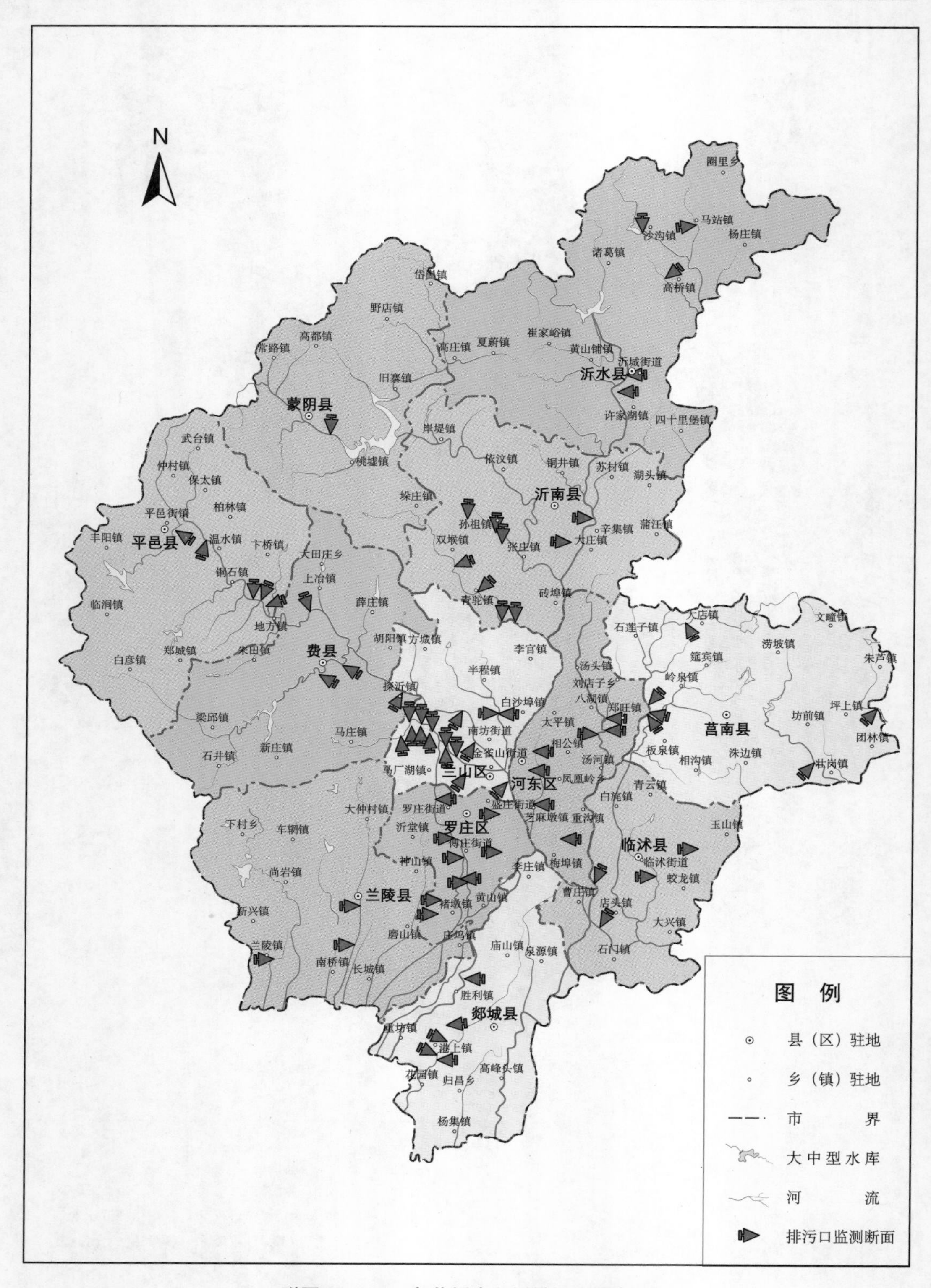

附图 15　2016 年临沂市入河排污口分布图

附　表

附表 1　临沂市水资源分区年降水量特征值

水资源三级区	水资源四级区	计算面积（km^2）	统计年限	年数	统计参数			不同频率年降水量（mm）			
					年均值（mm）	C_v	C_s/C_v	20%	50%	75%	95%
沂沭河区	沂河区	9 469	1956 ～ 2016 年	61	802.8	0.225	2.0	949.5	789.3	674.8	530.5
		9 469	1956 ～ 2000 年	45	805.0	0.227	2.0	953.3	791.3	675.5	529.8
		9 469	1980 ～ 2016 年	37	770.3	0.225	2.0	911.1	757.4	647.6	509.1
	沭河区	3 847	1956 ～ 2016 年	61	827.7	0.205	2.0	966.1	816.1	707.8	569.7
		3 847	1956 ～ 2000 年	45	833.2	0.207	2.0	973.8	821.3	711.3	571.2
		3 847	1980 ～ 2016 年	37	800.7	0.208	2.0	936.5	789.2	683.0	547.8
中运河区	苍山区	2 600	1956 ～ 2016 年	61	850.3	0.211	2.0	996.5	837.7	723.4	578.2
		2 600	1956 ～ 2000 年	45	847.5	0.217	2.0	997.1	834.2	717.3	569.3
		2 600	1980 ～ 2016 年	37	818.8	0.205	2.0	955.6	807.4	700.2	563.6
日赣区	日赣区	876	1956 ～ 2016 年	61	833.4	0.225	2.0	985.7	819.4	700.6	550.7
		876	1956 ～ 2000 年	45	846.7	0.220	2.0	998.1	833.1	714.8	565.2
		876	1980 ～ 2016 年	37	794.9	0.213	2.0	932.8	782.9	675.2	538.4
潍弥白浪区	潍河区	300	1956 ～ 2016 年	61	727.7	0.252	2.0	875.8	712.4	597.1	454.5
		300	1956 ～ 2000 年	45	740.5	0.255	2.0	892.9	724.5	605.9	459.6
		300	1980 ～ 2016 年	37	694.2	0.259	2.0	839.3	678.8	566.0	427.2

附表 2　临沂市行政分区年降水量特征值

地级行政区	县级行政区	计算面积（km^2）	统计年限	年数	统计参数			不同频率年降水量（mm）			
					年均值（mm）	C_v	C_s/C_v	20%	50%	75%	95%
临沂市	费县	1 655	1956～2016年	61	828.2	0.233	2.0	984.6	813.3	691.3	538 .3
			1956～2000年	45	834.3	0.235	2.0	993.2	819.0	695.1	540.0
			1980～2016年	37	783.8	0.225	2.0	927.1	770.7	658.9	518.0
临沂市	河东区	831	1956～2016年	61	855.7	0.224	2.0	1 011.3	841.5	719.9	566.6
			1956～2000年	45	861.2	0.229	2.0	1 021.2	846.3	721.4	564.5
			1980～2016年	37	821.3	0.212	2.0	963.2	809.0	698.2	557.4
临沂市	莒南县	1 752	1956～2016年	61	825.9	0.220	2.0	973.6	812.6	697.3	551.4
			1956～2000年	45	838.8	0.218	2.0	987.5	825.5	709.4	562.3
			1980～2016年	37	787.5	0.208	2.0	921.1	776.2	671.7	538.8
临沂市	兰陵县	1 719	1956～2016年	61	849.3	0.212	2.0	996.0	836.6	722.0	576.4
			1956～2000年	45	845.0	0.218	2.0	994.8	831.7	714.6	566.4
			1980～2016年	37	819.5	0.205	2.0	956.6	808.1	700.9	564.1
临沂市	兰山区	888	1956～2016年	61	841.9	0.243	2.0	1 007.5	825.4	696.4	535.9
			1956～2000年	45	848.9	0.250	2.0	1 020.4	831.3	697.8	532.5
			1980～2016年	37	802.6	0.236	2.0	956.1	787.8	668.1	518.4
临沂市	临沭县	1 007	1956～2016年	61	871.9	0.210	2.0	1 021.1	859.1	742.4	594.1
			1956～2000年	45	868.2	0.208	2.0	1 015.4	855.7	740.6	594.0
			1980～2016年	37	860.2	0.222	2.0	1 015.4	846.2	725.0	571.9
临沂市	罗庄区	567	1956～2016年	61	851.3	0.218	2.0	1 002.2	837.8	719.9	570.6
			1956～2000年	45	848.2	0.225	2.0	1 003.2	834.0	713.0	560.5
			1980～2016年	37	821.6	0.210	2.0	962.3	809.6	699.7	559.9

续附表 2

地级行政区	县级行政区	计算面积（km^2）	统计年限	年数	统计参数			不同频率年降水量（mm）			
					年均值（mm）	C_v	C_s/C_v	20%	50%	75%	95%
临沂市	蒙阴县	1 602	1956～2016年	61	790.2	0.245	2.0	946.8	774.4	652.4	500.9
			1956～2000年	45	790.7	0.246	2.0	948.1	774.8	652.3	500.2
			1980～2016年	37	758.7	0.250	2.0	911.9	742.9	623.6	475.9
临沂市	平邑县	1 825	1956～2016年	61	772.9	0.226	2.0	914.7	759.8	649.1	509.7
			1956～2000年	45	770.6	0.224	2.0	910.9	757.8	648.4	510.3
			1980～2016年	37	746.7	0.236	2.0	889.5	732.9	621.6	482.3
临沂市	郯城县	1 191	1956～2016年	61	851.6	0.206	2.0	994.7	839.6	727.7	585.0
			1956～2000年	45	851.3	0.196	2.0	987.6	840.5	733.6	596.6
			1980～2016年	37	840.0	0.223	2.0	992.2	826.1	707.3	557.3
临沂市	沂南县	1 714	1956～2016年	61	813.1	0.254	2.0	979.9	795.7	666.0	505.7
			1956～2000年	45	816.8	0.257	2.0	986.2	798.9	667.2	504.8
			1980～2016年	37	778.8	0.253	2.0	937.9	762.3	638.4	485.4
临沂市	沂水县	2 435	1956～2016年	61	755.3	0.245	2.0	905.0	740.2	623.6	478.8
			1956～2000年	45	762.1	0.251	2.0	916.6	746.2	625.9	477.0
			1980～2016年	37	720.4	0.243	2.0	862.1	706.2	595.9	458.5

附表3　临沂市单站最大年、最小年降水量比值和极差

县名	站名	最大		最小		最大年与最小年比值	极差（mm）
		降水量（mm）	年份	降水量（mm）	年份		
费县	上冶	1 099.3	2005	397.0	2002	2.8	702.3
	王家邵庄	1 542.2	1960	435.3	2002	3.5	1 106.9
	高桥	1 559.0	1960	441.2	1981	3.5	1 117.8
	许家崖水库	1 347.2	1963	488.7	1988	2.8	858.5
	姜庄湖	1 307.7	1960	345.1	2002	3.8	962.6
	马庄	1 504.6	1960	450.0	1988	3.3	1 054.6
河东区	葛沟	1 357.1	2003	506.8	2002	2.7	850.3
	临沂	1 449.2	1960	523.8	1981	2.8	925.4
	石拉渊	1 361.7	1970	458.9	2002	3.0	902.8
莒南县	陡山水库	1 136.2	1974	409.1	2002	2.8	727.1
	大山	1 351.7	1975	443.3	2002	3.0	908.4
	相邸	1 250.9	1974	502.5	2002	2.5	748.4
兰陵县	双河	1 431.1	1963	419.7	1988	3.4	1 011.4
	会宝岭水库	1 388.8	1964	423.9	1988	3.3	964.9
	兰陵	1 273.0	1964	441.5	1973	2.9	831.5
	小马庄	1 520.8	1960	430.8	1988	3.5	1 090.0
	卞庄	1 321.7	1963	526.9	1966	2.5	794.8
	西哨	1 270.6	1990	458.4	1966	2.8	812.2
兰山区	高里	1 396.5	1971	431.5	1986	3.2	965.0
	刘庄	1 323.3	1960	445.9	2002	3.0	877.4
	角沂	1 503.2	1960	373.8	1981	4.0	1 129.4
郯城县	刘家道口	1 279.6	1960	473.5	1966	2.7	806.1
	重坊	1 283.4	1998	406.9	1966	3.2	876.5
	郯城	1 353.4	1990	484.4	1966	2.8	869.0
	墨河	1 366.8	1974	534.1	1967	2.6	832.7

续附表 3

县名	站名	最大		最小		最大年与最小年比值	极差（mm）
		降水量（mm）	年份	降水量（mm）	年份		
临沭县	大官庄	1 364.8	2007	506.0	1966	2.7	858.8
	朱苍	1 424.8	1990	523.4	1966	2.7	901.4
蒙阴县	蒙阴	1 330.7	1970	398.7	2002	3.3	932.0
	前城子	1 465.6	1963	463.0	1988	3.2	1 002.6
	贾庄	1 546.4	1964	398.8	2002	3.9	1 147.6
	水明崖	1 457.6	1964	379.7	2002	3.8	1 077.9
	蔡庄	1 418.9	1964	363.0	2002	3.9	1 055.9
	岸堤水库	1 392.9	1964	391.2	2002	3.6	1 001.7
	垛庄	1 322.3	1964	461.7	1983	2.9	860.6
平邑县	临涧	1 263.1	2005	432.2	1968	2.9	830.9
	唐村水库	1 335.6	2003	428.0	2002	3.1	907.6
	公家庄	1 115.0	1991	357.8	1988	3.1	757.2
	昌里	1 166.1	1964	383.8	1988	3.0	782.3
	岳庄	1 313.6	2003	445.1	2002	3.0	868.5
	白彦	1 144.1	2005	445.0	2002	2.6	699.1
沂南县	傅旺庄	1 378.4	1960	417.4	1968	3.3	961.0
	双后	1 376.3	2003	431.2	2002	3.2	945.1
沂水县	西石壁口	1 176.1	1964	427.3	1986	2.8	748.8
	跋山水库	1 245.5	1964	445.4	1989	2.8	800.1
	摩天岭	1 356.1	1995	388.3	1989	3.5	967.8
	斜午	1 326.3	1960	420.5	2002	3.2	905.8
	沙沟水库	1 239.7	1964	407.4	2014	3.0	832.3
	马站	1 362.4	1964	402.1	2002	3.4	960.3

附表 4　临沂市雨量代表站典型年及多年平均降水量月分配

站名	项目	1月	2月	3月	4月	5月	6月	7月	8月	9月	10月	11月	12月	全年	6～9月
西石壁口	降水量（mm）	9.1	14.0	18.3	34.1	54.0	94.1	198.9	158.8	71.9	35.2	22.8	11.1	722.3	523.7
	月分配（%）	1.3	1.9	2.5	4.7	7.5	13.0	27.5	22.0	10.0	4.9	3.2	1.5	100.0	72.5
斜午	降水量（mm）	9.1	13.2	19.0	38.2	58.6	103.2	227.9	170.7	75.9	33.5	24.1	11.6	785.0	577.7
	月分配（%）	1.2	1.7	2.4	4.9	7.5	13.1	29.0	21.7	9.7	4.3	3.1	1.5	100.0	73.6
蔡庄	降水量（mm）	8.3	11.9	17.6	36.0	50.1	102.6	235.3	152.9	66.1	31.2	21.1	10.3	743.4	556.9
	月分配（%）	1.1	1.6	2.4	4.8	6.7	13.8	31.7	20.6	8.9	4.2	2.8	1.4	100.0	74.9
傅旺庄	降水量（mm）	9.0	13.7	19.1	38.6	54.0	110.1	232.3	170.1	70.6	34.3	25.2	11.6	788.6	583.1
	月分配（%）	1.1	1.7	2.4	4.9	6.8	14.0	29.5	21.6	9.0	4.3	3.2	1.5	100.0	73.9
葛沟	降水量（mm）	12.1	16.8	23.0	43.8	63.4	112.6	244.1	188.5	80.4	37.3	26.3	13.7	862.0	625.6
	月分配（%）	1.4	1.9	2.7	5.1	7.4	13.1	28.3	21.9	9.3	4.3	3.1	1.6	100.0	72.6
垛庄	降水量（mm）	11.6	16.2	22.1	41.6	56.5	111.6	236.5	184.6	74.9	36.1	27.6	14.0	833.3	607.6
	月分配（%）	1.4	1.9	2.7	5.0	6.8	13.4	28.4	22.2	9.0	4.3	3.3	1.7	100.0	72.9
高里	降水量（mm）	11.9	17.1	22.7	44.5	61.7	113.4	238.5	182.3	76.5	36.7	26.5	14.2	846.0	610.7
	月分配（%）	1.4	2.0	2.7	5.3	7.3	13.4	28.2	21.5	9.0	4.3	3.1	1.7	100.0	72.2
唐村水库	降水量（mm）	9.2	14.1	20.9	42.5	52.2	106.1	223.5	164.1	74.9	32.2	24.0	11.9	775.6	568.6
	月分配（%）	1.2	1.8	2.7	5.5	6.7	13.7	28.8	21.2	9.7	4.2	3.1	1.5	100.0	73.3
许家崖水库	降水量（mm）	11.6	16.7	21.7	43.2	58.3	115.2	243.9	185.7	79.5	37.1	25.3	13.5	851.7	624.3
	月分配（%）	1.4	2.0	2.5	5.1	6.8	13.5	28.6	21.8	9.3	4.4	3.0	1.6	100.0	73.3

续附表 4

站名	项目	1月	2月	3月	4月	5月	6月	7月	8月	9月	10月	11月	12月	全年	6～9月
临沂	降水量（mm）	11.3	17.0	25.7	42.6	69.1	104.4	251.6	181.1	80.9	36.7	26.3	14.1	860.8	618.0
	月分配（%）	1.3	2.0	3.0	4.9	8.0	12.1	29.2	21.0	9.4	4.3	3.1	1.6	100.0	71.8
刘家道口	降水量（mm）	13.7	18.7	28.1	46.5	70.5	103.3	235.8	175.9	79.1	36.8	26.9	14.8	850.1	594.1
	月分配（%）	1.6	2.2	3.3	5.5	8.3	12.2	27.7	20.7	9.3	4.3	3.2	1.7	100.0	69.9
沙沟水库	降水量（mm）	9.2	13.9	18.0	35.1	56.3	93.9	216.7	164.9	67.4	34.2	23.0	11.6	744.2	542.9
	月分配（%）	1.2	1.9	2.4	4.7	7.6	12.6	29.1	22.2	9.1	4.6	3.1	1.6	100.0	73.0
陡山水库	降水量（mm）	9.1	13.6	19.5	37.0	51.0	96.7	229.3	168.8	75.5	33.2	25.0	11.5	770.2	570.3
	月分配（%）	1.2	1.8	2.5	4.8	6.6	12.6	29.8	21.9	9.8	4.3	3.2	1.5	100.0	74.0
石拉渊	降水量（mm）	13.4	18.8	23.3	41.3	58.4	105.0	235.7	183.5	85.7	38.6	26.4	13.2	843.3	609.9
	月分配（%）	1.6	2.2	2.8	4.9	6.9	12.5	27.9	21.8	10.2	4.6	3.1	1.6	100.0	72.3
大官庄	降水量（mm）	13.9	20.8	30.0	47.2	65.6	107.0	252.4	188.0	85.0	36.8	29.8	15.4	891.9	632.4
	月分配（%）	1.6	2.3	3.4	5.3	7.4	12.0	28.3	21.1	9.5	4.1	3.3	1.7	100.0	70.9
郯城	降水量（mm）	13.6	20.5	29.2	47.9	64.3	102.4	240.6	176.5	84.2	38.1	28.4	14.6	860.3	603.7
	月分配（%）	1.6	2.4	3.4	5.6	7.5	11.9	28.0	20.5	9.8	4.4	3.3	1.7	100.0	70.2
卞庄	降水量（mm）	11.7	16.1	24.6	45.9	68.8	107.8	247.5	164.5	76.3	35.3	26.3	13.8	838.6	596.1
	月分配（%）	1.4	1.9	2.9	5.5	8.2	12.9	29.5	19.6	9.1	4.2	3.1	1.6	100.0	71.1
相邸	降水量（mm）	10.9	17.1	23.1	40.9	56.5	102.8	239.4	175.9	82.3	34.3	26.7	13.0	822.9	600.4
	月分配（%）	1.3	2.1	2.8	5.0	6.9	12.5	29.1	21.4	10.0	4.2	3.2	1.6	100.0	73.0

附表 5　临沂市平原区 2001 ～ 2016 年多年平均浅层

地下水Ⅱ级类型区名称：名称	地下水Ⅱ级类型区名称：类型	所在水资源分区：二级区	所在水资源分区：三级区	所在水资源分区：四级区	面积（km^2）：合计	面积（km^2）：其中：计算面积	补给：降水入渗补给量	补给：降水入渗补给量模数	补给：山前侧向补给量	补给：地表水体补给量：跨水资源一级区形成的地表水体补给量	补给：地表水体补给量：本水资源一级区地表水体补给量：合计	补给：地表水体补给量：本水资源一级区地表水体补给量：其中：山丘区河川基流形成的	补给：地表水体补给量：合计	补给：井灌回归补给量	补给：其他补给量
					A	*F*	(1)	(2)=(1)/*F*	(3)	(4)	(5)	(6)	(7)=(4)+(5)	(8)	(9)
临郯苍平原区	一般平原区	沂沭泗河	中运河区	苍山区	872	865	15 761.9	18.2	1.8		679.3	272.0	679.3	465.3	
			三级区小计		872	865	15 761.9	18.2	1.8		679.3	272.0	679.3	465.3	
			沂沭河区	沂河区	576	568	10 514.4	18.5	5.7		1 684.5	539.0	1 684.5	389.1	
				沭河区	293	293	5 851.7	20.0	4.2		999.9	320.0	999.9	200.7	
			三级区小计		869	861	16 366.0	19.0	9.8		2 684.4	859.0	2 684.4	589.9	
沂沭河山间平原区	山间平原区		中运河区	苍山区	60	47	921.5	19.6	4.2		302.8	121.1	302.8	101.8	
			三级区小计		60	47	921.5	19.6	4.2		302.8	121.1	302.8	101.8	
			沂沭河区	沂河区	837	779	13 706.4	17.6	775.9		3 193.1	1 085.9	3 193.1	493.3	
				沭河区	707	707	12 811.6	18.1	22.1		3 105.4	970.3	3 105.4	418.7	
			三级区小计		1 544	1 486	26 518.0	17.9	798.0		6 298.4	2 056.2	6 298.4	912.0	
		二级区小计			3 345	3 259	59 567.4	18.3	813.8		9 964.9	3 308.3	9 964.9	2 068.9	
全市合计					3 345	3 259	59 567.4	18.3	813.8		9 964.9	3 308.3	9 964.9	2 068.9	
临郯苍平原区	一般平原区	兰陵县			778	771	13 974.6	18.1	1.8		427.4	170.9	427.4	400.9	
		郯城县			963	955	18 153.3	19.0	9.8		2 936.3	960.1	2 936.3	654.3	
沂沭河山间平原区	山间平原区	兰山区			284	244	4 413.3	18.1	36.1		1 023.6	327.6	1 023.6	106.0	
		罗庄区			124	111	2 232.9	20.1	4.2		661.4	264.6	661.4	240.5	
		河东区			696	678	12 458.3	18.4	2.2		3 377.2	1 080.7	3 377.2	470.6	
		沂南县			175	175	2 785.1	15.9	34.7		412.8	153.6	412.8	69.0	
		沂水县			68	68	1 013.2	14.9	697.4		234.8	76.4	234.8	32.5	
		费县			16	16	256.7	16.0	7.8		70.7	35.3	70.7	0	
		莒南县			117	117	1 991.6	17.0	10.9		317.9	80.6	317.9	57.4	
		临沭县			124	124	2 288.4	18.5	9.0		502.8	158.6	502.8	37.8	
全市合计					3 345	3 259	59 567.4	18.3	813.8		9 964.9	3 308.3	9 964.9	2 068.9	

注：表中（10）=（1）+（3）+（7）+（8）+（9），（12）=（10）-（8），（20）=（15）+（16）+（17）+（19）。

地下水资源量

量（万 m³）					排泄量（万 m³）						地下水蓄变量（万 m³）
地下水总体补给量	地下水总补给量模数	地下水资源量		地下水资源量模数	实际开采量	潜水蒸发量	河道排泄量		侧向流出量	地下水总排泄量	
		合计	其中：$M \leqslant$ 1 g/L				合计	其中：降水入渗补给量形成的			
(10)=(1)+(3)+(7)+(8)+(9)	(11)=(10)/F	(12)=(10)−(8)	(13)	(14)=(12)/F	(15)	(16)	(17)	(18)	(19)	(20)=(15)+(16)+(17)+(19)	(21)
16 908.2	19.6	16 442.9		19.0	7 337.1	7 244.5	0	0	1 616.6	16 198.2	−185.3
16 908.2	19.6	16 442.9		19.0	7 337.1	7 244.5	0	0	1 616.6	16 198.2	−185.3
12 593.7	22.2	12 204.5		21.5	5 417.6	4 889.6	134.8	109.2	897.8	11 339.8	−5.9
7 056.5	24.1	6 855.7		23.4	4 663.8	1 483.7	80.0	63.2	635.4	6 863.0	−148.1
19 650.2	22.8	19 060.3		22.1	10 081.4	6 373.4	214.8	172.4	1 533.2	18 202.7	−153.9
1 330.2	28.3	1 228.4		26.1	839.4	513.6	0	0	0	1 352.9	−8.5
1 330.2	28.3	1 228.4		26.1	839.4	513.6	0	0	0	1 352.9	−8.5
18 168.7	23.3	17 675.4		22.7	8 733.0	7 162.0	271.5	214.8	0	16 166.5	−128.7
16 357.7	23.1	15 939.0		22.5	8 714.8	7 130.9	242.6	194.1	0	16 088.2	143.3
34 526.4	23.2	33 614.4		22.6	17 447.8	14 292.9	514.1	408.9	0	32 254.7	14.6
72 414.9	22.2	70 346.0		21.6	35 705.7	28 424.2	728.8	581.2	3 149.8	68 008.5	−333.2
72 414.9	22.2	70 346.0		21.6	35 705.7	28 424.2	728.8	581.2	3 149.8	68 008.5	−333.2
14 804.6	19.2	14 403.8		18.7	6 018.1	6 340.1	0	0	1 501.3	13 859.4	−142.2
21 753.7	22.8	21 099.5		22.1	11 400.5	7 277.8	214.8	172.4	1 648.5	20 541.5	−197.1
5 579.0	22.9	5 472.9		22.4	2 825.4	2 806.5	81.9	63.9	0	5 713.8	−36.1
3 138.9	28.3	2 898.4		26.1	1 982.3	1 249.7	35.9	29.1	0	3 267.9	−21.3
16 308.3	24.1	15 837.7		23.4	5 475.1	8 578.1	270.2	218.9	0	14 323.4	40.2
3 301.6	18.9	3 232.6		18.5	2 382.3	698.3	38.4	29.6	0	3 119.1	−63.8
1 977.9	29.1	1 945.4		28.6	925.7	156.2	19.1	14.7	0	1 101.0	−24.1
335.1	20.9	335.1		20.9	217.8	82.6	8.8	6.8	0	309.3	−6.6
2 377.8	20.3	2 320.4		19.8	2 321.4	360.0	20.2	15.5	0	2 701.6	57.1
2 838.1	22.9	2 800.2		22.6	2 157.0	875.0	39.7	30.5	0	3 071.6	60.5
72 414.9	22.2	70 346.0		21.6	35 705.7	28 424.2	728.8	581.2	3 149.8	68 008.5	−333.2

附表 6　临沂市山丘区 2001 ～ 2016 年多年

地下水Ⅱ级类型区		所在水资源分区			总面积（km^2）	计算面积（km^2）	天然河川基流量（万 m^3）（降水入渗补给量形成的河道排泄量）
名称	类型	二级区	三级区	四级区			
					F	A	(1)
临沂一般山丘区	一般山丘区	沂沭泗河	沂沭河区	沂河区	5 284	5 157	39 959.4
				沭河区	2 847	2 791	23 774.4
			三级区小计		8 131	7 948	63 733.8
			日赣区	日赣区	876	870	7 049.2
			三级区小计		876	870	7 049.2
		二级区小计			9 007	8 818	70 783.0
		山东半岛沿海诸河	潍弥白浪区	潍河区	300	300	1 914.6
			三级区小计		300	300	1 914.6
		二级区小计			300	300	1 914.6
临沂岩溶山区	岩溶山区	沂沭泗河	中运河区	苍山区	1 668	1 637	12 415.0
			三级区小计		1 668	1 637	12 415.0
		沂沭泗河	沂沭河区	沂河区	2 866	2 777	20 475.1
			三级区小计		2 866	2 777	20 475.1
		二级区小计			4 534	4 414	32 890.1
		全市合计			13 841	13 532	105 587.7
临沂一般山丘区	一般山丘区	兰山区			356	353	2 764.0
		河东区			135	135	1 120.9
		沂南县			862	862	6 046.7
		郯城县			228	228	1 929.0
		沂水县			1 674	1 652	12 946.2
		费县			849	839	6 291.6
		平邑县			1 455	1 430	10 782.5
		莒南县			1 635	1 594	13 470.7
		蒙阴县			1 230	1 156	9 875.5
		临沭县			883	869	7 470.6
		全市合计			9 307	9 118	72 697.6
临沂岩溶山区	岩溶山区	兰山区			248	248	1 891.9
		罗庄区			443	443	3 282.9
		沂南县			677	661	4 525.9
		沂水县			693	662	4 632.9
		兰陵县			941	910	6 973.4
		费县			790	763	5 854.4
		平邑县			370	356	2 741.9
		蒙阴县			372	371	2 986.7
		全市合计			4 534	4 414	32 890.1

平均浅层地下水资源量

实际开采量（万 m^3）		潜水蒸发量（万 m^3）	山前侧向流出量（万 m^3）	总排泄量（万 m^3）	地下水资源量（万 m^3）（降水入渗补给量）		地下水资源量模数（万 m^3/km^2）
合计	其中：开采净消耗量				合计	其中：$M \leqslant 1$ g/L	
(2)	(3)	(4)	(5)	(6)=(1)+(3)+(4)+(5)	(7)=(6)	(8)	(9)=(7)/F
9 896.6	5 477.3	2 761.2	389.9	48 587.7	48 587.7	48 587.7	9.2
2 333.6	1 277.3	3 789.4	26.2	28 867.3	28 867.3	28 867.3	10.1
12 230.2	6 754.6	6 550.6	416.1	77 455.1	77 455.1	77 455.1	9.5
271.0	129.6	71.8	0	7 250.6	7 250.6	7 250.6	8.3
271.0	129.6	71.8	0	7 250.6	7 250.6	7 250.6	8.3
12 501.2	6 884.2	6 622.4	416.1	84 705.6	84 705.6	84 705.6	9.4
493.6	283.9	0	0	2 198.5	2 198.5	2 198.5	7.3
493.6	283.9	0	0	2 198.5	2 198.5	2 198.5	7.3
493.6	283.9	0	0	2 198.5	2 198.5	2 198.5	7.3
3 042.6	1 835.2	0	6.0	14 256.2	14 256.2	14 256.2	8.6
3 042.6	1 835.2	0	6.0	14 256.2	14 256.2	14 256.2	8.6
5 118.0	2 812.2	3 429.4	391.7	27 108.4	27 108.4	27 108.4	9.5
5 118.0	2 812.2	3 429.4	391.7	27 108.4	27 108.4	27 108.4	9.5
8 160.6	4 647.3	3 429.4	397.7	41 364.6	41 364.6	41 364.6	9.1
21 155.4	11 815.4	10 051.8	813.8	128 268.7	128 268.7	128 268.7	9.3
817.4	589.7	370.9	21.8	3 746.4	3 746.4	3 746.4	10.5
208.0	98.9	0	2.2	1 221.9	1 221.9	1 221.9	9.1
619.8	303.7	1 662.9	12.6	8 026.0	8 026.0	8 026.0	9.3
182.1	94.6	557.0	9.8	2 590.4	2 590.4	2 590.4	11.4
2 754.1	1 584.1	1 027.5	346.7	15 904.5	15 904.5	15 904.5	9.5
2 395.6	1 301.7	237.5	3.1	7 834.0	7 834.0	7 834.0	9.2
2 471.4	1 394.3	0		12 176.8	12 176.8	12 176.8	8.4
490.6	231.1	847.2	10.9	14 559.9	14 559.9	14 559.9	8.9
2 595.6	1 307.9	0		11 183.4	11 183.4	11 183.4	9.1
460.2	262.0	1 919.4	9.0	9 660.9	9 660.9	9 660.9	10.9
12 994.7	7 168.1	6 622.4	416.1	86 904.1	86 904.1	86 904.1	9.3
569.4	410.8	0	14.3	2 317.0	2 317.0	2 317.0	9.3
2 200.4	1 315.1	0	4.2	4 602.2	4 602.2	4 602.2	10.4
486.8	238.5	1 476.5	22.1	6 263.0	6 263.0	6 263.0	9.3
1 140.1	655.8	1 952.9	350.7	7 592.3	7 592.3	7 592.3	11.0
121.3	65.8	0	1.8	7 041.0	7 041.0	7 041.0	7.5
2 229.1	1 211.3	0	4.6	7 070.3	7 070.3	7 070.3	9.0
628.5	354.6	0		3 096.5	3 096.5	3 096.5	8.4
785.0	395.6	0		3 382.3	3 382.3	3 382.3	9.1
8 160.6	4 647.3	3 429.4	397.7	41 364.6	41 364.6	41 364.6	9.1

附表 7 临沂市 2001 ～ 2016 年多年平均浅层

水资源分区			面积（km^2）		山丘区				平		
					计算面积（km^2）	地下水资源量（即：降水入渗补给量）（万 m^3）		其中：河川基流量（即：降水入渗补给量形成的河道排泄量）（万 m^3）	计算面积（km^2）	降水入渗补给量（万 m^3）	山前侧向补给量（万 m^3）
二级区	三级区	四级区	合计	其中：计算面积		合计	其中：$M \leqslant$ 1 g/L				
			A	$F=F_1+F_2$	F_1	(1)	(2)	(3)	F_2	(4)	(5)
沂沭泗河	中运河区	苍山区	2 600	2 549	1 637	14 256.2	14 256.2	12 415.0	912	16 683.3	6.0
	三级区小计		2 600	2 549	1 637	14 256.2	14 256.2	12 415.0	912	16 683.3	6.0
	沂沭河区	沂河区	9 563	9 281	7 934	75 696.1	75 696.1	60 434.5	1 347	24 220.8	781.6
		沭河区	3 847	3 791	2 791	28 867.3	28 867.3	23 774.4	1 000	18 663.3	26.2
	三级区小计		13 410	13 072	10 725	104 563.5	104 563.5	84 208.9	2 347	42 884.0	807.8
	日赣区	日赣区	876	870	870	7 250.6	7 250.6	7 049.2			
	三级区小计		876	870	870	7 250.6	7 250.6	7 049.2			
二级区小计			16 886	16 491	13 232	126 070.2	126 070.2	103 673.1	3 259	59 567.4	813.8
半岛沿海诸小河	潍弥白浪区	潍河区	300	300	300	2 198.5	2 198.5	1 914.6			
	三级区小计		300	300	300	2 198.5	2 198.5	1 914.6			
二级区小计			300	300	300	2 198.5	2 198.5	1 914.6			
全市合计			17 186	16 791	13 532	128 268.7	128 268.7	105 587.7	3 259	59 567.4	813.8
行政区划	兰山区		888	845	601	6 063.4	6 063.4	4 655.9	244	4 413.3	36.1
	罗庄区		567	554	443	4 602.2	4 602.2	3 282.9	111	2 232.9	4.2
	河东区		831	813	135	1 221.9	1 221.9	1 120.9	678	12 458.3	2.2
	沂南县		1 714	1 698	1 523	14 289.0	14 289.0	10 572.6	175	2 785.1	34.7
	郯城县		1 191	1 183	228	2 590.4	2 590.4	1 929.0	955	18 153.3	9.8
	沂水县		2 435	2 382	2 314	23 496.8	23 496.8	17 579.1	68	1 013.2	697.4
	兰陵县		1 719	1 681	910	7 041.0	7 041.0	6 973.4	771	13 974.6	1.8
	费县		1 655	1 618	1 602	14 904.3	14 904.3	12 146.1	16	256.7	7.8
	平邑县		1 825	1 786	1 786	15 273.3	15 273.3	13 524.5			
	莒南县		1 752	1 711	1 594	14 559.9	14 559.9	13 470.7	117	1 991.6	10.9
	蒙阴县		1 602	1 527	1 527	14 565.7	14 565.7	12 862.2			
	临沭县		1 007	993	869	9 660.9	9 660.9	7 470.6	124	2 288.4	9.0
全市合计			17 186	16 791	13 532	128 268.7	128 268.7	105 587.7	3 259	59 567.4	813.8

地下水资源量

原					区			地下水资源量（万 m³）	
地表水体补给量（万 m³）				其他补给量（万 m³）	地下水资源量（万 m³）		降水入渗补给量形成的河道排泄量（万 m³）	合计	其中：$M \leqslant 1$ g/L
跨水资源一级区调水形成的地表水体补给量	本水资源一级区地表水体补给量		合计		合计	其中：$M \leqslant 1$ g/L			
	合计	其中：山丘区河川基流形成的							
(6)	(7)	(8)	(9) = (6) + (7)	(10)	(11) = (4) + (5) + (9) + (10)	(12)	(13)	(14) = (1) + (11) − (5) − (8)	(15)
	982.0	393.1	982.0		17 671.3	17 671.3		31 528.4	31 528.4
	982.0	393.1	982.0		17 671.3	17 671.3		31 528.4	31 528.4
	4 877.6	1 625.0	4 877.6		29 879.9	29 879.9	323.9	103 169.5	103 169.5
	4 105.3	1 290.3	4 105.3		22 794.8	22 794.8	257.3	50 345.6	50 345.6
	8 982.9	2 915.2	8 982.9		52 674.7	52 674.7	581.2	15 3515.1	153 515.1
								7 250.6	7 250.6
								7 250.6	7 250.6
	9 964.9	3 308.3	9 964.9		70 346.0	70 346.0	581.2	192 294.1	192 294.1
								2 198.5	2 198.5
								2 198.5	2 198.5
								2 198.5	2 198.5
	9 964.9	3 308.3	9 964.9		70 346.0	70 346.0	581.2	194 492.6	194 492.6
	1 023.6	327.6	1 023.6		5 472.9	5 472.9	63.9	11 172.7	11 172.7
	661.4	264.6	661.4		2 898.4	2 898.4	29.1	7 231.9	7 231.9
	3 377.2	1 080.7	3 377.2		15 837.7	15 837.7	218.9	15 976.7	15 976.7
	412.8	153.6	412.8		3 232.6	3 232.6	29.6	17 333.3	17 333.3
	2 936.3	960.1	2 936.3		21 099.5	21 099.5	172.4	22 720.0	22 720.0
	234.8	76.4	234.8		1 945.4	1 945.4	14.7	24 668.4	25 265.7
	427.4	170.9	427.4		14 403.8	14 403.8		21 272.0	21 272.0
	70.7	35.3	70.7		335.1	335.1	6.8	15 196.3	15 196.3
								15 273.3	15 273.3
	317.9	80.6	317.9		2 320.4	2 320.4	15.5	16 788.8	16 788.8
								14 565.7	14 565.7
	502.8	158.6	502.8		2 800.2	2 800.2	30.5	12 293.6	12 293.6
	9 964.9	3 308.3	9 964.9		70 346.0	70 346.0	581.2	194 492.6	194 492.6

附表 8　临沂市多年平均浅层

二级区	三级区	四级区	地级	面积（km^2）合计 A	其中：计算面积 $F=F_1+F_2$	平原区 计算面积（km^2）F_1	地下水总补给量（万 m^3）（1）	地下水可开采量（万 m^3）（2）
沂沭泗河	中运河区	苍山区	临沂市	2 600	2 549	912	18 238.4	13 826.00
	三级区小计		临沂市	2 600	2 549	912	18 238.4	13 826.00
	沂沭河区	沂河区	临沂市	9 563	9 281	1 347	30 762.34	24 051.23
		沭河区	临沂市	3 847	3 791	1 000	23 414.19	18 622.32
	三级区小计		临沂市	13 410	13 072	2 347	54 176.53	42 673.55
	日赣区	日赣区	临沂市	876	870			
	三级区小计		临沂市	876	870			
二级区小计			临沂市	16 886	16 491	3 259	72 414.93	56 499.55
半岛沿海诸小河	潍弥白浪区	潍河区	临沂市	300	300			
	三级区小计		临沂市	300	300			
二级区小计			临沂市	300	300			
全市合计				17 186	16 791	3 259	72 414.93	56 499.55
行政区划	兰山区			888	845	244	5 578.96	4 243.1
	罗庄区			567	554	111	3 138.89	2 539.1
	河东区			831	813	678	16 308.29	12 366.8
	沂南县			1 714	1 698	175	3 301.6	2 702.6
	郯城县			1 191	1 183	955	21 753.71	17 443.1
	沂水县			2 435	2 382	68	1 977.89	1 535.23
	兰陵县			1 719	1 681	771	14 804.61	11 133.9
	费县			1 655	1 618	16	335.11	264.3
	平邑县			1 825	1 786			
	莒南县			1 752	1 711	117	2 377.82	2 056.3
	蒙阴县			1 602	1 527			
	临沭县			1 007	993	124	2 838.05	2 215.12
全市合计				17 186	16 791	3 259	72 414.93	56 499.55

地下水可开采量

	山丘区				重复计算量（万 m^3）	合计	
地下水可开采量模数（万 m^3/km^2）	计算面积（km^2）	地下水资源量（万 m^3）	地下水可开采量（万 m^3）	地下水可开采量模数（万 m^3/km^2）		地下水可开采量（万 m^3）	地下水可开采量模数（万 m^3/km^2）
（3）=（2）$/F_1$	F_2	（4）	（5）	（6）=（5）$/F_2$		（7）	（8）=（7）$/F$
15.16	1 637	14 256.16	10 096.37	6.17	233.89	23 688.48	9.29
15.16	1 637	14 256.16	10 096.37	6.17	233.89	23 688.48	9.29
17.86	7 934	75 696.13	55 458.62	6.99	1 776.10	77 733.75	8.38
18.62	2 791	28 867.31	18 887.54	6.77	1 033.19	36 476.67	9.62
18.18	10 725	104 563.44	74 346.16	6.93	2 809.29	114 210.42	8.74
	870	7 250.59	3 174.96	3.65	0	3 174.96	3.65
	870	7 250.59	3 174.96	3.65	0	3 174.96	3.65
17.34	13 232	126 070.20	87 617.49	6.62	3 043.18	141 073.86	8.55
	300	2 795.69	1 129.56	3.77	0	1 129.56	3.77
	300	2 795.69	1 129.56	3.77	0	1 129.56	3.77
	300	2 795.69	1 129.56	3.77	0	1 129.56	3.77
17.34	13 532	128 865.89	88 747.05	6.56	3 043.18	142 203.42	8.47
17.39	601	6 063.41	4 424.52	7.36	285.38	8 382.24	9.92
22.87	443	4 602.18	3 773.79	8.52	98.31	6 214.58	11.22
18.24	135	1 221.90	881.83	6.53	849.86	12 398.77	15.25
15.44	1 523	14 288.96	9 354.70	6.14	147.76	11 909.54	7.01
18.27	228	2 590.44	1 679.59	7.37	681.87	18 440.82	15.59
22.58	2 314	24 093.97	16 135.58	6.97	607.26	17 063.55	7.16
14.44	910	7041.00	4 306.44	4.73	135.58	15 304.76	9.10
16.52	1 602	14 904.25	12 059.52	7.53	33.83	12 289.99	7.60
	1 786	15 273.28	11 214.48	6.28	0	11 214.48	6.28
17.58	1 594	14 559.91	7 793.52	4.89	71.83	9 777.99	5.71
	1 527	14 565.65	11 097.93	7.27	0	11 097.93	7.27
17.86	869	9 660.94	6 025.15	6.93	131.50	8 108.77	8.17
17.34	13 532	128 865.89	88 747.05	6.56	3 043.18	142 203.42	8.47

附表 9　临沂市地表水水化学参数及类型统计

测站名称	矿化度	总硬度	K^++Na^+	Ca^{2+}	Mg^{2+}	Cl^-	CO_3^{2-}	HCO_3^-	SO_4^{2-}	水化学类型
汶河南桥	696	381	43	104	29.6	109	0	312	98	C 类 Ca 组Ⅲ型
武河沙沟桥	640	326	39	86.9	26.5	112	0	300	76	C 类 Ca 组Ⅲ型
会宝岭水库	354	217	12	57.1	18	38	0	149	80	C 类 Ca 组Ⅲ型
西洳河横山	533	329	31	63.2	41.5	81	0	228	89	C 类 Mg 组Ⅲ型
西洳河兰陵	586	334	29	83.2	30.7	77	0	238	129	C 类 Ca 组Ⅲ型
东洳河长城	617	349	34	88.1	31.3	117	1	258	89	C 类 Ca 组Ⅲ型
东哨	669	327	38	84.6	28.1	138	1	261	120	C 类 Ca 组Ⅱ型
邳苍分洪道桥庄	705	370	42	91	34.8	144	0	291	102	C 类 Ca 组Ⅲ型
跋山水库	507	293	44	68.9	29.2	77	1	167	121	C 类 Ca 组Ⅲ型
后岜山	875	339	122	79	34.4	242	2	253	143	Cl 类 Na 组Ⅱ型
司马村	854	341	105	82.9	32.5	247	1	241	144	Cl 类 Na 组Ⅱ型
龙头汪金矿	747	326	92	74.4	34	213	1	200	132	Cl 类 Ca 组Ⅲ型
葛沟	656	294	70	67	30.8	175	1	187	126	Cl 类 Ca 组Ⅲ型
小埠东坝	557	261	51	61.2	26.2	127	1	173	118	Cl 类 Ca 组Ⅱ型
临沂站	559	264	58	60.3	27.6	131	1	169	112	Cl 类 Ca 组Ⅲ型
刘家道口	567	269	56	60.2	28.8	137	1	169	115	Cl 类 Ca 组Ⅲ型
沂河重坊	562	269	48	58.8	29.7	129	0	169	128	Cl 类 Ca 组Ⅱ型
港上	544	286	55	68.8	27.7	147	0	155	90	Cl 类 Ca 组Ⅲ型
蒙阴新	449	286	15	60.1	33	65	1	191	84	C 类 Ca 组Ⅲ型
宝德	442	281	17	65.2	28.8	55	0	195	81	C 类 Ca 组Ⅲ型
岸堤水库	374	219	16	55.1	19.7	54	0	150	79	C 类 Ca 组Ⅲ型
黄埠闸	433	277	15	65.6	27.5	55	0	194	76	C 类 Ca 组Ⅲ型
水明崖	428	308	10	66.2	34.5	47	0	190	81	C 类 Ca 组Ⅲ型
小埠村	523	306	20	56.8	39.9	63	0	270	74	C 类 Mg 组Ⅲ型
高里	450	274	20	68.9	24.7	72	0	187	76	C 类 Ca 组Ⅲ型
关司后	389	227	11	67.8	14.1	50	0	163	82	C 类 Ca 组Ⅲ型
许家崖水库	347	214	10	54	19.3	37	0	158	68	C 类 Ca 组Ⅲ型
温凉河费县铁路桥	648	301	76	70	30.6	130	0	233	108	C 类 Ca 组Ⅱ型
唐村水库	316	173	13	42.4	16.4	44	0	138	62	C 类 Ca 组Ⅱ型
浚河大桥	335	163	16	41.9	14.3	40	3	119	100	S 类 Ca 组Ⅱ型

续附表 9

测站名称	矿化度	总硬度	K^++Na^+	Ca^{2+}	Mg^{2+}	Cl^-	CO_3^{2-}	HCO_3^-	SO_4^{2-}	水化学类型
祊河颛臾	570	312	40	85.7	23.8	110	0	230	81	C 类 Ca 组Ⅲ型
地方	483	303	28	63.5	35	71	0	210	75	C 类 Ca 组Ⅲ型
温凉河口	552	280	52	66.1	27.8	110	0	187	109	Cl 类 Ca 组Ⅲ型
堰角庄	508	287	41	64.7	30.5	97	0	186	90	C 类 Ca 组Ⅲ型
角沂	486	284	42	66.6	28.5	102	0	164	82	Cl 类 Ca 组Ⅲ型
白马河三捷庄	591	300	63	74	28	156	7	175	89	Cl 类 Ca 组Ⅲ型
白马河捷庄	604	314	62	78.1	28.8	164	7	163	103	Cl 类 Ca 组Ⅲ型
沙沟水库	343	212	16	47.9	22.4	58	2	130	67	C 类 Ca 组Ⅲ型
谢家庄桥	442	295	20	73.9	26.8	71	0	173	76	C 类 Ca 组Ⅲ型
石拉渊	710	344	109	83.5	32.8	173	3	176	132	Cl 类 Na 组Ⅲ型
车庄	662	338	113	86.2	29.8	165	3	181	84	Cl 类 Na 组Ⅲ型
重沟桥	696	312	84	86.6	23.3	156	2	202	143	Cl 类 Ca 组Ⅱ型
大官庄（总）	673	309	80	73.1	30.7	174	2	188	125	Cl 类 Ca 组Ⅲ型
陈塘桥	655	314	75	78.8	28.5	175	0	187	111	Cl 类 Ca 组Ⅲ型
新沭河大兴桥	616	305	76	78.2	26.6	162	3	177	93	Cl 类 Ca 组Ⅲ型
集子村	705	328	80	79.4	31.6	208	3	196	108	Cl 类 Ca 组Ⅲ型
老沭河店子	625	298	64	71.1	29.2	170	3	179	109	Cl 类 Ca 组Ⅲ型
老沭河红花	575	288	60	73.8	25.2	149	4	165	99	Cl 类 Ca 组Ⅲ型
陡山水库	317	190	15	44.8	19	55	5	116	63	C 类 Ca 组Ⅲ型
石门头河蛟龙	650	335	83	83.2	30.9	143	2	187	122	Cl 类 Ca 组Ⅲ型
龙王河壮岗	454	233	34	63.6	18	113	2	135	89	Cl 类 Ca 组Ⅲ型
郇家村西桥	481	238	58	59	22.8	102	0	151	88	Cl 类 Ca 组Ⅲ型
相邸	325	186	12	45.9	17.3	57	1	120	72	C 类 Ca 组Ⅲ型
后疃桥	805	438	42	99.8	45.9	98	0	404	116	C 类 Ca 组Ⅱ型
黑林水文站	441	243	21	59.4	22.8	76	2	161	99	C 类 Ca 组Ⅲ型

附表 10　临沂市水功能区水质监测断面信息

水功能一级区	水功能二级区	监测断面	详细地址	所在行政区
沂河淄博临沂开发利用区	沂河临沂工业用水区	小埠东坝	山东省临沂市金雀山街道小埠东村	兰山区
	沂河沂南工业用水区	龙头汪金矿	山东省沂南县界湖街道东澳可玛大道东首桥下	沂南县
		司马村	山东省沂南县苏村镇司马村	沂南县
	沂河临沂农业用水区	沂河重坊	山东省郯城县重坊镇吴道口村	郯城县
		刘家道口	山东省郯城县李庄镇刘家道口	郯城县
	沂河沂南农业用水区	葛沟	山东省临沂市河东区汤头街道葛沟村	河东区
	沂河临沂排污控制区	临沂站	临沂市河东区芝麻墩街道西朱汪村	河东区
	沂河沂水排污控制区	后岜山	山东省沂水县龙家圈镇后岜山村	沂水县
	沂河沂水饮用水源区	跋山水库	山东省沂水县沂城街道跋山水库	沂水县
浔河陡山水库源头水保护区		陡山水库	山东省莒南县大店镇陡山水库	莒南县
蒙河自然保护区		高里	山东省临沂市兰山区李官镇王家庄	兰山区
		小埠村	山东省沂南县双堠镇小埠村	沂南县
梓河蒙阴源头水保护区		水明崖	山东省蒙阴县坦埠镇水明崖村	蒙阴县
东汶河蒙阴源头水保护区		蒙阴新	山东省蒙阴县蒙阴街道北竺院	蒙阴县
沭河源头水保护区		沙沟水库	山东沂水县沙沟镇沙沟水库	沂水县
		谢家庄桥	山东省日照市莒县棋山镇谢家庄南	沂水县
温凉河许家崖水库水源保护区		许家崖水库	山东省费县费城街道许家崖水库	费县
		关司后	山东省费县梁邱镇关司后村	费县
相邸河莒南保留区		相邸	山东省莒南县坊前镇相邸村	莒南县
西泇河枣庄临沂开发利用区	西泇河会宝岭水库工业用水区	会宝岭水库	山东省兰陵县尚岩镇会宝岭水库	兰陵县
	西泇河苍山农业用水区	西泇河横山	山东省兰陵县兰陵镇横山村	兰陵县
石门头河鲁苏缓冲区		石门头河蛟龙	山东省临沭县蛟龙镇 327 国道张疃桥	临沭县
新沭河鲁苏缓冲区		新沭河大兴桥	山东省临沭县大兴镇大兴桥	临沭县
白马河鲁苏缓冲区		白马河捷庄	山东省郯城县花园乡捷庄闸管所下游 1.5km	郯城县
老沭河鲁苏缓冲区		老沭河红花	山东省郯城县红花镇沭河大桥	郯城县
沂河鲁苏缓冲区		港上	山东省郯城县港上镇龙华村	郯城县
武河鲁苏缓冲区		武河沙沟桥	江苏省邳州市邳城镇 310 国道沙沟桥	郯城县

续附表 10

水功能一级区	水功能二级区	监测断面	详细地址	所在行政区
汶河鲁苏缓冲区		汶河南桥	山东省兰陵县南桥镇郯苍路下游 1.5 km 桥	兰陵县
东泇河鲁苏缓冲区		东泇河长城	山东省兰陵县长城镇沙元村桥	兰陵县
西泇河鲁苏缓冲区		西泇河兰陵	山东省兰陵县兰陵镇西泇河大 桥	兰陵县
邳苍分洪道下游段缓冲区		邳苍分洪道桥庄	山东省兰陵县长城镇桥庄村桥	兰陵县
龙王河鲁苏缓冲区		龙王河壮岗	山东省莒南县壮岗镇陈家河村	莒南县
温凉河费县开发利用区	温凉河农业用水区	温凉河费县铁路桥	山东省费县费城街道学田庄村	费县
东泇河苍山开发利用区	东泇河苍山农业用水区	东泇河大宋庄	山东省兰陵县南桥镇大宋庄	兰陵县
白马河郯城开发利用区	白马河郯城农业用水区	白马河三捷庄	山东省郯城县花园乡三捷庄	郯城县
新沭河临沂开发利用区	新沭河临沭农业用水区	陈塘桥	山东省临沭县大兴镇陈塘桥	临沭县
老沭河临沂开发利用区	老沭河郯城农业用水区	老沭河店子	山东省郯城县高峰头镇店子	郯城县
		集子村	山东省郯城县泉源乡集子村	郯城县
祊河临沂开发利用区	浚河平邑饮用水源区	浚河大桥	平邑县平邑街道浚河大桥	平邑县
		唐村水库	山东省平邑县流峪镇唐村水库	平邑县
	祊河兰山饮用水源区	角沂	山东省临沂市兰山区大岭镇沟上村	兰山区
	浚河平邑排污控制区	祊河颛臾	平邑县平邑街道颛臾村	平邑县
	祊河费县兰山工业用水区	温凉河口	山东省费县费城街道万良庄	费县
		堰角庄	山东省临沂市兰山区义堂镇堰角庄	兰山区
	浚河平邑农业用水区	地方	山东省平邑县地方镇地方村	平邑县
东汶河临沂开发利用区	东汶河沂南饮用水源区	岸堤水库	山东省蒙阴县界牌镇岸堤水库	蒙阴县
		黄埠闸	山东省沂南县张庄镇黄埠闸	沂南县
	东汶河蒙阴农业用水区	宝德	山东省蒙阴县蒙阴镇宝德村	蒙阴县
邳苍分洪道临沂开发利用区	邳苍分洪道苍山农业用水区	东哨	山东省兰陵县庄坞镇东哨村	兰陵县
绣针河日照保留区		郁家村西桥	日照市岚山区碑廓镇郁家村西	岚山区
沭河临沂日照开发利用区	沭河临沂农业用水区	大官庄（总）	山东省临沭县石门镇大官庄	临沭县
		石拉渊	山东省临沂市河东区八湖镇石拉渊村	河东区
		车庄	山东省临沭县青云镇车庄村	临沭县
		重沟桥	山东省临沂市河东区朝阳街道重沟桥	经济开发区
沭河临沂日照开发利用区	沭河临沂农业用水区	大官庄（总）	山东省临沭县石门镇大官庄	临沭县
白家沟鲁苏鲁冲区		后疃桥	山东省兰陵县南桥镇后疃村	兰陵县
青口河鲁苏缓冲区		黑林水文站	江苏省赣榆市黑林镇黑林水文站	莒南县

附表 11　水质测站 2016 年水质类别评价结果（湖库总氮不参评）

序号	监测站名称	全年期									
		水质类别	主要污染项目	污染倍数	极值	主要污染项目	污染倍数	极值	主要污染项目	污染倍数	极值
1	汶河南桥	Ⅳ	氨氮	0.4	7.45	总磷	0.1	0.59	化学需氧量	0.1	48.3
2	武河沙沟桥	劣Ⅴ	总磷	1.1	1.37						
3	会宝岭水库	Ⅱ									
4	西泇河横山	Ⅲ									
5	西泇河兰陵	Ⅲ									
6	东泇河大宋庄	河干									
7	东泇河长城	Ⅲ									
8	东哨	Ⅱ									
9	邳苍分洪道桥庄	Ⅱ									
10	跋山水库	Ⅱ									
11	后岜山	Ⅳ	化学需氧量	0.2	29.8	总磷	0.2	0.66	高锰酸盐指数	0.2	10.0
12	司马村	Ⅴ	高锰酸盐指数	0.6	11.8	化学需氧量	0.5	41.6	五日生化需氧量	0.2	6.6
13	龙头汪金矿	Ⅳ	化学需氧量	0.4	37.3	高锰酸盐指数	0.4	9.8	五日生化需氧量	0.2	6.1
14	葛沟	Ⅳ	化学需氧量	0.1	29.4	高锰酸盐指数	0.1	9.7			
15	小埠东坝	Ⅳ	化学需氧量	0.1	29.8						
16	临沂站	Ⅳ	化学需氧量	0.1	25.6	高锰酸盐指数	0.1	7.3			
17	刘家道口	Ⅳ	化学需氧量	0.1	27.6						
18	沂河重坊	Ⅲ									
19	港上	Ⅲ									
20	蒙阴新	Ⅱ									
21	宝德	Ⅱ									
22	岸堤水库	Ⅱ									
23	黄埠闸	Ⅱ									
24	水明崖	Ⅰ									
25	小埠村	Ⅱ									
26	高里	Ⅲ									
27	关司后	Ⅲ									
28	许家崖水库	Ⅱ									
29	温凉河费县铁路桥	Ⅲ									

续附表 11

序号	监测站名称	全年期									
		水质类别	主要污染项目	污染倍数	极值	主要污染项目	污染倍数	极值	主要污染项目	污染倍数	极值
30	唐村水库	Ⅲ									
31	浚河大桥	Ⅳ	化学需氧量	0.2	29.8	高锰酸盐指数	0.1	8.8			
32	祊河颛臾	Ⅳ	总磷	0.1	0.37						
33	地方	Ⅲ									
34	温凉河口	Ⅲ									
35	堰角庄	Ⅲ									
36	角沂	Ⅲ									
37	白马河三捷庄	Ⅳ	化学需氧量	0.2	35.8	高锰酸盐指数	0.2	10.4	五日生化需氧量	0.1	7.1
38	白马河捷庄	Ⅳ	化学需氧量	0.2	30.8	高锰酸盐指数	0.2	9.7	总磷	0.2	0.56
39	沙沟水库	Ⅲ									
40	谢家庄桥	Ⅱ									
41	石拉渊	Ⅴ	化学需氧量	0.6	47.6	高锰酸盐指数	0.6	13.3	五日生化需氧量	0.4	8.0
42	车庄	Ⅳ	化学需氧量	0.1	26.0	高锰酸盐指数	0.1	9.4			
43	重沟桥	Ⅳ	总磷	0.3	0.55	化学需氧量	0.2	38.7	高锰酸盐指数	0.2	10.0
44	大官庄（总）	Ⅳ	化学需氧量	0.2	29.4	高锰酸盐指数	0.2	8.7			
45	陈塘桥	Ⅳ	总磷	0.1	0.59	化学需氧量	0.1	25.5	高锰酸盐指数	0.1	7.4
46	新沭河大兴桥	Ⅳ	总磷	0.3	0.65	化学需氧量	0.1	29.1			
47	集子村	Ⅳ	总磷	0.3	0.51	化学需氧量	0.2	29.6	高锰酸盐指数	0.1	9.8
48	老沭河店子	Ⅳ	化学需氧量	0.1	29.6	高锰酸盐指数	0.1	8.5	五日生化需氧量	0.1	7.3
49	老沭河红花	Ⅳ	化学需氧量	0.1	29.9						
50	陡山水库	Ⅱ									
51	石门头河蛟龙	劣Ⅴ	总磷	1.7	1.6	化学需氧量	0.2	29.4	高锰酸盐指数	0.1	9.1
52	龙王河壮岗	Ⅲ									
53	郇家村西桥	Ⅳ	总磷	0.2	0.49						
54	相邸	Ⅱ									
55	后疃桥	劣Ⅴ	总磷	4.4	1.50						
56	黑林水文站	Ⅴ	总磷	0.9	1.06	化学需氧量	0.2	38.5			

附表 12　水质测站 2016 年水质类别评价结果（湖库总氮不参评）

序号	监测站名称	汛期									
		水质类别	主要污染项目	污染倍数	极值	主要污染项目	污染倍数	极值	主要污染项目	污染倍数	极值
1	汶河南桥	劣Ⅴ	氨氮	1.0	7.45	化学需氧量	0.6	48.3	总磷	0.6	0.59
2	武河沙沟桥	劣Ⅴ	总磷	1.9	1.37						
3	会宝岭水库	Ⅱ									
4	西泇河横山	Ⅳ	总磷	0.2	0.49						
5	西泇河兰陵	Ⅳ	总磷	0.1	0.47						
6	东泇河大宋庄	河干									
7	东泇河长城	Ⅲ									
8	东哨	Ⅲ									
9	邳苍分洪道桥庄	Ⅲ									
10	跋山水库	Ⅲ									
11	后邑山	Ⅳ	总磷	0.2	0.39	化学需氧量	0.1	29.6			
12	司马村	Ⅳ	化学需氧量	0.3	41.6	高锰酸盐指数	0.2	11.0			
13	龙头汪金矿	Ⅳ	化学需氧量	0.4	37.3	高锰酸盐指数	0.3	8.8	总磷	0.2	0.39
14	葛沟	Ⅳ	化学需氧量	0.2	29.4	高锰酸盐指数	0.2	9.7	总磷	0.1	0.49
15	小埠东坝	Ⅴ	总磷	0.6	1.01	化学需氧量	0.3	29.8	高锰酸盐指数	0.2	9.2
16	临沂站	Ⅳ	总磷	0.3	0.73	化学需氧量	0.1	24.3	高锰酸盐指数	0.1	7.1
17	刘家道口	Ⅳ	化学需氧量	0.2	27.6	高锰酸盐指数	0.1	7.8			
18	沂河重坊	Ⅲ									
19	港上	Ⅲ									
20	蒙阴新	Ⅱ									
21	宝德	Ⅱ									
22	岸堤水库	Ⅱ									
23	黄埠闸	Ⅱ									
24	水明崖	Ⅱ									
25	小埠村	Ⅱ									
26	高里	Ⅳ	总磷	0.2	0.33						
27	关司后	Ⅲ									
28	许家崖水库	Ⅱ									
29	温凉河费县铁路桥	Ⅲ									

续附表 12

序号	监测站名称	汛期									
		水质类别	主要污染项目	污染倍数	极值	主要污染项目	污染倍数	极值	主要污染项目	污染倍数	极值
30	唐村水库	Ⅲ									
31	浚河大桥	Ⅳ	化学需氧量	0.2	29.8	高锰酸盐指数	0.1	7.0			
32	祊河颛臾	Ⅳ	总磷	0.2	0.34	化学需氧量	0.1	28.2			
33	地方	Ⅳ	化学需氧量	0.01	20.8						
34	温凉河口	Ⅲ									
35	堰角庄	Ⅲ									
36	角沂	Ⅲ									
37	白马河三捷庄	Ⅳ	总磷	0.5	0.50	化学需氧量	0.4	35.8	高锰酸盐指数	0.4	10.4
38	白马河捷庄	Ⅴ	总磷	0.6	0.56	高锰酸盐指数	0.4	9.7	化学需氧量	0.3	29.0
39	沙沟水库	Ⅲ									
40	谢家庄桥	Ⅲ									
41	石拉渊	Ⅴ	总磷	0.6	0.47	化学需氧量	0.4	36.0	高锰酸盐指数	0.4	10.2
42	车庄	Ⅴ	总磷	0.6	0.58	高锰酸盐指数	0.2	9.4	化学需氧量	0.2	25.8
43	重沟桥	Ⅴ	总磷	0.6	0.55	化学需氧量	0.1	25.0	高锰酸盐指数	0.1	7.1
44	大官庄（总）	Ⅴ	总磷	0.6	0.55	化学需氧量	0.3	29.0	高锰酸盐指数	0.2	8.4
45	陈塘桥	Ⅴ	总磷	0.9	0.59	化学需氧量	0.2	25.5	高锰酸盐指数	0.1	7.4
46	新沭河大兴桥	劣Ⅴ	总磷	1.1	0.65	化学需氧量	0.2	26.7	高锰酸盐指数	0.1	7.8
47	集子村	Ⅴ	总磷	0.9	0.51	化学需氧量	0.2	25.3	高锰酸盐指数	0.1	7.4
48	老沭河店子	Ⅴ	总磷	0.6	0.51	高锰酸盐指数	0.1	7.7	化学需氧量	0.1	24.8
49	老沭河红花	Ⅴ	总磷	0.6	0.54	化学需氧量	0.2	25.2	高锰酸盐指数	0.1	7.2
50	陡山水库	Ⅲ									
51	石门头河蛟龙	劣Ⅴ	总磷	1.7	1.08	化学需氧量	0.2	28.5	高锰酸盐指数	0.1	8.7
52	龙王河壮岗	Ⅲ									
53	郁家村西桥	Ⅲ									
54	相邸	Ⅱ									
55	后疃桥	劣Ⅴ	总磷	5.7	1.50						
56	黑林水文站	劣Ⅴ	总磷	1.6	1.06	化学需氧量	0.3	28.4	高锰酸盐指数	0.2	7.9

附表 13　水质测站 2016 年水质类别评价结果（湖库总氮不参评）

序号	监测站名称	非讯期									
		水质类别	主要污染项目	污染倍数	极值	主要污染项目	污染倍数	极值	主要污染项目	污染倍数	极值
1	汶河南桥	Ⅳ	氨氮	0.03	6.57						
2	武河沙沟桥	Ⅴ	总磷	0.6	1.14						
3	会宝岭水库	Ⅱ									
4	西泇河横山	Ⅲ									
5	西泇河兰陵	Ⅲ									
6	东泇河大宋庄	河干									
7	东泇河长城	Ⅲ									
8	东哨	Ⅱ									
9	邳苍分洪道桥庄	Ⅱ									
10	跋山水库	Ⅱ									
11	后邑山	Ⅳ	高锰酸盐指数	0.3	10.0	化学需氧量	0.3	29.8	总磷	0.3	0.66
12	司马村	Ⅴ	高锰酸盐指数	0.7	11.8	化学需氧量	0.6	37.2	五日生化需氧量	0.4	6.6
13	龙头汪金矿	Ⅳ	化学需氧量	0.4	31.0	高锰酸盐指数	0.4	9.8	五日生化需氧量	0.3	6.1
14	葛沟	Ⅳ	化学需氧量	0.1	25.2						
15	小埠东坝	Ⅲ									
16	临沂站	Ⅳ	化学需氧量	0.1	25.6						
17	刘家道口	Ⅳ	化学需氧量	0.1	23.8						
18	沂河重坊	Ⅲ									
19	港上	Ⅱ									
20	蒙阴新	Ⅱ									
21	宝德	Ⅱ									
22	岸堤水库	Ⅱ									
23	黄埠闸	Ⅱ									
24	水明崖	Ⅰ									
25	小埠村	Ⅱ									
26	高里	Ⅲ									
27	关司后	Ⅲ									
28	许家崖水库	Ⅲ									
29	温凉河费县铁路桥	Ⅲ									
30	唐村水库	Ⅲ									

续附表 13

序号	监测站名称	非讯期									
		水质类别	主要污染项目	污染倍数	极值	主要污染项目	污染倍数	极值	主要污染项目	污染倍数	极值
31	浚河大桥	Ⅳ	化学需氧量	0.2	29.2	高锰酸盐指数	0.2	8.8			
32	祊河颛臾	Ⅳ	总磷	0.04	0.37						
33	地方	Ⅲ									
34	温凉河口	Ⅲ									
35	堰角庄	Ⅲ									
36	角沂	Ⅲ									
37	白马河三捷庄	Ⅳ	五日生化需氧量	0.1	7.1	化学需氧量	0.1	29.1	高锰酸盐指数	0.1	8.9
38	白马河捷庄	Ⅳ	化学需氧量	0.2	30.8	高锰酸盐指数	0.1	9.0	五日生化需氧量	0.1	6.8
39	沙沟水库	Ⅲ									
40	谢家庄桥	Ⅱ									
41	石拉渊	Ⅴ	化学需氧量	0.7	47.6	高锰酸盐指数	0.7	13.3	五日生化需氧量	0.4	8.0
42	车庄	Ⅳ	化学需氧量	0.1	26.0	高锰酸盐指数	0.1	7.3			
43	重沟桥	Ⅳ	化学需氧量	0.3	38.7	总磷	0.2	0.35	高锰酸盐指数	0.2	10.0
44	大官庄（总）	Ⅳ	化学需氧量	0.1	29.4	高锰酸盐指数	0.1	8.7			
45	陈塘桥	Ⅳ	化学需氧量	0.04	24.0						
46	新沭河大兴桥	Ⅳ	化学需氧量	0.1	29.1						
47	集子村	Ⅳ	化学需氧量	0.2	29.6	高锰酸盐指数	0.1	9.8	五日生化需氧量	0.1	6.6
48	老沭河店子	Ⅳ	五日生化需氧量	0.1	7.3	化学需氧量	0.1	29.6			
49	老沭河红花	Ⅳ	化学需氧量	0.05	29.9						
50	陡山水库	Ⅱ									
51	石门头河蛟龙	劣Ⅴ	总磷	1.7	1.6	化学需氧量	0.2	29.4	高锰酸盐指数	0.1	9.1
52	龙王河壮岗	Ⅲ									
53	郁家村西桥	Ⅳ	总磷	0.4	0.49						
54	相邸	Ⅲ									
55	后疃桥	劣Ⅴ	总磷	2.4	1.12						
56	黑林水文站	Ⅴ	总磷	0.6	0.49	化学需氧量	0.1	38.5			

附表 14 水质测站 2016 年水质类别评价结果（湖库总氮参评）

序号	监测站名称	全年期									
		水质类别	主要污染项目	污染倍数	极值	主要污染项目	污染倍数	极值	主要污染项目	污染倍数	极值
1	汶河南桥	Ⅳ	氨氮	0.4	7.45	总磷	0.1	0.59	化学需氧量	0.1	48.3
2	武河沙沟桥	劣Ⅴ	总磷	1.1	1.37						
3	会宝岭水库	Ⅳ	总氮	0.5	2.18						
4	西泇河横山	Ⅲ									
5	西泇河兰陵	Ⅲ									
6	东泇河大宋庄	河干									
7	东泇河长城	Ⅲ									
8	东哨	Ⅱ									
9	邳苍分洪道桥庄	Ⅱ									
10	跋山水库	劣Ⅴ	总氮	6.4	12.6						
11	后岜山	Ⅳ	化学需氧量	0.2	29.8	总磷	0.2	0.66	高锰酸盐指数	0.2	10
12	司马村	Ⅴ	高锰酸盐指数	0.6	11.8	化学需氧量	0.5	41.6	五日生化需氧量	0.2	6.6
13	龙头汪金矿	Ⅳ	化学需氧量	0.4	37.3	高锰酸盐指数	0.4	9.8	五日生化需氧量	0.2	6.1
14	葛沟	Ⅳ	化学需氧量	0.1	29.4	高锰酸盐指数	0.1	9.7			
15	小埠东坝	Ⅳ	化学需氧量	0.1	29.8						
16	临沂站	Ⅳ	化学需氧量	0.1	25.6	高锰酸盐指数	0.1	7.3			
17	刘家道口	Ⅳ	化学需氧量	0.1	27.6						
18	沂河重坊	Ⅲ									
19	港上	Ⅲ									
20	蒙阴新	Ⅱ									
21	宝德	Ⅱ									
22	岸堤水库	劣Ⅴ	总氮	3.1	6.5						
23	黄埠闸	Ⅱ									
24	水明崖	Ⅰ									
25	小埠村	Ⅱ									
26	高里	Ⅲ									
27	关司后	Ⅲ									
28	许家崖水库	劣Ⅴ	总氮	1.2	8.45						
29	温凉河费县铁路桥	Ⅲ									

续附表 14

序号	监测站名称	全年期									
		水质类别	主要污染项目	污染倍数	极值	主要污染项目	污染倍数	极值	主要污染项目	污染倍数	极值
30	唐村水库	劣Ⅴ	总氮	1.4	6.65						
31	浚河大桥	Ⅳ	化学需氧量	0.2	29.8	高锰酸盐指数	0.1	8.8			
32	祊河颛臾	Ⅳ	总磷	0.1	0.37						
33	地方	Ⅲ									
34	温凉河口	Ⅲ									
35	堰角庄	Ⅲ									
36	角沂	Ⅲ									
37	白马河三捷庄	Ⅳ	化学需氧量	0.2	35.8	高锰酸盐指数	0.2	10.4	五日生化需氧量	0.1	7.1
38	白马河捷庄	Ⅳ	化学需氧量	0.2	30.8	高锰酸盐指数	0.2	9.7	总磷	0.2	0.56
39	沙沟水库	劣Ⅴ	总氮	1.2	3.92						
40	谢家庄桥	Ⅱ									
41	石拉渊	Ⅴ	化学需氧量	0.6	47.6	高锰酸盐指数	0.6	13.3	五日生化需氧量	0.4	8
42	车庄	Ⅳ	化学需氧量	0.1	26	高锰酸盐指数	0.1	9.4			
43	重沟桥	Ⅳ	总磷	0.3	0.55	化学需氧量	0.2	38.7	高锰酸盐指数	0.2	10
44	大官庄（总）	Ⅳ	化学需氧量	0.2	29.4	高锰酸盐指数	0.2	8.7			
45	陈塘桥	Ⅳ	总磷	0.1	0.59	化学需氧量	0.1	25.5	高锰酸盐指数	0.1	7.4
46	新沭河大兴桥	Ⅳ	总磷	0.3	0.65	化学需氧量	0.1	29.1			
47	集子村	Ⅳ	总磷	0.3	0.51	化学需氧量	0.2	29.6	高锰酸盐指数	0.1	9.8
48	老沭河店子	Ⅳ	化学需氧量	0.1	29.6	高锰酸盐指数	0.1	8.5	五日生化需氧量	0.1	7.3
49	老沭河红花	Ⅳ	化学需氧量	0.1	29.9						
50	陡山水库	劣Ⅴ	总氮	1.9	6.46						
51	石门头河蛟龙	劣Ⅴ	总磷	1.7	1.6	化学需氧量	0.2	29.4	高锰酸盐指数	0.1	9.1
52	龙王河壮岗	Ⅲ									
53	郇家村西桥	Ⅳ	总磷	0.2	0.49						
54	相邸	Ⅱ									
55	后疃桥	劣Ⅴ	总磷	4.4	1.5						
56	黑林水文站	Ⅴ	总磷	0.9	1.06	化学需氧量	0.2	38.5			

附表 15　水质测站 2016 年水质类别评价结果（湖库总氮参评）

序号	监测站名称	汛期									
		水质类别	主要污染项目	污染倍数	极值	主要污染项目	污染倍数	极值	主要污染项目	污染倍数	极值
1	汶河南桥	劣Ⅴ	氨氮	1.0	7.45	化学需氧量	0.6	48.3	总磷	0.6	0.59
2	武河沙沟桥	劣Ⅴ	总磷	1.9	1.37						
3	会宝岭水库	Ⅳ	总氮	0.4	2.18						
4	西泇河横山	Ⅳ	总磷	0.2	0.49						
5	西泇河兰陵	Ⅳ	总磷	0.1	0.47						
6	东泇河大宋庄	河干									
7	东泇河长城	Ⅲ									
8	东哨	Ⅲ									
9	邳苍分洪道桥庄	Ⅲ									
10	跋山水库	劣Ⅴ	总氮	4.2	9.89						
11	后邑山	Ⅳ	总磷	0.2	0.39	化学需氧量	0.1	29.6			
12	司马村	Ⅳ	化学需氧量	0.3	41.6	高锰酸盐指数	0.2	11.0			
13	龙头汪金矿	Ⅳ	化学需氧量	0.4	37.3	高锰酸盐指数	0.3	8.8	总磷	0.2	0.39
14	葛沟	Ⅳ	化学需氧量	0.2	29.4	高锰酸盐指数	0.2	9.7	总磷	0.1	0.49
15	小埠东坝	Ⅴ	总磷	0.6	1.01	化学需氧量	0.3	29.8	高锰酸盐指数	0.2	9.2
16	临沂站	Ⅳ	总磷	0.3	0.73	化学需氧量	0.1	24.3	高锰酸盐指数	0.1	7.1
17	刘家道口	Ⅳ	化学需氧量	0.2	27.6	高锰酸盐指数	0.1	7.8			
18	沂河重坊	Ⅲ									
19	港上	Ⅲ									
20	蒙阴新	Ⅱ									
21	宝德	Ⅱ									
22	岸堤水库	劣Ⅴ	总氮	2.4	6.5						
23	黄埠闸	Ⅱ									
24	水明崖	Ⅱ									
25	小埠村	Ⅱ									
26	高里	Ⅳ	总磷	0.2	0.33						
27	关司后	Ⅲ									
28	许家崖水库	劣Ⅴ	总氮	2.2	8.45						
29	温凉河费县铁路桥	Ⅲ									

续附表 15

序号	监测站名称	汛　期									
		水质类别	主要污染项目	污染倍数	极值	主要污染项目	污染倍数	极值	主要污染项目	污染倍数	极值
30	唐村水库	Ⅳ	总氮	0.1	1.70						
31	浚河大桥	Ⅳ	化学需氧量	0.2	29.8	高锰酸盐指数	0.1	7.0			
32	祊河颛臾	Ⅳ	总磷	0.2	0.34	化学需氧量	0.1	28.2			
33	地方	Ⅳ	化学需氧量	0.01	20.8						
34	温凉河口	Ⅲ									
35	堰角庄	Ⅲ									
36	角沂	Ⅲ									
37	白马河三捷庄	Ⅳ	总磷	0.5	0.50	化学需氧量	0.4	35.8	高锰酸盐指数	0.4	10.4
38	白马河捷庄	Ⅴ	总磷	0.6	0.56	高锰酸盐指数	0.4	9.7	化学需氧量	0.3	29.0
39	沙沟水库	Ⅴ	总氮	0.8	3.7						
40	谢家庄桥	Ⅲ									
41	石拉渊	Ⅴ	总磷	0.6	0.47	化学需氧量	0.4	36	高锰酸盐指数	0.4	10.2
42	车庄	Ⅴ	总磷	0.6	0.58	高锰酸盐指数	0.2	9.4	化学需氧量	0.2	25.8
43	重沟桥	Ⅴ	总磷	0.6	0.55	化学需氧量	0.1	25	高锰酸盐指数	0.1	7.1
44	大官庄（总）	Ⅴ	总磷	0.6	0.55	化学需氧量	0.3	29	高锰酸盐指数	0.2	8.4
45	陈塘桥	Ⅴ	总磷	0.9	0.59	化学需氧量	0.2	25.5	高锰酸盐指数	0.1	7.4
46	新沭河大兴桥	劣Ⅴ	总磷	1.1	0.65	化学需氧量	0.2	26.7	高锰酸盐指数	0.1	7.8
47	集子村	Ⅴ	总磷	0.9	0.51	化学需氧量	0.2	25.3	高锰酸盐指数	0.1	7.4
48	老沭河店子	Ⅴ	总磷	0.6	0.51	高锰酸盐指数	0.1	7.7	化学需氧量	0.1	24.8
49	老沭河红花	Ⅴ	总磷	0.6	0.54	化学需氧量	0.2	25.2	高锰酸盐指数	0.1	7.2
50	陡山水库	劣Ⅴ	总氮	1.6	6.46						
51	石门头河蛟龙	劣Ⅴ	总磷	1.7	1.08	化学需氧量	0.2	28.5	高锰酸盐指数	0.1	8.7
52	龙王河壮岗	Ⅲ									
53	郁家村西桥	Ⅲ									
54	相邸	Ⅱ									
55	后疃桥	劣Ⅴ	总磷	5.7	1.50						
56	黑林水文站	劣Ⅴ	总磷	1.6	1.06	化学需氧量	0.3	28.4	高锰酸盐指数	0.2	7.9

附表 16　水质测站 2016 年水质类别评价结果（湖库总氮参评）

序号	监测站名称	非汛期									
		水质类别	主要污染项目	污染倍数	极值	主要污染项目	污染倍数	极值	主要污染项目	污染倍数	极值
1	汶河南桥	Ⅳ	氨氮	0.03	6.57						
2	武河沙沟桥	Ⅴ	总磷	0.6	1.14						
3	会宝岭水库	Ⅴ	总氮	0.6	2.02						
4	西泇河横山	Ⅲ									
5	西泇河兰陵	Ⅲ									
6	东泇河大宋庄	河干									
7	东泇河长城	Ⅲ									
8	东哨	Ⅱ									
9	邳苍分洪道桥庄	Ⅱ									
10	跋山水库	劣Ⅴ	总氮	7.5	12.6						
11	后岜山	Ⅳ	高锰酸盐指数	0.3	10.0	化学需氧量	0.3	29.8	总磷	0.3	0.66
12	司马村	Ⅴ	高锰酸盐指数	0.7	11.8	化学需氧量	0.6	37.2	五日生化需氧量	0.4	6.6
13	龙头汪金矿	Ⅳ	化学需氧量	0.4	31.0	高锰酸盐指数	0.4	9.8	五日生化需氧量	0.3	6.1
14	葛沟	Ⅳ	化学需氧量	0.1	25.2						
15	小埠东坝	Ⅲ									
16	临沂站	Ⅳ	化学需氧量	0.1	25.6						
17	刘家道口	Ⅳ	化学需氧量	0.1	23.8						
18	沂河重坊	Ⅲ									
19	港上	Ⅱ									
20	蒙阴新	Ⅱ									
21	宝德	Ⅱ									
22	岸堤水库	劣Ⅴ	总氮	3.4	6.32						
23	黄埠闸	Ⅱ									
24	水明崖	Ⅰ									
25	小埠村	Ⅱ									
26	高里	Ⅲ									
27	关司后	Ⅲ									
28	许家崖水库	Ⅴ	总氮	0.8	3.11						
29	温凉河费县铁路桥	Ⅲ									
30	唐村水库	劣Ⅴ	总氮	2.0	6.65						

续附表 16

序号	监测站名称	非汛期									
		水质类别	主要污染项目	污染倍数	极值	主要污染项目	污染倍数	极值	主要污染项目	污染倍数	极值
31	浚河大桥	Ⅳ	化学需氧量	0.2	29.2	高锰酸盐指数	0.2	8.8			
32	祊河颛臾	Ⅳ	总磷	0.04	0.37						
33	地方	Ⅲ									
34	温凉河口	Ⅲ									
35	堰角庄	Ⅲ									
36	角沂	Ⅲ									
37	白马河三捷庄	Ⅳ	五日生化需氧量	0.1	7.1	化学需氧量	0.1	29.1	高锰酸盐指数	0.1	8.9
38	白马河捷庄	Ⅳ	化学需氧量	0.2	30.8	高锰酸盐指数	0.1	9.0	五日生化需氧量	0.1	6.8
39	沙沟水库	劣Ⅴ	总氮	1.4	3.92						
40	谢家庄桥	Ⅱ									
41	石拉渊	Ⅴ	化学需氧量	0.7	47.6	高锰酸盐指数	0.7	13.3	五日生化需氧量	0.4	8.0
42	车庄	Ⅳ	化学需氧量	0.1	26.0	高锰酸盐指数	0.1	7.3			
43	重沟桥	Ⅳ	化学需氧量	0.3	38.7	总磷	0.2	0.35	高锰酸盐指数	0.2	10.0
44	大官庄（总）	Ⅳ	化学需氧量	0.1	29.4	高锰酸盐指数	0.1	8.7			
45	陈塘桥	Ⅳ	化学需氧量	0.04	24.0						
46	新沭河大兴桥	Ⅳ	化学需氧量	0.1	29.1						
47	集子村	Ⅳ	化学需氧量	0.2	29.6	高锰酸盐指数	0.1	9.8	五日生化需氧量	0.1	6.6
48	老沭河店子	Ⅳ	五日生化需氧量	0.1	7.3	化学需氧量	0.1	29.6			
49	老沭河红花	Ⅳ	化学需氧量	0.05	29.9						
50	陡山水库	劣Ⅴ	总氮	2.0	4.06						
51	石门头河蛟龙	劣Ⅴ	总磷	1.7	1.6	化学需氧量	0.2	29.4	高锰酸盐指数	0.1	9.1
52	龙王河壮岗	Ⅲ									
53	郇家村西桥	Ⅳ	总磷	0.4	0.49						
54	相邸	Ⅲ									
55	后疃桥	劣Ⅴ	总磷	2.4	1.12						
56	黑林水文站	Ⅴ	总磷	0.6	0.49	化学需氧量	0.1	38.5			

附表 17　临沂市省级水功能区年度达标情况统计

水功能一级区	水功能二级区	水资源三级区	河流	起始断面	终止断面	水质目标	监测次数	达标次数	年度达标率（%）	年度达标评价结果	年度主要超标(超水质目标)项目及超标率（%）
浔河陡山水库源头水保护区		沂沭河区	浔河	日照市河源	莒南县(大公书）入沭河口	Ⅱ	12	9	75.0	不达标	化学需氧量（25.0）
蒙河自然保护区		沂沭河区	蒙河	蒙阴县河源	沂南县入沂河口	Ⅱ	12	5	41.7	不达标	高锰酸盐指（41.7）、总磷（41.7）、五日生化需氧量（25.0）
梓河蒙阴源头水保护区		沂沭河区	梓河	沂水县河源	蒙阴县入岸堤水库口	Ⅱ	11	11	100	达标	
东汶河蒙阴源头水保护区		沂沭河区	沂河	蒙阴县河源	蒙阴县北竺院	Ⅱ	12	9	75.0	不达标	
沭河源头水保护区		沂沭河区	沭河	沂水县河源	青峰岭水库大坝	Ⅱ	12	7	58.3	不达标	化学需氧量（25.0）、五日生化需氧量（25.0）
温凉河许家崖水库水源保护区		沂沭河区	温凉河	平邑县河源	费县许家崖水库大坝	Ⅱ	12	8	66.7	不达标	
沂河淄博临沂开发利用区	沂河临沂工业用水区	沂沭河区	沂河	临沂市河东区车庄	沂河小埠东坝	Ⅳ	12	9	75.0	不达标	
祊河临沂开发利用区	祊河费县兰山工业用水区	沂沭河区	祊河	地方	大葛庄	Ⅳ	12	12	100	达标	
沂河淄博临沂开发利用区	沂河沂南工业用水区	沂沭河区	沂河	斜午闸	大庄	Ⅳ	12	6	50.0	不达标	化学需氧量（41.7）、五日生化需氧量（25.0）
西泇河枣庄苍山开发利用区	西泇河会宝岭水库工业用水区	运河区	西泇河	周村水库大坝	会宝岭水库坝下	Ⅲ	12	12	100	达标	
沂河淄博临沂开发利用区	沂河沂南农业用水区	沂沭河区	沂河	沂南县大庄镇	临沂市河东区车庄	Ⅳ	12	11	91.7	达标	

续附表 17

水功能一级区	水功能二级区	水资源三级区	河流	起始断面	终止断面	水质目标	监测次数	达标次数	年度达标率（%）	年度达标评价结果	年度主要超标（超水质目标）项目及超标率（%）
沭河临沂日照开发利用区	沭河临沂农业用水区	沂沭河区	沭河	莒南县许家孟堰	临沭县大官庄闸	Ⅳ	12	9	75.0	不达标	
沂河淄博临沂开发利用区	沂河临沂农业用水区	沂沭河区	沂河	沂河小埠东坝下 10km	郯城县重坊镇	Ⅳ	12	12	100	达标	
祊河临沂开发利用区	浚河平邑农业用水区	沂沭河区	祊河	平邑县颛臾	地方	Ⅳ	12	11	91.7	达标	
白马河郯城开发利用区	白马河郯城农业用水区	沂沭河区	白马河	源头	郯城县三捷庄	Ⅴ	12	10	83.3	达标	
新沭河临沂开发利用区	新沭河临沭农业用水区	沂沭河区	新沭河	临沭县大官庄闸	省界上 5 km	Ⅳ	12	9	75.0	不达标	总磷（25.0）
老沭河临沂开发利用区	老沭河郯城农业用水区	沂沭河区	老沭河	临沭县大官庄闸	郯城县店子乡	Ⅳ	12	9	75.0	不达标	总磷（25.0）
西泇河枣庄临沂开发利用区	西泇河苍山农业用水区	运河区	西泇河	会宝岭水库坝下	苍山县横山	Ⅲ	8	3	37.5	不达标	总磷（50.0）、化学需氧量（25.0）、五日生化需氧量（25.0）
东泇河苍山开发利用区	东泇河苍山农业用水区	运河区	东泇河	源头	省界上 5 km	Ⅳ	0			断流	
邳苍分洪道临沂开发利用区	邳苍分洪道苍山农业用水区	运河区	邳苍分洪道	江风口闸	省界上 10 km	Ⅴ	12	12	100	达标	
东汶河临沂开发利用区	东汶河蒙阴农业用水区	沂沭河区	东汶河	北竺院	岸堤水库入口	Ⅲ	12	12	100	达标	
温凉河费县开发利用区	温凉河农业用水区	沂沭河区	温凉河	许家崖水库大坝	入祊河口	Ⅳ	12	12	100	达标	
沂河淄博临沂开发利用区	沂河沂水饮用水源区	沂沭河区	沂河	沂水县韩旺镇	小沂河入口	Ⅲ	12	11	91.7	达标	
祊河临沂开发利用区	祊河兰山饮用水源区	沂沭河区	祊河	大葛庄	入沂河口	Ⅲ	12	8	66.7	不达标	化学需氧量（33.3）、高锰酸盐指数（25.0）、五日生化需氧量（25.0）

续附表 17

水功能一级区	水功能二级区	水资源三级区	河流	起始断面	终止断面	水质目标	监测次数	达标次数	年度达标率（%）	年度达标评价结果	年度主要超标（超水质目标）项目及超标率（%）
东汶河临沂开发利用区	东汶河沂南饮用水源区	沂沭河区	东汶河	岸堤水库入口	王家 新兴	Ⅲ	12	12	100	达标	
祊河临沂开发利用区	浚河平邑饮用水源区	沂沭河区	祊河	平邑县河源	小淮河河湾	Ⅲ	12	9	75.0	不达标	化学需氧量（25.0）
石门头河鲁苏缓冲区		沂沭河区	石门头河（穆疃河）	临沭县河源	江苏赣榆县入石梁河水库口	Ⅳ	12	5	41.7	不达标	总磷（58.3）
新沭河鲁苏缓冲区		沂沭河区	新沭河	临沭县大兴镇桥	省界	Ⅲ	12	3	25.0	不达标	化学需氧量氮（75.0）、总磷（50.0）、五日生化需氧量（25.0）
白马河鲁苏缓冲区		沂沭河区	白马河	郯城县捷庄	省界	Ⅳ	12	8	66.7	不达标	
老沭河鲁苏缓冲区		沂沭河区	老沭河	郯城县店子乡	省界	Ⅳ	12	9	75.0	不达标	
沂河鲁苏缓冲区		沂沭河区	沂河	郯城县重坊镇	省界	Ⅲ	12	12	100	达标	
武河鲁苏缓冲区		运河区	武河	郯城县倪村	江苏邳州市邳城闸	Ⅳ	12	8	66.7	不达标	总磷（33.3）
汶河鲁苏缓冲区		运河区	汶河	苍山县南桥乡	江苏邳州市入西泇河口	Ⅲ	12	6	50.0	不达标	化学需氧量（50.0）、总磷（25.0）
东泇河鲁苏缓冲区		运河区	东泇河	苍山县省界以上 5km	省界	Ⅲ	12	7	58.3	不达标	化学需氧量（25.0）
西泇河鲁苏缓冲区		运河区	西泇河	苍山县横山（省界上 9 km）	省界	Ⅲ	8	5	62.5	不达标	总磷（37.5）
邳苍分洪道下游段缓冲区		运河区	邳苍分洪道	苍山县省界上 10 km	省界	Ⅲ	12	12	100	达标	

续附表 17

水功能一级区	水功能二级区	水资源三级区	河流	起始断面	终止断面	水质目标	监测次数	达标次数	年度达标率（%）	年度达标评价结果	年度主要超标(超水质目标)项目及超标率（%）
龙王河鲁苏缓冲区		日赣区	龙王河	莒南县省界上 5 km	江苏赣榆县石埠	Ⅳ	12	11	91.7	达标	
白家沟鲁苏缓冲区		运河区	白家沟	山东省苍山县官桥公路桥	江苏省邳州市夏墩公路桥	Ⅳ	5	1	20.0	断流	
青口河鲁苏缓冲区		日赣区	青口河	山东省莒南县洙边镇下	江苏省赣榆县黑林水文站	Ⅲ	12	0	0	不达标	总磷（75.0）、化学需氧量（58.3）、五日生化需氧量（33.3）
沂河淄博临沂开发利用区	沂河临沂排污控制区	沂沭河区	沂河	沂河小埠东坝	坝下 10 km	按下个功能区Ⅳ	12	11	91.7	达标	
祊河临沂开发利用区	浚河平邑排污控制区	沂沭河区	祊河	小淮河河湾	平邑县颛臾	按下个功能区Ⅳ	12	8	66.7	不达标	总磷（33.3）
沂河淄博临沂开发利用区	沂河沂水排污控制区	沂沭河区	沂河	小沂河入口	沂水县斜午闸	按下个功能区Ⅳ	12	8	66.7	不达标	总磷（33.3）
相邸河莒南保留区		日赣区	相邸河	源头	入海口	Ⅲ	12	12	100	达标	
绣针河日照保留区		日赣区	绣针河	源头	省界	Ⅲ	12	5	41.7	不达标	总磷（50.0）、氨氮（33.3）

附表 18　临沂市省级水功能区分类达标情况

行政区	水功能区	全因子评价					
		湖库总氮不参评					
		个数达标评价			河流长度达标评价		
		评价数（个）	达标数（个）	个数达标比例（%）	评价河长（km）	达标河长（km）	河长达标比例（%）
临沂市	保护区	6	1	16.7	269.9	66.0	24.5
	保留区	2	1	50.0	70.7	47.5	67.2
	缓冲区	12	3	25.0	145.2	25.0	17.2
	一级区水功能区	20	5	25.0	485.8	138.5	28.5
	饮用水源区	4	2	50.0	153.0	85.0	55.6
	工业用水区	4	2	50.0	127.0	63.0	49.6
	农业用水区	11	7	63.6	348.5	209.5	60.1
	排污控制区	3	1	33.3	27.0	10.0	37.0
	二级区水功能区	22	12	54.5	655.5	367.5	56.1
	水功能区	42	17	40.5	1 141.3	506.0	44.3

附表 19 临沂市省级水功能区县区达标情况

行政区	水功能区	全因子评价					
		湖库总氮不参评					
		个数达标评价			河流长度达标评价		
		评价数（个）	达标数（个）	个数达标比例（%）	评价河长（km）	达标河长（km）	河长达标比例（%）
兰山区	保护区	1	0	0	10.3	0	0
	一级区水功能区	1	0	0	10.3	0	0
	饮用水源区	1	0	0	18.0	0	0
	工业用水区	2	1	50	47.0	17.0	36
	排污控制区	1	1	100	1.1	1.1	100
	二级区水功能区	4	2	50	66.08	18.08	27
	水功能区	5	2	40.0	76.38	18.08	23.7
罗庄区	农业用水区	2	2	100	43.4	43.4	100
	排污控制区	1	1	100	8.9	8.9	100
	二级区水功能区	3	3	100	52.32	52.32	100
	水功能区	3	3	100	52.32	52.32	100
河东区	工业用水区	1	0	0	30.0	0	0
	农业用水区	2	1	50	40.5	2.5	6
	排污控制区	1	1	100	10.0	10.0	100
	二级区水功能区	4	2	50	80.50	12.50	16
	水功能区	4	2	50.0	80.50	12.50	15.5
沂南县	保护区	1	0	0	41.4	0	0
	一级区水功能区	1	0	0	41.4	0	0
	饮用水源区	1	1	100	50.3	50.3	100
	工业用水区	1	0	0	29.3	0	0
	农业用水区	1	1	100	20.0	20.0	100
	二级区水功能区	3	2	67	99.60	70.3	71
	水功能区	4	2	50.0	141.00	70.3	49.9
郯城县	缓冲区	4	3	75	43.2	28.2	65
	一级区水功能区	4	3	75	43.2	28.2	65
	农业用水区	4	3	75	113.8	80.2	70
	二级区水功能区	4	3	75	113.80	80.2	70
	水功能区	8	6	75.0	157.00	108.4	69.0

续附表 19

行政区	水功能区	全因子评价					
		湖库总氮不参评					
		个数达标评价			河流长度达标评价		
		评价数（个）	达标数（个）	个数达标比例（%）	评价河长（km）	达标河长（km）	河长达标比例（%）
沂水县	保护区	2	1	50	58.1	7.2	12
	一级区水功能区	2	1	50	58.1	7.2	12
	饮用水源区	1	1	100	30.0	30.0	100
	工业用水区	1	0	0	4.7	0	0
	排污控制区	1	0	0	13.0	0	0
	二级区水功能区	3	1	33	47.7	30.0	63
	水功能区	5	2	40	105.8	37.2	35.2
兰陵县	缓冲区	4	2	50	31.0	15.0	48
	一级区水功能区	4	2	50	31.0	15.0	48
	工业用水区	1	1	100	15.0	15.0	100
	农业用水区	2	1	50	38.9	8.9	23
	二级区水功能区	3	2	67	53.9	23.9	44
	水功能区	7	4	57.1	84.9	38.9	45.8
费县	保护区	1	0	0	30.8	0	0
	一级区水功能区	1	0	0	30.8	0	0
	工业用水区	1	1	100	31.0	31.0	100
	农业用水区	1	1	100	31.0	31.0	100
	二级区水功能区	2	2	100	62.0	62.0	100
	水功能区	3	2	66.7	92.8	62.0	66.8
平邑县	保护区	1	0	0	24.2	0	0
	一级区水功能区	1	0	0	24.2	0	0
	饮用水源区	1	0	0	50.0	0	0
	农业用水区	1	1	100	38.0	38.0	100
	排污控制区	1	0	0	4.0	0	0
	二级区水功能区	3	1	33	92.0	38.0	41
	水功能区	4	1	25.0	116.2	38.0	32.7
莒南县	保护区	1	0	0	27.0	0	0
	保留区	2	1	50	70.7	47.5	67
	缓冲区	2	0	0	9.0	0	0

续附表 19

行政区	水功能区	全因子评价					
		湖库总氮不参评					
		个数达标评价			河流长度达标评价		
		评价数（个）	达标数（个）	个数达标比例（%）	评价河长（km）	达标河长（km）	河长达标比例（%）
莒南县	一级区水功能区	5	1	20	106.7	47.5	45
	农业用水区	1	0	0	25.0	0	0
	二级区水功能区	1	0	0	25.00	0	0
	水功能区	6	1	16.7	131.70	47.50	36.1
蒙阴县	保护区	4	2	50	88.4	58.8	67
	一级区水功能区	4	2	50	88.4	58.8	67
	饮用水源区	1	1	100	4.7	4.7	100
	农业用水区	1	1	100	9.0	9.0	100
	二级区水功能区	2	2	100	13.70	13.70	100
	水功能区	6	4	66.7	102.10	72.50	71.0
临沭县	缓冲区	2	0	0	21.5	0	0
	一级区水功能区	2	0	0	21.5	0	0
	农业用水区	3	1	33	50.4	25.0	50
	二级区水功能区	3	1	33	50.40	25.00	50
	水功能区	5	1	20.0	71.90	25.00	34.8

附表 20　临沂市国家重要水功能区分类达标情况

行政区	水功能区	全因子评价					
		湖库总氮不参评					
		个数达标评价			河流长度达标评价		
		评价数（个）	达标数（个）	个数达标比例（%）	评价河长（km）	达标河长（km）	河长达标比例（%）
临沂市	保护区	1	0	0	50.9	0	0
	保留区	1	0	0	23.2	0	0
	缓冲区	11	3	27.3	115.2	25.0	21.7
	一级区水功能区	13	3	23.1	189.3	25.0	13.2
	饮用水源区	1	1	100.0	30.0	30.0	100.0
	工业用水区	2	0	0	64.0	0	0
	农业用水区	8	4	50.0	270.5	131.5	48.6
	渔业用水区	0	0		0	0	
	景观娱乐用水区	0	0		0	0	
	过渡区	0	0		0	0	
	排污控制区	0	0	0	0	0	0
	二级区水功能区	11	5	45.5	364.5	161.5	44.3
	水功能区	24	8	33.3	553.8	186.5	33.7

附表 21　临沂市国家重要水功能区县（区）达标情况

行政区	水功能区	全因子评价					
		湖库总氮不参评					
		个数达标评价			河流长度达标评价		
		评价数（个）	达标数（个）	个数达标比例（%）	评价河长（km）	达标河长（km）	河长达标比例（%）
兰山区	工业用水区	1	0	0	30.0	0	0
	排污控制区	1	1	100	1.1	1.1	100
	二级区水功能区	2	1	50	31.1	1.1	3
	水功能区	2	1	50	31.1	1.1	3.5
罗庄区	农业用水区	2	2	100	43.4	43.4	100
	排污控制区	1	1	100	8.9	8.9	100
	二级区水功能区	3	3	100	52.3	52.3	100
	水功能区	3	3	100	52.3	52.3	100
河东区	工业用水区	1	0	0	30.0	0	0
	农业用水区	2	1	50	40.5	2.5	6
	排污控制区	1	1	100	10.0	10.0	100
	二级区水功能区	4	2	50	80.5	12.5	16
	水功能区	4	2	50	80.5	12.5	15.5
沂南县	工业用水区	1	0	0	29.3	0	0
	农业用水区	1	1	100	20.0	20.0	100
	二级区水功能区	2	1	50	49.3	20.0	41
	水功能区	2	1	50	49.3	20.0	40.6
郯城县	缓冲区	3	3	100	28.2	28.2	100
	其中省界缓冲区	3	3	100	0	0	100
	一级区水功能区	3	3	100	28.2	28.2	100
	农业用水区	4	3	75	113.8	80.2	70
	二级区水功能区	4	3	75	113.8	80.2	70
	水功能区	7	6	85.7	142.0	108.4	76.3
沂水县	保护区	1	0	0	50.9	0	0
	一级区水功能区	1	0	0	50.9	0	0
	饮用水源区	1	1	100	30.0	30.0	100
	工业用水区	1	0	0	4.7	0	0
	排污控制区	1	0	0	13.0	0	0

续附表 21

行政区	水功能区	全因子评价					
		湖库总氮不参评					
		个数达标评价			河流长度达标评价		
		评价数（个）	达标数（个）	个数达标比例（%）	评价河长（km）	达标河长（km）	河长达标比例（%）
沂水县	二级区水功能区	3	1	33	47.7	30.0	63
	水功能区	4	1	25.0	98.6	30.0	30.4
兰陵县	缓冲区	4	2	50	31.0	15.0	48
	一级区水功能区	4	2	50	31.0	15.0	48
	农业用水区	2	1	50	38.9	8.9	23
	二级区水功能区	2	1	50	38.9	8.9	23
	水功能区	6	3	50.0	69.9	23.9	34.2
莒南县	保留区	1	0	0	23.2	0	0
	缓冲区	2	0	0	9.0	0	0
	一级区水功能区	3	0	0	32.2	0	0
	农业用水区	1	0	0	25.0	0	0
	二级区水功能区	1	0	0	25.0	0	0
	水功能区	4	0	0	57.2	0	0
临沭县	缓冲区	2	0	0	21.5	0	0
	一级区水功能区	2	0	0	21.5	0	0
	农业用水区	3	1	33	50.4	25.0	50
	二级区水功能区	3	1	33	50.4	25.0	50
	水功能区	5	1	20.0	71.9	25.0	34.8

附表 22　临沂市 2000 ～ 2016 年地表水质量状况年际变化评价

水质站名称	县级行政区	年份	主要水质项目浓度					评价结果（总氮不参评）		评价结果（总氮参评）		4 ～ 9 月营养评价	
			高锰酸盐指数（mg/L）	化学需氧量（mg/L）	氨氮（mg/L）	总磷（mg/L）	总氮（mg/L）	年度水质类别	水质达标状况	年度水质类别	水质达标状况	评分值	营养程度
岸堤水库	蒙阴县	2000	2.6		0.42	0.04		Ⅱ类	达标			37.7	中营养
岸堤水库	蒙阴县	2001	2.4	0	0.34	0.03		Ⅱ类	不达标			41.4	中营养
岸堤水库	蒙阴县	2002	3.0	0	0.47	0.05		Ⅲ类	不达标			45.1	中营养
岸堤水库	蒙阴县	2003	3.3	10.0	0.18	0.04		Ⅱ类	达标			45.1	中营养
岸堤水库	蒙阴县	2004	3.4	15.5	0.19	0.01	4.24	Ⅲ类	达标	劣Ⅴ类	不达标	38.7	中营养
岸堤水库	蒙阴县	2005	3.3	7.0	0.28	0.04	4.29	Ⅱ类	达标	劣Ⅴ类	不达标	44.5	中营养
岸堤水库	蒙阴县	2006	4.0	15.0	0.21	0.10	4.29	Ⅱ类	达标	劣Ⅴ类	不达标	45.2	中营养
岸堤水库	蒙阴县	2007	4.5	17.3	0.46	0.06	2.84	Ⅲ类	达标	劣Ⅴ类	不达标	43.6	中营养
岸堤水库	蒙阴县	2008	3.4	12.4	0.11	0.04	3.96	Ⅱ类	达标	劣Ⅴ类	不达标	42.1	中营养
岸堤水库	蒙阴县	2009	3.5	11.6	0.06	0.07	4.25	Ⅱ类	达标	劣Ⅴ类	不达标	46	中营养
岸堤水库	蒙阴县	2010	3.7	13.8	0.13	0.04	3.96	Ⅱ类	达标	劣Ⅴ类	不达标	45.2	中营养
岸堤水库	蒙阴县	2011	3.2	10.9	0.08	0.02	5.22	Ⅱ类	达标	劣Ⅴ类	不达标	40.1	中营养
岸堤水库	蒙阴县	2012	3.1	9.4	0.08	0.01	7.72	Ⅱ类	达标	劣Ⅴ类	不达标	37.5	中营养
岸堤水库	蒙阴县	2013	3.5	11.0	0.03	0.03	4.56	Ⅱ类	达标	劣Ⅴ类	不达标	42.3	中营养
岸堤水库	蒙阴县	2014	4.0	15.1	0.02	0.04	2.26	Ⅲ类	达标	劣Ⅴ类	不达标	45.2	中营养
岸堤水库	蒙阴县	2015	4.1	14.2	0.05	0.06	2.06	Ⅲ类	达标	劣Ⅴ类	不达标	45.5	中营养
岸堤水库	蒙阴县	2016	3.4	11.0	0.03	0.02	4.07	Ⅱ类	达标	劣Ⅴ类	不达标	41.7	中营养
跋山水库	沂水县	2000	4.7		0.35	0.05		Ⅲ类	不达标			46.7	中营养
跋山水库	沂水县	2001	3.1	14.6	0.57	0.01		Ⅲ类	不达标			39.7	中营养

续附表 22

水质站名称	县级行政区	年份	主要水质项目浓度					评价结果（总氮不参评）		评价结果（总氮参评）		4～9月营养评价	
			高锰酸盐指数（mg/L）	化学需氧量（mg/L）	氨氮（mg/L）	总磷（mg/L）	总氮（mg/L）	年度水质类别	水质达标状况	年度水质类别	水质达标状况	评分值	营养程度
跋山水库	沂水县	2002	3.9	0	0.18	0.06		Ⅲ类	不达标			49.3	中营养
跋山水库	沂水县	2003	3.6	13.0	0.31	0.03		Ⅱ类	不达标			46.9	中营养
跋山水库	沂水县	2004	3.0	10.5	0.10	0.01	5.61	Ⅱ类	达标	劣Ⅴ类	不达标	41	中营养
跋山水库	沂水县	2005	3.1	12.4	0.19	0.26	7.53	Ⅳ类	达标	劣Ⅴ类	不达标	51.8	轻度富营养
跋山水库	沂水县	2006	3.5	11.0	0.15	0.17	5.02	Ⅲ类	达标	劣Ⅴ类	不达标	49.6	中营养
跋山水库	沂水县	2007	4.0	15.6	0.34	0.04	4.05	Ⅲ类	达标	劣Ⅴ类	不达标	44.1	中营养
跋山水库	沂水县	2008	3.4	10.7	0.09	0.03	8.35	Ⅱ类	达标	劣Ⅴ类	不达标	44.9	中营养
跋山水库	沂水县	2009	3.2	10.4	0.06	0.04	8.07	Ⅱ类	达标	劣Ⅴ类	不达标	44.1	中营养
跋山水库	沂水县	2010	3.4	9.6	0.11	0.02	8.23	Ⅱ类	不达标	劣Ⅴ类	不达标	43.8	中营养
跋山水库	沂水县	2011	3.1	7.2	0.08	0.02	10.7	Ⅱ类	达标	劣Ⅴ类	不达标	43.1	中营养
跋山水库	沂水县	2012	2.9	7.0	0.10	0.01	14.4	Ⅱ类	达标	劣Ⅴ类	不达标	42.1	中营养
跋山水库	沂水县	2013	2.8	6.9	0.01	0.02	11.0	Ⅱ类	达标	劣Ⅴ类	不达标	43.9	中营养
跋山水库	沂水县	2014	3.3	10.1	0.04	0.04	4.05	Ⅱ类	达标	劣Ⅴ类	不达标	47.9	中营养
跋山水库	沂水县	2015	3.7	12.0	0.07	0.04	4.35	Ⅱ类	达标	劣Ⅴ类	不达标	50.6	轻度富营养
跋山水库	沂水县	2016	3.8	13.2	0.07	0.03	7.38	Ⅱ类	达标	劣Ⅴ类	不达标	49.9	中营养
宝德	蒙阴县	2000	32.3		6.10			劣Ⅴ类	不达标				
宝德	蒙阴县	2001	4.4	19.3	0.76	0.02		Ⅳ类	不达标				
宝德	蒙阴县	2002	5.5	0	0.81	0.19		Ⅳ类	不达标				
宝德	蒙阴县	2003	5.3	22	0.72	0.15		Ⅳ类	不达标				
宝德	蒙阴县	2004	16.6	23.5	3.10	0.19		劣Ⅴ类	不达标				

续附表 22

水质站名称	县级行政区	年份	主要水质项目浓度					评价结果（总氮不参评）		评价结果（总氮参评）		4～9月营养评价	
			高锰酸盐指数（mg/L）	化学需氧量（mg/L）	氨氮（mg/L）	总磷（mg/L）	总氮（mg/L）	年度水质类别	水质达标状况	年度水质类别	水质达标状况	评分值	营养程度
宝德	蒙阴县	2005	19.2	43.6	15.8	3.84		劣Ⅴ类	不达标				
宝德	蒙阴县	2006	22.6	29.3	5.42	1.55		劣Ⅴ类	不达标				
宝德	蒙阴县	2007	15.5	27.4	6.22	0.66	9.02	劣Ⅴ类	不达标				
宝德	蒙阴县	2008	3.4	8.5	0.25	0.09	8.15	Ⅱ类	不达标				
宝德	蒙阴县	2009	3.0	7.4	0.10	0.06	8.43	Ⅱ类	达标				
宝德	蒙阴县	2010	1.4	0	0	0.04	10.6	Ⅱ类	达标				
宝德	蒙阴县	2011											
宝德	蒙阴县	2012	4.5	16.3	0.70	0.07	12.9	Ⅳ类	不达标				
宝德	蒙阴县	2013	5.2	19.2	0.17	0.08	7.67	Ⅳ类	不达标				
宝德	蒙阴县	2014	6.4	24.0	0.16	0.10	4.54	Ⅳ类	不达标				
宝德	蒙阴县	2015	3.1	6.6	0.32	0.08	1.95	Ⅱ类	达标				
宝德	蒙阴县	2016	3.1	5.9	0.28	0.06	4.86	Ⅱ类	达标				
大官庄（总）	临沭县	2000	11.9		3.11			劣Ⅴ类	不达标				
大官庄（总）	临沭县	2001	5.3	24.3	1.13	0.11		Ⅳ类	不达标				
大官庄（总）	临沭县	2002	4.8	0	1.65	0.40		Ⅴ类	不达标				
大官庄（总）	临沭县	2003	9.4	40.3	4.32	0.75		劣Ⅴ类	不达标				
大官庄（总）	临沭县	2004	10.8	43.3	2.17	0.56		劣Ⅴ类	不达标				
大官庄（总）	临沭县	2005	8.6	28.1	2.20	0.08		劣Ⅴ类	不达标				
大官庄（总）	临沭县	2006	6.9	30.7	2.44	0.25		劣Ⅴ类	不达标				
大官庄（总）	临沭县	2007	7.6	30.0	1.14	0.36	6.17	Ⅴ类	不达标				

续附表 22

水质站名称	县级行政区	年份	主要水质项目浓度					评价结果（总氮不参评）		评价结果（总氮参评）		4～9月营养评价	
			高锰酸盐指数（mg/L）	化学需氧量（mg/L）	氨氮（mg/L）	总磷（mg/L）	总氮（mg/L）	年度水质类别	水质达标状况	年度水质类别	水质达标状况	评分值	营养程度
大官庄（总）	临沭县	2008	6.1	21.6	0.38	0.23	6.30	Ⅳ类	不达标				
大官庄（总）	临沭县	2009	6.1	21.8	0.40	0.13	5.21	Ⅳ类	达标				
大官庄（总）	临沭县	2010	5.4	19.3	0.17	0.14	6.23	Ⅳ类	不达标				
大官庄（总）	临沭县	2011	5.8	22.2	0.28	0.08	7.46	Ⅳ类	达标				
大官庄（总）	临沭县	2012	5.9	21.9	0.57	0.19	9.40	Ⅳ类	达标				
大官庄（总）	临沭县	2013	6.9	26.3	1.32	0.22	8.54	Ⅳ类	不达标				
大官庄（总）	临沭县	2014	6.8	25.3	0.81	0.13	6.33	Ⅳ类	达标				
大官庄（总）	临沭县	2015	7.2	24.7	0.30	0.19	4.45	Ⅳ类	不达标				
大官庄（总）	临沭县	2016	6.9	23.8	0.25	0.20	5.23	Ⅳ类	达标				
陡山水库	莒南县	2000	2.3		2.09	0.02		劣Ⅴ类	不达标			37.5	中营养
陡山水库	莒南县	2001	2.3	4.6	0.25	0.01		Ⅱ类	不达标			35.1	中营养
陡山水库	莒南县	2002	2.7	0	0.14	0.09		Ⅲ类	不达标			50.6	轻度富营养
陡山水库	莒南县	2003	3.6	9.0	0.16	0.04		Ⅱ类	不达标			46.4	中营养
陡山水库	莒南县	2004	2.7	9.4	0.51	0.03	4.53	Ⅲ类	不达标	劣Ⅴ类	不达标	42	中营养
陡山水库	莒南县	2005	3.1	7.6	0.21	0.01	3.61	Ⅱ类	达标	劣Ⅴ类	不达标	38.5	中营养
陡山水库	莒南县	2006	2.7	4.2	0.16	0.09	4.26	Ⅱ类	不达标	劣Ⅴ类	不达标	45.7	中营养
陡山水库	莒南县	2007	3.7	12.2	0.15	0.03	2.23	Ⅱ类	不达标	劣Ⅴ类	不达标	39.9	中营养
陡山水库	莒南县	2008	3.6	13.7	0.08	0.04	3.51	Ⅱ类	不达标	劣Ⅴ类	不达标	41.8	中营养
陡山水库	莒南县	2009	3.2	12.3	0.14	0.03	2.75	Ⅱ类	达标	劣Ⅴ类	不达标	38.8	中营养
陡山水库	莒南县	2010	3.3	12.5	0.07	0.03	2.99	Ⅱ类	不达标	劣Ⅴ类	不达标	40.3	中营养

续附表 22

水质站名称	县级行政区	年份	主要水质项目浓度					评价结果（总氮不参评）		评价结果（总氮参评）		4～9月营养评价	
			高锰酸盐指数（mg/L）	化学需氧量（mg/L）	氨氮（mg/L）	总磷（mg/L）	总氮（mg/L）	年度水质类别	水质达标状况	年度水质类别	水质达标状况	评分值	营养程度
陡山水库	莒南县	2011	3.5	13.4	0.09	0.02	4.07	Ⅱ类	不达标	劣Ⅴ类	不达标	38.9	中营养
陡山水库	莒南县	2012	3.4	13.0	0.05	0.02	4.74	Ⅱ类	达标	劣Ⅴ类	不达标	38.6	中营养
陡山水库	莒南县	2013	3.7	13.4	0.07	0.06	4.11	Ⅱ类	不达标	劣Ⅴ类	不达标	41.6	中营养
陡山水库	莒南县	2014	4.0	14.8	0.09	0.07	2.13	Ⅲ类	不达标	劣Ⅴ类	不达标	43.1	中营养
陡山水库	莒南县	2015	3.6	13.3	0.07	0.05	1.97	Ⅱ类	达标	Ⅴ类	不达标	46.1	中营养
陡山水库	莒南县	2016	4.0	14.3	0.04	0.07	2.86	Ⅱ类	不达标	劣Ⅴ类	不达标	53.4	轻度富营养
高里	沂南县	2000	6.8		0.44			Ⅳ类	不达标				
高里	沂南县	2001	2.3	8.5	0.13	0.01		Ⅱ类	不达标				
高里	沂南县	2002	2.4	0	0.16	0.07		Ⅱ类	不达标				
高里	沂南县	2003	3.0	7.8	0.21	0.06		Ⅳ类	不达标				
高里	沂南县	2004	1.8	2.0	0.08	0.02		Ⅰ类	达标				
高里	沂南县	2005	2.6	7.9	0.35	0.03		Ⅲ类	不达标				
高里	沂南县	2006	4.4	19.1	0.47	0.09		Ⅲ类	不达标				
高里	沂南县	2007	6.5	25.5	0.63	0.19	6.18	Ⅳ类	不达标				
高里	沂南县	2008	5.3	19.3	0.16	0.27	5.11	Ⅳ类	不达标				
高里	沂南县	2009	3.9	12.9	0.28	0.21	5.76	Ⅳ类	不达标				
高里	沂南县	2010	3.6	12.1	0.09	0.15	6.80	Ⅲ类	不达标				
高里	沂南县	2011	3.4	11.6	0.35	0.08	7.97	Ⅲ类	不达标				
高里	沂南县	2012	5.7	21.5	0.72	0.24	8.78	Ⅳ类	不达标				
高里	沂南县	2013	6.5	25.0	0.35	0.22	5.35	Ⅳ类	不达标				

续附表 22

水质站名称	县级行政区	年份	主要水质项目浓度					评价结果（总氮不参评）		评价结果（总氮参评）		4～9月营养评价	
			高锰酸盐指数（mg/L）	化学需氧量（mg/L）	氨氮（mg/L）	总磷（mg/L）	总氮（mg/L）	年度水质类别	水质达标状况	年度水质类别	水质达标状况	评分值	营养程度
高里	沂南县	2014	8.3	31.1	0.71	0.28	4.83	Ⅴ类	不达标				
高里	沂南县	2015	5.8	20.2	0.32	0.15	3.65	Ⅳ类	不达标				
高里	沂南县	2016	4.6	13.4	0.17	0.15	5.05	Ⅲ类	不达标				
葛沟	沂南县	2000	8.2		1.34			Ⅳ类	不达标				
葛沟	沂南县	2001	7.3	30.1	1.61	0.02		Ⅴ类	不达标				
葛沟	沂南县	2002	6.3	0	2.20	0.24		劣Ⅴ类	不达标				
葛沟	沂南县	2003	9.4	30.1	5.29	0.45		劣Ⅴ类	不达标				
葛沟	沂南县	2004	5.6	25.4	1.69	0.26		Ⅴ类	不达标				
葛沟	沂南县	2005	4.4	16.7	0.69	0.03		Ⅲ类	达标				
葛沟	沂南县	2006	4.0	14.2	0.71	0.17		Ⅲ类	不达标				
葛沟	沂南县	2007	7.9	33.2	5.49	0.75	7.93	劣Ⅴ类	不达标				
葛沟	沂南县	2008	4.7	16.9	1.25	0.25	8.19	Ⅳ类	不达标				
葛沟	沂南县	2009	4.1	13.4	0.42	0.2	7.18	Ⅲ类	达标				
葛沟	沂南县	2010	5.8	20.7	0.46	0.25	9.09	Ⅳ类	不达标				
葛沟	沂南县	2011	5.6	21.8	0.47	0.12	9.60	Ⅳ类	达标				
葛沟	沂南县	2012	4.0	15.3	0.50	0.21	13.5	Ⅳ类	达标				
葛沟	沂南县	2013	5.3	20.3	0.78	0.19	9.14	Ⅳ类	不达标				
葛沟	沂南县	2014	7.6	28.2	0.67	0.22	5.39	Ⅳ类	不达标				
葛沟	沂南县	2015	7.1	24.1	0.40	0.10	4.63	Ⅳ类	达标				
葛沟	沂南县	2016	6.5	22.6	0.48	0.15	6.62	Ⅳ类	达标				

续附表 22

水质站名称	县级行政区	年份	主要水质项目浓度					评价结果（总氮不参评）		评价结果（总氮参评）		4～9月营养评价	
			高锰酸盐指数（mg/L）	化学需氧量（mg/L）	氨氮（mg/L）	总磷（mg/L）	总氮（mg/L）	年度水质类别	水质达标状况	年度水质类别	水质达标状况	评分值	营养程度
会宝岭水库	兰陵县	2000	2.5		0.61	0.06		Ⅲ类	不达标			44.9	中营养
会宝岭水库	兰陵县	2001	2.7	9.1	0.49	0.01		Ⅱ类	达标			36.1	中营养
会宝岭水库	兰陵县	2002	3.8	0	0.53	0.11		Ⅲ类	达标			52.6	轻度富营养
会宝岭水库	兰陵县	2003	3.8	10.8	0.40	0.06		Ⅱ类	不达标			46.8	中营养
会宝岭水库	兰陵县	2004	3.0	12.7	0.40	0.01	3.41	Ⅱ类	达标	劣Ⅴ类	不达标	35.4	中营养
会宝岭水库	兰陵县	2005	3.1	8.7	0.29	0.04	2.68	Ⅱ类	达标	劣Ⅴ类	不达标	42.7	中营养
会宝岭水库	兰陵县	2006	3.0	9.6	0.22	0.11	3.58	Ⅲ类	达标	劣Ⅴ类	不达标	45.4	中营养
会宝岭水库	兰陵县	2007	3.6	13.9	0.30	0.08	2.49	Ⅱ类	达标	劣Ⅴ类	不达标	43.9	中营养
会宝岭水库	兰陵县	2008	3.3	9.0	0.18	0.05	2.21	Ⅱ类	达标	劣Ⅴ类	不达标	39.5	中营养
会宝岭水库	兰陵县	2009	3.5	13.0	0.08	0.07	1.89	Ⅱ类	达标	Ⅴ类	不达标	40.1	中营养
会宝岭水库	兰陵县	2010	4.1	16.1	0.11	0.11	2.54	Ⅲ类	不达标	劣Ⅴ类	不达标	43.3	中营养
会宝岭水库	兰陵县	2011	4.4	16.9	0.12	0.09	3.97	Ⅲ类	达标	劣Ⅴ类	不达标	43	中营养
会宝岭水库	兰陵县	2012	4.6	17.5	0.11	0.06	2.76	Ⅲ类	不达标	劣Ⅴ类	不达标	42	中营养
会宝岭水库	兰陵县	2013	4.9	18.4	0.06	0.17	2.04	Ⅲ类	不达标	劣Ⅴ类	不达标	46.6	中营养
会宝岭水库	兰陵县	2014	4.1	15.4	0.05	0.04	1.61	Ⅲ类	达标	Ⅴ类	不达标	44.6	中营养
会宝岭水库	兰陵县	2015	4.0	13.9	0.15	0.03	1.55	Ⅱ类	达标	Ⅴ类	不达标	46.9	中营养
会宝岭水库	兰陵县	2016	3.4	11.9	0.06	0.01	1.50	Ⅱ类	达标	Ⅴ类	不达标	40.9	中营养
角沂	兰山区	2000	3.4		0.28			Ⅱ类	达标				
角沂	兰山区	2001	3.5	13.5	0.21	0.02		Ⅳ类	不达标				
角沂	兰山区	2002	3.3		0.24	0.08		Ⅱ类	达标				

续附表 22

水质站名称	县级行政区	年份	主要水质项目浓度					评价结果（总氮不参评）		评价结果（总氮参评）		4～9月营养评价	
			高锰酸盐指数（mg/L）	化学需氧量（mg/L）	氨氮（mg/L）	总磷（mg/L）	总氮（mg/L）	年度水质类别	水质达标状况	年度水质类别	水质达标状况	评分值	营养程度
角沂	兰山区	2003	6.0	24.5	0.65	0.08		Ⅳ类	不达标				
角沂	兰山区	2004	7.7	35.9	1.06	0.03		Ⅴ类	不达标				
角沂	兰山区	2005	8.1	29.5	0.90	0.05		Ⅳ类	不达标				
角沂	兰山区	2006	7.0	30.3	0.97	0.05		Ⅴ类	不达标				
角沂	兰山区	2007	7.3	29.6	0.98	0.10	5.64	Ⅳ类	不达标				
角沂	兰山区	2008	6.9	23.6	1.54	0.09	7.49	Ⅴ类	不达标				
角沂	兰山区	2009	6.5	22.6	0.33	0.10	6.35	Ⅳ类	不达标				
角沂	兰山区	2010	5.8	20.8	0.12	0.13	6.51	Ⅳ类	不达标				
角沂	兰山区	2011	6.3	24.1	0.25	0.06	6.21	Ⅳ类	不达标				
角沂	兰山区	2012	6.2	22.8	0.53	0.15	8.80	Ⅳ类	不达标				
角沂	兰山区	2013	6.6	25.0	0.34	0.16	5.78	Ⅳ类	不达标				
角沂	兰山区	2014	10.2	37.6	0.78	0.36	5.41	Ⅴ类	不达标				
角沂	兰山区	2015	7.7	26.3	0.33	0.17	4.23	Ⅳ类	不达标				
角沂	兰山区	2016	5.5	19.1	0.16	0.11	4.20	Ⅲ类	不达标				
龙头汪金矿	沂南县	2000											
龙头汪金矿	沂南县	2001											
龙头汪金矿	沂南县	2002											
龙头汪金矿	沂南县	2003											
龙头汪金矿	沂南县	2004											
龙头汪金矿	沂南县	2005											

续附表 22

水质站名称	县级行政区	年份	主要水质项目浓度					评价结果（总氮不参评）		评价结果（总氮参评）		4～9月营养评价	
			高锰酸盐指数（mg/L）	化学需氧量（mg/L）	氨氮（mg/L）	总磷（mg/L）	总氮（mg/L）	年度水质类别	水质达标状况	年度水质类别	水质达标状况	评分值	营养程度
龙头汪金矿	沂南县	2006											
龙头汪金矿	沂南县	2007	8.6	20.9	7.78	1.50	9.13	劣Ⅴ类	不达标				
龙头汪金矿	沂南县	2008	10.9	31.8	5.97	1.17	10.7	劣Ⅴ类	不达标				
龙头汪金矿	沂南县	2009	8.0	26.2	0.48	0.73	15.8	劣Ⅴ类	不达标				
龙头汪金矿	沂南县	2010	6.4	22.7	0.17	0.15	7.65	Ⅴ类	不达标				
龙头汪金矿	沂南县	2011	5.5	21.7	0.33	0.18	10.7	Ⅳ类	不达标				
龙头汪金矿	沂南县	2012	4.3	15.6	0.39	0.21	12.5	Ⅳ类	达标				
龙头汪金矿	沂南县	2013	6.7	25.5	0.19	0.49	8.43	劣Ⅴ类	不达标				
龙头汪金矿	沂南县	2014	10.3	37.7	0.29	0.30	5.38	Ⅴ类	不达标				
龙头汪金矿	沂南县	2015	9.4	32.4	0.38	0.19	5.6	Ⅴ类	不达标				
龙头汪金矿	沂南县	2016	8.1	27.9	0.29	0.16	8.49	Ⅳ类	不达标				
水明崖	蒙阴县	2000	1.2		0.11			Ⅰ类	达标				
水明崖	蒙阴县	2001	0.7	0	0.05	0.01		Ⅰ类	达标				
水明崖	蒙阴县	2002	0.8	0	0.05	0.05		Ⅱ类	达标				
水明崖	蒙阴县	2003	1.5	0	0.08	0.02		Ⅰ类	不达标				
水明崖	蒙阴县	2004	1.3	0	0.03	0.03		Ⅱ类	达标				
水明崖	蒙阴县	2005	1.6	0	0.22	0.01		Ⅱ类	达标				
水明崖	蒙阴县	2006	1.4	0	0.05	0.18		Ⅲ类	不达标				
水明崖	蒙阴县	2007	1.7	0	0.10	0.03	12.5	Ⅱ类	达标				
水明崖	蒙阴县	2008	1.6	0	0.05	0.01	11.7	Ⅰ类	达标				

续附表 22

水质站名称	县级行政区	年份	主要水质项目浓度					评价结果（总氮不参评）		评价结果（总氮参评）		4～9月营养评价	
			高锰酸盐指数（mg/L）	化学需氧量（mg/L）	氨氮（mg/L）	总磷（mg/L）	总氮（mg/L）	年度水质类别	水质达标状况	年度水质类别	水质达标状况	评分值	营养程度
水明崖	蒙阴县	2009	2.4	3.9	0.05	0.08	14.6	Ⅱ类	达标				
水明崖	蒙阴县	2010	1.6	0	0.05	0.01	14.6	Ⅰ类	达标				
水明崖	蒙阴县	2011	1.6	0	0.10	0.03	15.4	Ⅱ类	达标				
水明崖	蒙阴县	2012	1.9	2.8	0.10	0.04	15.7	Ⅱ类	达标				
水明崖	蒙阴县	2013	1.8	0	0.01	0.02	13.1	Ⅰ类	达标				
水明崖	蒙阴县	2014	1.6	0	0.05	0.01	12.6	Ⅱ类	达标				
水明崖	蒙阴县	2015	1.5	1.3	0.16	0.02	14.1	Ⅱ类	达标				
水明崖	蒙阴县	2016	1.7	1.1	0.11	0.02	16.9	Ⅰ类	达标				
唐村水库	平邑县	2000	3.0		0.23	0.04		Ⅱ类	达标			42.8	中营养
唐村水库	平邑县	2001	2.5	9.0	0.27	0.01		Ⅱ类	达标			35.9	中营养
唐村水库	平邑县	2002	3.3	0	0.29	0.06		Ⅱ类	不达标			46.5	中营养
唐村水库	平邑县	2003	3.3	9.6	0.48	0.07		Ⅱ类	不达标			48.8	中营养
唐村水库	平邑县	2004	3.1	10.7	0.22	0.04	3.33	Ⅱ类	不达标	劣Ⅴ类	不达标	43.4	中营养
唐村水库	平邑县	2005	3.6	11.7	0.17	0.04	2.87	Ⅱ类	达标	劣Ⅴ类	不达标	43.4	中营养
唐村水库	平邑县	2006	3.7	13.5	0.26	0.10	3.37	Ⅱ类	达标	劣Ⅴ类	不达标	46.6	中营养
唐村水库	平邑县	2007	4.2	14.4	0.34	0.04	1.14	Ⅲ类	达标	Ⅳ类	不达标	39.4	中营养
唐村水库	平邑县	2008	3.8	14.1	0.13	0.06	1.49	Ⅱ类	达标	Ⅳ类	不达标	42.4	中营养
唐村水库	平邑县	2009	3.6	13.4	0.08	0.08	1.93	Ⅱ类	不达标	Ⅴ类	不达标	43.6	中营养
唐村水库	平邑县	2010	3.1	8.5	0.09	0.05	4.03	Ⅱ类	达标	劣Ⅴ类	不达标	41.5	中营养
唐村水库	平邑县	2011	2.7	4.1	0.06	0.05	3.46	Ⅱ类	达标	劣Ⅴ类	不达标	40.4	中营养

续附表 22

水质站名称	县级行政区	年份	主要水质项目浓度					评价结果（总氮不参评）		评价结果（总氮参评）		4～9月营养评价	
			高锰酸盐指数（mg/L）	化学需氧量（mg/L）	氨氮（mg/L）	总磷（mg/L）	总氮（mg/L）	年度水质类别	水质达标状况	年度水质类别	水质达标状况	评分值	营养程度
唐村水库	平邑县	2012	3.3	10.8	0.07	0.05	4.36	Ⅱ类	达标	劣Ⅴ类	不达标	43.8	中营养
唐村水库	平邑县	2013	3.6	12.2	0.05	0.08	2.64	Ⅱ类	达标	劣Ⅴ类	不达标	45.1	中营养
唐村水库	平邑县	2014	3.8	14.7	0.02	0.05	1.37	Ⅲ类	达标	Ⅳ类	不达标	40.7	中营养
唐村水库	平邑县	2015	4.4	15.6	0.09	0.06	1.56	Ⅲ类	达标	Ⅴ类	不达标	43.1	中营养
唐村水库	平邑县	2016	4.6	16.1	0.07	0.06	2.40	Ⅲ类	达标	劣Ⅴ类	不达标	45.5	中营养
温凉河口	费县	2000											
温凉河口	费县	2001											
温凉河口	费县	2002											
温凉河口	费县	2003											
温凉河口	费县	2004											
温凉河口	费县	2005											
温凉河口	费县	2006											
温凉河口	费县	2007	7.3	27.8	1.77	0.21	7.26	Ⅴ类	不达标				
温凉河口	费县	2008	7.7	24.6	4.19	0.25	12.0	劣Ⅴ类	不达标				
温凉河口	费县	2009	5.9	20.1	0.54	0.18	8.81	Ⅳ类	达标				
温凉河口	费县	2010	6.2	21.9	0.23	0.11	8.12	Ⅳ类	不达标				
温凉河口	费县	2011	6.3	24.3	1.77	0.26	10.0	Ⅴ类	不达标				
温凉河口	费县	2012	5.3	19.5	0.59	0.14	9.62	Ⅳ类	达标				
温凉河口	费县	2013	6.0	22.9	0.78	0.11	6.99	Ⅳ类	不达标				
温凉河口	费县	2014	6.2	23.1	0.18	0.16	6.83	Ⅳ类	不达标				

续附表 22

水质站名称	县级行政区	年份	主要水质项目浓度					评价结果（总氮不参评）		评价结果（总氮参评）		4～9月营养评价	
			高锰酸盐指数（mg/L）	化学需氧量（mg/L）	氨氮（mg/L）	总磷（mg/L）	总氮（mg/L）	年度水质类别	水质达标状况	年度水质类别	水质达标状况	评分值	营养程度
温凉河口	费县	2015	4.8	16.5	0.23	0.07	7.53	Ⅲ类	达标				
温凉河口	费县	2016	4.6	15.6	0.25	0.05	6.55	Ⅲ类	达标				
小埠东坝	兰山区	2000											
小埠东坝	兰山区	2001											
小埠东坝	兰山区	2002											
小埠东坝	兰山区	2003											
小埠东坝	兰山区	2004											
小埠东坝	兰山区	2005											
小埠东坝	兰山区	2006											
小埠东坝	兰山区	2007	9.0	34.2	0.34	0.19	6.86	Ⅴ类	不达标				
小埠东坝	兰山区	2008	7.3	24.6	0.88	0.37	7.26	Ⅴ类	不达标				
小埠东坝	兰山区	2009	9.9	26.0	0.83	0.29	7.08	Ⅴ类	不达标				
小埠东坝	兰山区	2010	7.2	26.1	0.30	0.37	7.15	Ⅴ类	不达标				
小埠东坝	兰山区	2011	6.0	22.9	0.29	0.17	8.80	Ⅳ类	达标				
小埠东坝	兰山区	2012	6.2	23.6	0.65	0.18	9.81	Ⅳ类	不达标				
小埠东坝	兰山区	2013	6.6	25.1	0.41	0.14	7.08	Ⅳ类	不达标				
小埠东坝	兰山区	2014	8.3	31.1	0.51	0.26	4.98	Ⅴ类	不达标				
小埠东坝	兰山区	2015	7.6	25.6	0.33	0.15	2.96	Ⅳ类	不达标				
小埠东坝	兰山区	2016	6.1	21.4	0.49	0.17	4.32	Ⅳ类	不达标				
许家崖水库	费县	2000	3.0		0.16	0.04		Ⅱ类	不达标			42.9	中营养

续附表 22

水质站名称	县级行政区	年份	主要水质项目浓度					评价结果（总氮不参评）		评价结果（总氮参评）		4～9月营养评价	
			高锰酸盐指数（mg/L）	化学需氧量（mg/L）	氨氮（mg/L）	总磷（mg/L）	总氮（mg/L）	年度水质类别	水质达标状况	年度水质类别	水质达标状况	评分值	营养程度
许家崖水库	费县	2001	2.5	5.3	0.33	0.01		Ⅱ类	不达标			32.0	中营养
许家崖水库	费县	2002	2.9	0	0.16	0.05		Ⅱ类	不达标			45.8	中营养
许家崖水库	费县	2003	3.6	8.9	0.24	0.03		Ⅱ类	不达标			46.3	中营养
许家崖水库	费县	2004	3.4	15.7	0.44	0.02	3.55	Ⅲ类	不达标	劣Ⅴ类	不达标	42.1	中营养
许家崖水库	费县	2005	3.3	6.4	0.22	0.02	3.51	Ⅱ类	达标	劣Ⅴ类	不达标	38.9	中营养
许家崖水库	费县	2006	3.0	9.0	0.25	0.06	3.21	Ⅱ类	不达标	劣Ⅴ类	不达标	43.7	中营养
许家崖水库	费县	2007	3.7	12.6	0.26	0.04	2.00	Ⅱ类	不达标	Ⅴ类	不达标	41.6	中营养
许家崖水库	费县	2008	3.3	12.5	0.15	0.04	2.40	Ⅱ类	不达标	劣Ⅴ类	不达标	41.4	中营养
许家崖水库	费县	2009	3.6	11.8	0.13	0.06	2.05	Ⅱ类	不达标	劣Ⅴ类	不达标	43.2	中营养
许家崖水库	费县	2010	3.6	13.9	0.06	0.06	2.21	Ⅱ类	不达标	劣Ⅴ类	不达标	42.3	中营养
许家崖水库	费县	2011	3.3	12.7	0.09	0.03	3.68	Ⅱ类	达标	劣Ⅴ类	不达标	40.5	中营养
许家崖水库	费县	2012	3.4	12.9	0.08	0.02	4.43	Ⅱ类	不达标	劣Ⅴ类	不达标	38.5	中营养
许家崖水库	费县	2013	3.8	13.2	0.07	0.03	2.97	Ⅱ类	达标	劣Ⅴ类	不达标	40.5	中营养
许家崖水库	费县	2014	4.0	14.9	0.15	0.05	2.47	Ⅲ类	不达标	劣Ⅴ类	不达标	47.9	中营养
许家崖水库	费县	2015	3.9	13.3	0.15	0.05	1.81	Ⅱ类	不达标	Ⅴ类	不达标	49.8	中营养
许家崖水库	费县	2016	3.8	13.4	0.05	0.03	2.23	Ⅱ类	不达标	劣Ⅴ类	不达标	47.0	中营养

附表 23　临沂市主要河道地表水主要污染项目变化趋势情况

断面	县级行政区	水功能一级区	水功能二级区	水质浓度变化趋势				水质项目流量调节浓度变化趋势分析		备注（趋势分析时段）
				高锰酸盐指数	氨氮	总氮	总磷	高锰酸盐指数	氨氮	
岸堤水库	蒙阴县	东汶河临沂开发利用区	东汶河沂南饮用水源区	无明显升降趋势	高度显著下降	无明显升降趋势	无明显升降趋势			2004年～2016年
跋山水库	沂水县	沂河淄博、临沂开发利用区	沂河沂水饮用水源区	显著上升	高度显著下降	无明显升降趋势	无明显升降趋势			2004年～2016年
宝德	蒙阴县	东汶河临沂开发利用区	东汶河蒙阴农业用水区	高度显著下降	高度显著下降			高度显著下降	高度显著下降	2004年～2016年
大官庄（总）	临沭县	沭河日照、临沂开发利用区	沭河临沂农业用水区	无明显升降趋势	高度显著下降					2004年～2016年
陡山水库	莒南县	浔河陡山水库源头水保护区		高度显著上升	高度显著下降	高度显著下降	高度显著上升			2004年～2016年
高里	沂南县	蒙河自然保护区		高度显著上升	无明显升降趋势			高度显著上升	无明显升降趋势	2004年～2016年
葛沟	沂南县	沂河淄博、临沂开发利用区	沂河沂南农业用水区	高度显著上升	无明显升降趋势			无明显升降趋势	无明显升降趋势	2004年～2016年
会宝岭水库	兰陵县	西泇河枣庄临沂开发利用区	西泇河会宝岭水库工业用水区	高度显著上升	高度显著下降	高度显著下降	无明显升降趋势			2004年～2016年

续附表 23

断面	县级行政区	水功能一级区	水功能二级区	水质浓度变化趋势				水质项目流量调节浓度变化趋势分析		备注（趋势分析时段）
				高锰酸盐指数	氨氮	总氮	总磷	高锰酸盐指数	氨氮	
角沂	兰山区	祊河临沂开发利用区	祊河兰山饮用水源区	无明显升降趋势	高度显著下降			显著下降	高度显著下降	2004年～2016年
龙头汪金矿	沂南县	沂河淄博、临沂开发利用区	沂河沂南工业用水区	无明显升降趋势	显著下降					2007年～2016年
水明崖	蒙阴县	梓河蒙阴源头水保护区		无明显升降趋势	无明显升降趋势			无明显升降趋势	无明显升降趋势	2004年～2016年
唐村水库	平邑县	祊河临沂开发利用区	浚河平邑饮用水源区	高度显著上升	高度显著下降	显著下降	无明显升降趋势			2004年～2016年
温凉河口	费县	祊河临沂开发利用区	祊河费县兰山工业用水区	高度显著下降	高度显著下降					2007年～2016年
小埠东坝	兰山区	沂河淄博、临沂开发利用区	沂河临沂工业用水区	无明显升降趋势	无明显升降趋势			无明显升降趋势	无明显升降趋势	2007年～2016年
许家崖水库	费县	温凉河许家崖水库水源保护区		高度显著上升	高度显著下降	高度显著下降	无明显升降趋势			2004年～2016年

附表 24　临沂市平原区浅层地下水化学分类

监测井名称	监测井所在							矿化度（mg/L）	K^++Na^+（mg/L）	Ca^{2+}（mg/L）	Mg^{2+}（mg/L）	HCO_3^-（mg/L）	SO_4^{2-}（mg/L）	Cl^-（mg/L）	地下水化学类型
	水资源分区				行政分区										
	一级区	二级区	三级区	四级区	省级	地级	县级								
归昌	淮河	沂沭泗河	沂沭河	沂河区	山东省	临沂市	郯城县	242	20.78	61.85	11.4	152.96	27.55	63.53	22–A
兰陵	淮河	沂沭泗河	中运河	苍山区	山东省	临沂市	兰陵县	279	70.47	72.2	19.55	275.62	42.65	21.34	4–A
杨集	淮河	沂沭泗河	沂沭河	沂河区	山东省	临沂市	郯城县	366	77.65	129.5	22	345.34	73.95	117.29	25–A
郯城四中	淮河	沂沭泗河	沂沭河	沂河区	山东省	临沂市	郯城县	499	97.68	114.5	62.25	347	176	105.5	12–A
郯城水务	淮河	沂沭泗河	沂沭河	沂河区	山东省	临沂市	郯城县	477	19.17	82	21.85	153.32	68.9	57.74	16–A
庙山	淮河	沂沭泗河	沂沭河	沂河区	山东省	临沂市	郯城县	449	21.6	109.4	33.85	294.5	99.05	54.47	2–A
层山	淮河	沂沭泗河	中运河	苍山区	山东省	临沂市	兰陵县	365	21.65	99	39.4	230.61	97.5	64.26	9–A
高峰头	淮河	沂沭泗河	沂沭河	沂河区	山东省	临沂市	郯城县	276	27.33	31.5	29.7	85.63	68.35	52.38	16–A
港上	淮河	沂沭泗河	沂沭河	沂河区	山东省	临沂市	郯城县	329	19.01	122	27.75	251.48	45.15	34.14	2–A
南桥	淮河	沂沭泗河	中运河	苍山区	山东省	临沂市	兰陵县	359	11.36	119	23.3	253.62	35	23.83	1–A
长城	淮河	沂沭泗河	中运河	苍山区	山东省	临沂市	兰陵县	453	21.88	79.65	36.1	241.17	98	72.97	16–A
磨山	淮河	沂沭泗河	中运河	苍山区	山东省	临沂市	兰陵县	366	15.49	77.6	33.7	215.24	54.35	73.68	23–A
太平	淮河	沂沭泗河	沂沭河	沂河区	山东省	临沂市	河东区	435	37.23	96.3	25.85	176.63	127.9	103.73	16–A
枣园	淮河	沂沭泗河	沂沭河	沂河区	山东省	临沂市	兰山区	699	53.18	142.5	52.6	289.76	184.5	88.43	9–A
龙家圈	淮河	沂沭泗河	沂沭河	沂河区	山东省	临沂市	沂水县	363	33.57	66.3	26.95	172.98	114.3	53.25	9–A
大官庄	淮河	沂沭泗河	沂沭河	沭河区	山东省	临沂市	临沭县	319	46.77	112.8	26.35	250.52	48.85	75.8	22–A
相公	淮河	沂沭泗河	沂沭河	沂河区	山东省	临沂市	河东区	442	35.72	90.7	38.35	234.08	90.1	68.7	23–A
冠亚星城	淮河	沂沭泗河	沂沭河	沂河区	山东省	临沂市	河东区	455	43.27	95.7	40.05	202.89	163.5	92.5	16–A
沂水县水务公司	淮河	沂沭泗河	沂沭河	沂河区	山东省	临沂市	沂水县	513	14.84	65.5	16.7	76.4	34.62	36.2	23–A

附表 25　山东省临沂市平原区浅层地下水监测井现状水质评价

监测井			监测井所在								酸碱度	总硬度(mg/L)	矿化度(mg/L)	硫酸盐(mg/L)	氯化物(mg/L)	铁(mg/L)	锰(mg/L)	挥发性酚类(mg/L)	耗氧量(mg/L)	氨氮(mg/L)
编号[*1]	东经	北纬	水资源分区				行政分区			重点流域										
			一级区	二级区	三级区	四级区	省级	地级	县级											
归昌	118.264200	34.511700	淮河	沂沭泗河	沂沭河	沂河区	山东省	临沂市	郯城县	沂河	7.00	208	242	27.55	63.53	0	1.68	0	0.68	0.12
兰陵	117.853700	34.746200	淮河	沂沭泗河	中运河区	苍山区	山东省	临沂市	兰陵县		6.90	385	279	42.65	21.34	0	0	0	0.30	0.09
杨集	118.256500	34.436800	淮河	沂沭泗河	沂沭河	沂河区	山东省	临沂市	郯城县	沂河	7.00	305	366	73.95	117.29	0	0	0	0.56	0.05
郯城四中	118.400900	34.887300	淮河	沂沭泗河	沂沭河	沂河区	山东省	临沂市	郯城县	沂河	6.80	416	499	176.00	105.50	0	0	0	0.87	0.04
郯城水务	118.393200	34.624500	淮河	沂沭泗河	沂沭河	沂河区	山东省	临沂市	郯城县	沂河	7.00	381	477	68.90	57.74	0	0	0	0.00	0.05
庙山	118.359000	34.743800	淮河	沂沭泗河	沂沭河	沂河区	山东省	临沂市	郯城县	沂河	6.80	396	449	99.05	54.47	0	0.13	0	0.64	0.05
层山	118.201600	34.721700	淮河	沂沭泗河	中运河	苍山区	山东省	临沂市	兰陵县		6.90	412	365	97.50	64.26	0	0	0	0.96	0.03
高峰头	118.325200	34.530400	淮河	沂沭泗河	沂沭河	沂河区	山东省	临沂市	郯城县	沂河	7.10	332	276	68.35	52.38	0.04	0.26	0	0.40	0.04
港上	118.210000	34.589500	淮河	沂沭泗河	沂沭河	沂河区	山东省	临沂市	郯城县	沂河	7.00	349	329	45.15	34.14	0	0.08	0	0.79	0.04
南桥	117.997000	34.720200	淮河	沂沭泗河	中运河	苍山区	山东省	临沂市	兰陵县		7.00	346	359	35.00	23.83	0	0.29	0	0.53	0.04
长城	118.038600	34.702700	淮河	沂沭泗河	中运河	苍山区	山东省	临沂市	兰陵县		6.80	406	453	98.00	72.97	0	0.01	0	0.70	0.05
磨山	118.153100	34.795400	淮河	沂沭泗河	中运河	苍山区	山东省	临沂市	兰陵县		6.90	325	366	54.35	73.68	0	0	0	0.71	0.04
太平	118.457500	35.181200	淮河	沂沭泗河	沂沭河	沂河区	山东省	临沂市	河东区	沂河	7.00	428	435	127.90	103.73	0	0.12	0	0.76	0.05
枣园	118.343900	35.190600	淮河	沂沭泗河	沂沭河	沂河区	山东省	临沂市	兰山区	沂河	6.80	577	699	184.50	88.43	0	0	0	0.84	0.03
龙家圈	118.596200	35.774200	淮河	沂沭泗河	沂沭河	沂河区	山东省	临沂市	沂水县	沂河	7.20	381	363	114.30	53.25	0.04	0.01	0	1.11	0.07
大官庄	118.549200	34.801700	淮河	沂沭泗河	沂沭河	沭河区	山东省	临沂市	临沭县	沭河	7.30	327	319	48.85	75.80	0	0	0	0.00	0.09
相公	118.493500	35.111800	淮河	沂沭泗河	沂沭河	沂河区	山东省	临沂市	河东区	沂河	7.00	506	442	90.10	68.70	0	0.18	0	0.66	0.05
冠亚星城	118.395000	35.011100	淮河	沂沭泗河	沂沭河	沂河区	山东省	临沂市	河东区	沂河	7.20	330	455	163.50	92.50	0.04	0.10	0	0.81	0.03
沂水水务	118.332900	35.513900	淮河	沂沭泗河	沂沭河	沂河区	山东省	临沂市	沂水县	沂河	7.80	342	513	34.62	36.20	0	0	0	0.64	0.18

续附表 25

监测井			亚硝酸盐	硝酸盐	氰化物	氟化物	汞	砷	镉	铬	铅	铜	锌	阴离子	水质类别	备注
编号 *1	东经	北纬														
归昌	118.264200	34.511700	0.01	13.02	0	0.50	0	0	0	0	0	0	0	0	Ⅴ	
兰陵	117.853700	34.746200	0.00	2.39	0	0.86	0	0	0	0	0	0	0.09	0	Ⅲ	
杨集	118.256500	34.436800	0.00	11.15	0	0.83	0	0	0	0	0	0	0	0	Ⅲ	
郯城四中	118.400900	34.887300	0.00	37.40	0	0.22	0	0	0	0	0	0	0	0	Ⅴ	
郯城水务	118.393200	34.624500	0.00	14.50	0	0.16	0	0	0	0	0	0	0	0	Ⅲ	
庙山	118.359000	34.743800	0.00	2.78	0	1.41	0	0	0	0	0	0	0	0	Ⅳ	
层山	118.201600	34.721700	0.00	13.35	0	0.21	0	0	0	0	0	0	0	0	Ⅲ	
高峰头	118.325200	34.530400	0.01	4.86	0	0.18	0	0	0	0	0	0	0	0	Ⅳ	
港上	118.210000	34.589500	0.01	11.66	0	0.54	0	0	0	0	0	0	0	0	Ⅲ	
南桥	117.997000	34.720200	0.01	1.62	0	0.53	0	0	0	0	0	0	0	0	Ⅳ	
长城	118.038600	34.702700	0.01	10.52	0	0.76	0	0	0	0	0	0	0	0	Ⅲ	
磨山	118.153100	34.795400	0.00	20.80	0	0.45	0	0	0	0	0	0	0	0	Ⅳ	
太平	118.457500	35.181200	0.02	2.01	0	0.16	0	0	0	0	0	0	0	0	Ⅳ	
枣园	118.343900	35.190600	0.05	18.80	0	1.90	0	0	0	0	0	0	0	0	Ⅳ	
龙家圈	118.596200	35.774200	0.00	8.68	0	0.51	0	0	0	0	0	0	0	0	Ⅲ	
大官庄	118.549200	34.801700	0.00	16.05	0	1.43	0	0	0	0	0	0	0	0	Ⅳ	
相公	118.493500	35.111800	0.00	5.12	0	0.33	0	0	0	0	0	0	0	0	Ⅳ	
冠亚星城	118.395000	35.011100	0.00	34.30	0	0.19	0	0	0	0	0	0	0	0	Ⅴ	
沂水水务	118.332900	35.513900	0.00	8.45	0	0.38	0	0	0	0	0	0	0	0	Ⅲ	

附表 26 临沂市平原区浅层地下水现状Ⅳ类和Ⅴ类指标评价（按水资源分区） [单位：井数（眼），占比（%）]

水资源四级区	水资源三级区	水资源三级区所在			评价选用井总数	统计项目名称	酸碱度	总硬度	矿化度	硫酸盐	氯化物	铁	锰	挥发性酚类	耗氧量	氨氮	亚硝酸盐	硝酸盐	氰化物	氟化物	汞	砷	镉	铬	铅	铜	锌	阴离子
		水资源一级区	水资源二级区	省级行政区																								
苍山区	中运河区	淮河	沂沭泗河	山东省	5	Ⅳ类和Ⅴ类指标的监测井数							1					1										
						占比 *1							20.0					20.0										
沭河区	沂沭河区	淮河	沂沭泗河	山东省	5	Ⅳ类和Ⅴ类指标的监测井数							3							1								
						占比 *1							60.0							20.0								
沂河区	沂沭河区	淮河	沂沭泗河	山东省	9	Ⅳ类和Ⅴ类指标的监测井数		2					2					2		2								
						占比 *1		22.2					22.2					22.2		22.2								

附表 27　临沂市平原区浅层地下水现状Ⅳ类和Ⅴ类指标评价（按行政分区）

［单位：井数（眼），占比（%）］

级行政区	行政区		评价选用井总数	统计项目名称	酸碱度	总硬度	矿化度	硫酸盐	氯化物	铁	锰	挥发性酚类	耗氧量	氨氮	亚硝酸盐	硝酸盐	氰化物	氟化物	汞	砷	镉	铬	铅	铜	锌	阴离子
	省级行政区	地级行政区																								
河东区	山东省	临沂市	3	Ⅳ类和Ⅴ类指标的监测井数		1					2					1										
				占比		33.3					66.7					33.3										
兰陵县	山东省	临沂市	5	Ⅳ类和Ⅴ类指标的监测井数							1					1										
				占比							20.0					20.0										
兰山区	山东省	临沂市	1	Ⅳ类和Ⅴ类指标的监测井数		1												1								
				占比		100												100								
临沭县	山东省	临沂市	1	Ⅳ类和Ⅴ类指标的监测井数														1								
				占比 *1														100								
沂水县	山东省	临沂市	2	Ⅳ类和Ⅴ类指标的监测井数																						
				占比 *1																						
郯城县	山东省	临沂市	7	Ⅳ类和Ⅴ类指标的监测井数							3					1		1								
				占比 *1							42.9					14.3		14.3								

附表 28 临沂市重要地下水饮用水水源地监测成果

水源地名称	监测结果																											
	pH	钙	镁	钾	钠	氯化物	硫酸盐	碳酸盐	重碳酸盐	总硬度	矿化度	铁	锰	挥发酚	耗氧量	氨氮	亚硝酸盐	硝酸盐	氰化物	氟化物	汞	砷	镉	铬	铅	铜	锌	阴离子
兰陵县自来水公司西水厂水源地	7.9	141	18.4	0.97	11.8	55.8	50.6	0	138	533	746	0	0	0	1.0	0.39	0.003	4.53	0	0.42	0	0	0	0	0	0	0	0
沂水县水务公司水源地	7.8	65.5	16.7	3.24	11.6	36.2	34.6	0	76.4	342	513	0	0	0	0.6	0.18	0	8.45	0	0.38	0	0	0	0	0	0	0	0
费县温凉河水源地	7.4	82.2	14.6	3.82	5.23	28.4	71.2	0	102	304	456	0	0	0	2.0	0.55	0.155	4.34	0	0.46	0	0	0	0	0	0	0	0
郯城县城区水源地	7.5	82.1	16.4	6.41	17.4	77.3	66.7	0	101	323	484	0	0	0	0.5	0.16	0.037	11.3	0	0.49	0	0	0	0	0	0	0	0
平邑县城区水源地	7.7	78.1	13.8	1.34	5.0	28.4	34.6	0	96.6	361	541	0	0	0	0.9	0.17	0.001	3.52	0	0.35	0	0	0	0	0	0	0	0

注：表中数字单位除 pH 外，其他均为 mg/L。

附表 29　山东省临沂市 2016 年度入河排污口基本信息（一）

序号	入河排污口名称	所属排污单位名称	地理位置		所在位置				
			东经	北纬	水资源三级区	水资源四级区	地市	县	河流湖库
1	兰陵县污水处理厂混合入河排污口	苍山县建设局	118°08′18″	34°52′14″	中运河区	苍山区	临沂市	兰陵县	东泇河
2	兰陵县兰陵美酒厂混合入河排污口	山东兰陵美酒股份有限公司	118°03′23″	34°50′19″	中运河区	苍山区	临沂市	兰陵县	
3	临沂市河东区鲁泰鞋业混合入河排污口	临沂鲁泰鞋业有限公司	118°30′42.2″	35°16′29.1″	沂沭河区	沭河区	临沂市	河东区	汤河
4	临沂市河东区疗养院混合入河排污口	山东省煤炭临沂温泉疗养院	118°30′23.9″	35°16′19.15″	沂沭河区	沭河区	临沂市	河东区	汤河
5	临沂市河东区大林食品混合入河排污口	临沂大林食品、临沂田源食品有限公司	118°32′19.7″	35°12′20.3″	沂沭河区	沭河区	临沂市	河东区	汤河
6	临沂市河东区华太电池混合入河排污口	临沂华太电池有限公司	118°28′57.8″	35°15′45.2″	沂沭河区	沂河区	临沂市	河东区	李公河
7	临沂市河东区大林集团华和食品混合入河排污口	临沂大林集团华和食品有限公司	118°27′16.5″	35°10′36.28″	沂沭河区	沂河区	临沂市	河东区	李公河
8	临沂市河东区港华污水处理厂混合入河排污口	河东区港华污水处理厂	118°25′0.1″	35°4′2.0″	沂沭河区	沂河区	临沂市	河东区	李公河
9	临沂市河东区临沂经济开发区污水处理厂混合入河排污口	临沂经济技术开发区污水处理厂	118°28′12″	34°56′12″	沂沭河区	沭河区	临沂市	河东区	老沭河
10	莒南县嘉诚水质净化有限公司入龙王河混合入河排污口	莒南嘉诚水质净化有限公司	118°49′00″	35°10′20″	日赣区	日赣区	临沂市	莒南县	相邸河
11	莒南县嘉诚水质净化有限公司入鸡龙河混合入河排污口	莒南嘉诚水质净化有限公司	118°44′38″	35°11′58″	沂沭河区	沭河区	临沂市	莒南县	白马河
12	莒南县鸿润食品有限公司入鸡龙河工业入河排污口	莒南县鸿润食品有限公司	118°45′21	35°08′25″	沂沭河区	沭河区	临沂市	莒南县	官坊河
13	莒南县庞疃纸业有限公司入沭河工业入河排污口	莒南县山东庞疃纸业有限公司	118°45′00″	35°09′20″	沂沭河区	沭河区	临沂市	莒南县	鸡龙河
14	莒南县绿色乐园食品有限公司工业入河排污口	山东绿色乐园食品有限公司	118°01′50″	35°20′00″	沂沭河区	沭河区	临沂市	莒南县	浔河

续附表 29

序号	入河排污口名称	所属排污单位名称	地理位置		所在位置				
			东经	北纬	水资源三级区	水资源四级区	地市	县	河流湖库
15	莒南县临港区璟德水务有限公司混合入河排污口	临港区建设局	119°13′7.5″	35°19′09″	沂沭河区	沭河区	临沂市	莒南县	绣针河
16	临沂市兰山区义堂镇前耿家埠引祊入涑河右岸混合入河排污口	兰山区义堂镇前耿家埠	118°10′57″	35°09′55″	沂沭河区	沂河区	临沂市	兰山区	北涑河
17	临沂市兰山区义堂镇北涑河右岸耿家埠西桥头西侧混合入河排污口	兰山区义堂镇耿家埠	118°10′24″	35°09′34″	沂沭河区	沂河区	临沂市	兰山区	北涑河
18	临沂市兰山区义堂镇北涑河右岸耿家埠桥下游混合入河排污口	兰山区义堂镇耿家埠	118°11′25″	35°09′23″	沂沭河区	沂河区	临沂市	兰山区	北涑河
19	临沂市兰山区义堂镇北涑河左岸尤村混合入河排污口	临沂市住房和城乡建设委员会	118°12′27.65″	35°08′41.63″	沂沭河区	沂河区	临沂市	兰山区	北涑河
20	临沂市兰山区蒙山大道桥与涑河北路西侧生活入河排污口	临沂市住房和城乡建设委员会	118°18′26.26″	35°04′47.69″	沂沭河区	沂河区	临沂市	兰山区	北涑河
21	临沂市兰山区康达环保（临沂）水务有限公司生活入河排污口	康达环保（临沂）水务有限公司	118°21′32.75″	35°04′54.88″	沂沭河区	沂河区	临沂市	兰山区	沂蒙湖
22	临沂市兰山区金锣水务柳青河污水处理厂混合入河排污口	金锣水务柳青河污水处理厂	118°19′10.03″	35°12′18.50″	沂沭河区	沂河区	临沂市	兰山区	柳青河
23	临沂市兰山区临沂大学入祊河混合入河排污口	兰山办事处	118°17′27″	35°07′33″	沂沭河区	沂河区	临沂市	兰山区	祊河
24	临沂市兰山区义堂镇北涑河右岸耿家埠桥上游混合入河排污口	兰山区义堂镇前耿家埠	118°11′8″	35°09′28″	沂沭河区	沂河区	临沂市	兰山区	北涑河
25	临沂市兰山区义堂镇引祊入涑河右岸耿家埠北桥上游混合入河排污口	兰山区义堂镇前耿家埠	118°10′56″	35°09′38″	沂沭河区	沂河区	临沂市	兰山区	北涑河
26	临沂市兰山区临沂首创水务有限公司陷泥河生活入河排污口	临沂首创水务有限公司	118°20′36.27″	35°01′13.34″	中运河区	苍山区	临沂市	兰山区	邳苍分洪道
27	临沂市兰山区金锣工业园入柳青河混合入河排污口	临沂市住房和城乡建设委员会	118°17′18.12″	35°12′57.87″	沂沭河区	沂河区	临沂市	兰山区	柳青河

续附表 29

序号	入河排污口名称	所属排污单位名称	地理位置		所在位置				
			东经	北纬	水资源三级区	水资源四级区	地市	县	河流湖库
28	临沂市兰山区义堂镇北涑河左岸高速公路桥下游混合入河排污口	临沂市住房和城乡建设委员会	118°14′24.42″	35°06′49.62″	沂沭河区	沂河区	临沂市	兰山区	北涑河
29	临沂市兰山区义堂镇北涑河右岸港上混合入河排污口	临沂市住房和城乡建设委员会	118°12′29.80″	35°08′38.75″	沂沭河区	沂河区	临沂市	兰山区	北涑河
30	临沂市兰山区义堂镇北涑河左岸耿家埠桥上游混合入河排污口	兰山区义堂镇前耿家埠	118°11′7″	35°09′30″	沂沭河区	沂河区	临沂市	兰山区	北涑河
31	临沂市兰山区义堂镇祊河右岸葛庄橡皮坝混合入河排污口	葛庄橡皮坝	118°12′45″	35°10′50″	沂沭河区	沂河区	临沂市	兰山区	祊河
32	临沂市罗庄区污水处理厂混合入河排污口	临沂市罗庄区环保分局	118°15′6.9″	34°57′24.5″	中运河区	苍山区	临沂市	罗庄区	邳苍分洪道
33	临沂市罗庄区临沂震元纸业工业入河排污口	临沂市罗庄区环保分局	118°16′39″	34°56′10″	中运河区	苍山区	临沂市	罗庄区	邳苍分洪道
34	临沂市罗庄区第二污水处理厂混合入河排污口	罗庄区建设局	118°16′56.5″	34°52′23.7″	中运河区	苍山区	临沂市	罗庄区	邳苍分洪道
35	临沂市罗庄区五里河污水处理厂混合入河排污口	罗庄区建设局	118°23′55″	33°36′46″	中运河区	苍山区	临沂市	罗庄区	
36	临沂市罗庄区公共管道生活生活入河排污口	临沂市罗庄区环保份局	118°16′15″	34°56′24″	中运河区	苍山区	临沂市	罗庄区	邳苍分洪道
37	临沂市罗庄区临沂红日阿康工业入河排污口	临沂市罗庄区环保分局	118°19′25″	34°60′30″	中运河区	苍山区	临沂市	罗庄区	邳苍分洪道
38	临沂市罗庄区临沂首创博瑞水务有限公司混合入河排污口	临沂市罗庄区环保分局	118°73′50″	34°52′35″	中运河区	苍山区	临沂市	罗庄区	邳苍分洪道
39	临沂市罗庄区临沂高新区污水处理厂混合入河排污口	临沂市宏泰嘉城水务有限公司	118°13′7.5″	34°56′55.4″	中运河区	苍山区	临沂市	罗庄区	邳苍分洪道
40	蒙阴县盛科污水处理有限公司混合入河排污口	蒙阴县盛科污水处理有限公司	117°59′53″	35°40′59.7″	沂沭河区	沂河区	临沂市	蒙阴县	东汶河
41	平邑县福泉污水处理厂混合入河排污口	平邑县福泉污水处理厂	117°40′30.9″	35°30′46″	沂沭河区	沂河区	临沂市	平邑县	浚河
42	平邑县丰源公司工业入河排污口	平邑丰源有限责任公司	117°45′	35°26′	沂沭河区	沂河区	临沂市	平邑县	浚河

续附表 29

序号	入河排污口名称	所属排污单位名称	地理位置		所在位置				
			东经	北纬	水资源三级区	水资源四级区	地市	县	河流湖库
43	平邑县第二污水处理厂混合入河排污口	平邑县第二污水处理厂	117°51′24.4″	35°20′56.1″	沂沭河区	沂河区	临沂市	平邑县	浚河
44	平邑县齐家沟工业入河排污口	临沂市金大地食品有限公司、山东万利	117°52′	35°20′	沂沭河区	沂河区	临沂市	平邑县	浚河
45	平邑县康发工业入河排污口	康发食品饮料有限公司	117°50′41.7″	35°21′32.4″	沂沭河区	沂河区	临沂市	平邑县	浚河
46	郯城县安子桥工业入河排污口	山东阳煤恒通化工股份有限公司、山东	118°19′00″	34°37′31″	沂沭河区	沂河区	临沂市	郯城县	白马河
47	郯城县污水处理厂生活入河排污口	郯城县自来水公司	118°20′18″	34°35′42″	沂沭河区	沂河区	临沂市	郯城县	白马河
48	郯城县李庄镇李庄四村西生活入河排污口	郯城县李庄镇政府	118°24′08″	34°52′50″	沂沭河区	沂河区	临沂市	郯城县	白马河
49	郯城县李庄镇李庄一村西生活入河排污口	郯城县李庄镇政府	118°24′17″	34°53′26″	沂沭河区	沂河区	临沂市	郯城县	沂河
50	郯城县经济开发区污水处理厂入河排污口	郯城首创水务有限公司	118°29′81″	34°60′73″	沂沭河区	沭河区	临沂市	郯城县	
51	沂水县城沂河左岸混合入河排污口	住建局	118°35′26.7″	35°45′56.7″	沂沭河区	沂河区	临沂市	沂水县	沂河
52	沂水县临沂润达水务公司混合入河排污口	住建局	118°36′26.9″	35°41′32.4″	沂沭河区	沂河区	临沂市	沂水县	沂河
53	沂水县马站镇生活入河排污口	马站镇人民政府	118°44′24.9″	36°02′26.1″	沂沭河区	沭河区	临沂市	沂水县	沭河
54	沂水县沙沟镇生活入河排污口	沙沟镇人民政府	118°39′11.2″	36°02′49.4″	沂沭河区	沭河区	临沂市	沂水县	沭河
55	沂水县高桥镇混合入河排污口	高桥镇人民政府	118°42′28.2″	35°57′05.3″	沂沭河区	沭河区	临沂市	沂水县	沭河
56	费县富翔污水处理有限公司混合入河排污口	费县富翔污水处理有限公司	118°00′53.7″	35°16′3.6″	沂沭河区	沂河区	临沂市	费县	温凉河
57	费县山东新时代药业有限公司混合入河排污口	山东新时代药业有限公司	118°01′31.9″	35°17′10.5″	沂沭河区	沂河区	临沂市	费县	温凉河

续附表 29

序号	入河排污口名称	所属排污单位名称	地理位置		所在位置				
			东经	北纬	水资源三级区	水资源四级区	地市	县	河流湖库
58	费县山东光华纸业有限公司工业入河排污口	山东光华纸业有限公司	117°57′32.5″	35°22′49.5″	沂沭河区	沂河区	临沂市	费县	祊河
59	费县探沂镇污水处理厂混合入河排污口	费县探沂镇污水处理厂	118°9′59.3″	35°12′24.7″	沂沭河区	沂河区	临沂市	费县	祊河
60	临沭县金沂蒙集团入牛腿沟工业入河排污口	金沂蒙集团有限公司	118°34′09″	34°54′49″	沂沭河区	沭河区	临沂市	临沭县	牛腿沟
61	临沭县金锣水务公司入牛腿沟工业入河排污口	临沂金锣水务有限公司临沭分公司	118°34′07″	34°54′19″	沂沭河区	沭河区	临沂市	临沭县	牛腿沟
62	临沭县清源污水处理厂生活入河排污口	临沭县清源污水处理厂	118°40′2.7″	34°54′12.2″	沂沭河区	沭河区	临沂市	临沭县	新沭河
63	临沭县华盛化工有限公司工业入河排污口	临沭县华盛化工有限公司	118°45′2.8″	34°51′34.5″	沂沭河区	沭河区	临沂市	临沭县	石门头河
64	沂南县宝石工业入河排污口	沂南县宝石硅砂有限公司	118°20′14″	35°30′15.9″	沂沭河区	沂河区	临沂市	沂南县	东汶河
65	沂南县大山矿业工业入河排污口	沂南县大山矿业有限公司	118°14′49.1″	35°26′24.1″	沂沭河区	沂河区	临沂市	沂南县	蒙河
66	沂南县东郭家庄混合入河排污口		118°31′5.1″	35°30′39″	沂沭河区	沂河区	临沂市	沂南县	沂河
67	沂南县发达硅砂工业入河排污口	沂南县发达硅砂有限公司	118°14′44.1″	35°26′17.1″	沂沭河区	沂河区	临沂市	沂南县	蒙河
68	沂南县利富源工业入河排污口	沂南县利富源泉硅砂有限公司	118°14′45.1″	35°26′13.1″	沂沭河区	沂河区	临沂市	沂南县	蒙河
69	沂南县润禾工业入河排污口	沂南县高里陶瓷原料有限公司	118°22′28″	35°20′38″	沂沭河区	沂河区	临沂市	沂南县	蒙河
70	沂南县山源硅砂厂工业入河排污口	山东山源硅砂有限公司	118°20′50.3″	35°30′23.2″	沂沭河区	沂河区	临沂市	沂南县	东汶河
71	沂南县污水处理厂混合入河排污口		118°29′6.5″	35°31′5.5″	沂沭河区	沂河区	临沂市	沂南县	莪庄河
72	沂南县佰成工业入河排污口	沂南县佰成矿业有限公司	118°20′13.6″	35°30′14.8″	沂沭河区	沂河区	临沂市	沂南县	东汶河

附表 30　山东省临沂市 2016 年度入河排污口基本信息（二）

序号	排入水功能区				入河方式	污水主要来源	污水排放方式	是否开展监测	是否已批准或登记	废污水年排放量（万 t/a）	主要污染物年入河量（t/a）				
	是否划定水功能区	一级水功能区名称	二级水功能区名称	重要水功能区索引码							化学需氧量	氨氮	总氮	总磷	其他项目
1	是	东洳河苍山开发利用区	东洳河苍山农业用水区	G167–05–2–0246	明渠	城镇污水处理厂	连续	是	否	1 285.092 0	481.320 8	56.493 3	210.258 4	7.502 2	无
2	否				明渠	工业企业直排	连续	是	否	352.152 0	249.047 7	21.839 2	62.355 3	2.311 6	无
3	是	沭河日照、临沂开发利用区	沭河临沂农业用水区	G167–05–2–0218	暗管	工业企业直排	连续	是	否	28.908 0	7.516 1	0.375 8	2.757 8	0.566 6	无
4	是	沭河日照、临沂开发利用区	沭河临沂农业用水区	G167–05–2–0218	明渠	市政直排	连续	是	否	17.082 0	6.614 9	0.346 2	2.906 9	0.209 9	无
5	是	沭河日照、临沂开发利用区	沭河临沂农业用水区	G167–05–2–0218	暗管	工业企业直排	间歇	是	否	119.048 4	19.110 8	6.757 8	24.023 4	2.779 1	无
6	是	沂河淄博、临沂开发利用区	沂河临沂农业用水区	G167–05–2–0181	明渠	工业企业直排	间歇	是	否	14.979 6	4.451 8	0.569 6	1.812 5	0.022 4	无
7	是	沂河淄博、临沂开发利用区	沂河临沂农业用水区	G167–05–2–0181	明渠	工业企业直排	间歇	是	否	47.829 6	13.140 0	0.762 9	6.942 4	0.123 9	无
8	是	沂河淄博、临沂开发利用区	沂河临沂农业用水区	G167–05–2–0181	暗管	城镇污水处理厂	连续	是	否	70.956 0	15.349 6	0.827 2	9.295 9	0.200 0	无
9	是	老沭河临沂开发利用区	老沭河郯城农业用水区	G167–05–2–0219	明渠	城镇污水处理厂	连续	是	否	1 708.462 8	606.672 5	22.369 2	189.291 4	1.811 0	无
10	是	相邸河莒南保留区			明渠	城镇污水处理厂	连续	是	否	1 053.828 0	391.960 9	15.088 4	188.371 4	8.562 5	无

续附表 30

序号	排入水功能区				入河方式	污水主要来源	污水排放方式	是否开展监测	是否已批准或登记	废污水年排放量（万 t/a）	主要污染物年入河量（t/a）				
	是否划定水功能区	一级水功能区名称	二级水功能区名称	重要水功能区索引码							化学需氧量	氨氮	总氮	总磷	其他项目
11	是	沭河日照、临沂开发利用区	沭河临沂农业用水区	G167–05–2–0218	明渠	城镇污水处理厂	连续	是	否	1 542.636 0	831.783 0	30.690 3	420.035 9	6.459 1	无
12	是	沭河日照、临沂开发利用区	沭河临沂农业用水区	G167–05–2–0218	明渠	工业企业直排	间歇	是	否	58.078 8	19.113 7	0.661 4	23.175 0	1.102 5	无
13	是	沭河日照、临沂开发利用区	沭河临沂农业用水区	G167–05–2–0218	明渠	工业企业直排	间歇	是	否	65.700 0	25.241 9	0.685 4	12.932 4	0.031 9	无
14	是	浔河陡山水库源头水保护区			明渠	工业企业直排	间歇	是	否	1.314 0	0.528 2	0.036 9	0.075 8	0.003 2	无
15	是	绣针河日照保留区		G167–05–1–0224	明渠	城镇污水处理厂	间歇	是	否	80.942 4	28.022 4	1.096 2	12.098 8	0.318 0	无
16	是	沂河淄博、临沂开发利用区	沂河临沂工业用水区	G167–05–2–0179	暗管	市政直排	间歇	是	否	27.594 0	15.129 1	0.937 9	2.516 7	0.057 8	无
17	是	沂河淄博、临沂开发利用区	沂河临沂工业用水区	G167–05–2–0179	暗管	市政直排	间歇	是	否	0	0	0	0	0	无
18	是	沂河淄博、临沂开发利用区	沂河临沂工业用水区	G167–05–2–0179	暗管	市政直排	间歇	是	否	280.144 8	60.892 9	8.948 7	18.673 3	0.537 3	无
19	是	沂河淄博、临沂开发利用区	沂河临沂工业用水区	G167–05–2–0179	涵闸	市政直排	连续	是	否	37.054 8	7.395 5	1.164 5	3.898 9	0.282 1	无
20	是	沂河淄博、临沂开发利用区	沂河临沂工业用水区	G167–05–2–0179	明渠	市政直排	连续	是	否	0	0	0	0	0	无

续附表 30

序号	排入水功能区				入河方式	污水主要来源	污水排放方式	是否开展监测	是否已批准或登记	废污水年排放量（万 t/a）	主要污染物年入河量（t/a）				
	是否划定水功能区	一级水功能区名称	二级水功能区名称	重要水功能区索引码							化学需氧量	氨氮	总氮	总磷	其他项目
21	是	沂河淄博、临沂开发利用区	沂河临沂工业用水区	G167–05–2–0179	明渠	城镇污水处理厂	连续	是	否	940.824 0	237.862 9	10.568 0	145.093 2	2.168 9	无
22	是	沂河淄博、临沂开发利用区	沂河临沂工业用水区	G167–05–2–0179	明渠	城镇污水处理厂	连续	是	否	964.476 0	264.121 9	10.122 3	76.655 1	1.473 8	无
23	是	祊河临沂开发利用区	祊河兰山饮用水源区		涵闸	市政直排	连续	是	否	354.780 0	62.123 3	4.334 9	56.906 7	2.288 5	无
24	是	沂河淄博、临沂开发利用区	沂河临沂工业用水区	G167–05–2–0179	暗管	市政直排	间歇	是	否	12.614 4	7.136 1	0.755 0	1.712 4	0.048 2	无
25	是	沂河淄博、临沂开发利用区	沂河临沂工业用水区	G167–05–2–0179	暗管	市政直排	间歇	是	否	0	0	0	0	0	无
26	是	邳苍分洪道临沂开发利用区	邳苍分洪道苍山农业用水区	G167–05–2–0243	暗管	城镇污水处理厂	连续	是	否	6 091.704 0	1 236.211 2	144.430 4	808.719 2	28.545 9	无
27	是	沂河淄博、临沂开发利用区	沂河临沂工业用水区	G167–05–2–0179	明渠	市政直排	间歇	是	否	0	0	0	0	0	无
28	是	沂河淄博、临沂开发利用区	沂河临沂工业用水区	G167–05–2–0179	涵闸	市政直排	连续	是	否	46.778 4	8.853 2	2.913 5	5.763 0	0.353 9	无
29	是	沂河淄博、临沂开发利用区	沂河临沂工业用水区	G167–05–2–0179	涵闸	市政直排	连续	是	否	0	0	0	0	0	无
30	是	沂河淄博、临沂开发利用区	沂河临沂工业用水区	G167–05–2–0179	暗管	市政直排	连续	是	否	1.314 0	1.272 7	0.155 9	0.392 1	0.012 3	无

续附表 30

序号	排入水功能区				入河方式	污水主要来源	污水排放方式	是否开展监测	是否已批准或登记	废污水年排放量（万 t/a）	主要污染物年入河量（t/a）				
	是否划定水功能区	一级水功能区名称	二级水功能区名称	重要水功能区索引码							化学需氧量	氨氮	总氮	总磷	其他项目
31	是	祊河临沂开发利用区	祊河兰山饮用水源区		暗管	市政直排	连续	是	否	0	0	0	0	0	无
32	是	邳苍分洪道临沂开发利用区	邳苍分洪道苍山农业用水区	G167–05–2–0243	暗管	城镇污水处理厂	连续	是	否	1 062.763 2	289.770 4	16.629 4	154.605 0	3.219 2	无
33	是	邳苍分洪道临沂开发利用区	邳苍分洪道苍山农业用水区	G167–05–2–0243	暗管	工业企业直排	连续	是	否	0	0	0	0	0	无
34	是	邳苍分洪道临沂开发利用区	邳苍分洪道苍山农业用水区	G167–05–2–0243	暗管	城镇污水处理厂	连续	是	否	844.902 0	422.794 0	9.499 3	101.901 8	4.255 5	无
35	否				暗管	城镇污水处理厂	连续	是	否	1.576 8	0.249 7	0.081 5	0.167 2	0.013 5	无
36	是	邳苍分洪道临沂开发利用区	邳苍分洪道苍山农业用水区	G167–05–2–0243	暗管	市政直排	间歇	是	否	0	0	0	0	0	无
37	是	邳苍分洪道临沂开发利用区	邳苍分洪道苍山农业用水区	G167–05–2–0243	暗管	工业企业直排	间歇	是	否	64.648 8	26.619 3	5.603 0	14.223 3	1.045 3	无
38	是	邳苍分洪道临沂开发利用区	邳苍分洪道苍山农业用水区	G167–05–2–0243	暗管	城镇污水处理厂	连续	是	否	2 871.090 0	754.829 9	58.857 0	639.861 2	131.887 1	无
39	是	邳苍分洪道临沂开发利用区	邳苍分洪道苍山农业用水区	G167–05–2–0243	明渠	城镇污水处理厂	连续	是	否	1 103.234 4	219.413 0	11.460 6	68.560 5	21.317 4	无
40	是	东汶河临沂开发利用区	东汶河蒙阴农业用水区		暗管	城镇污水处理厂	连续	是	否	586.044 0	168.176 2	9.314 7	130.992 7	2.813 3	无
41	是	祊河临沂开发利用区	浚河平邑排污控制区		明渠	城镇污水处理厂	连续	是	否	1 448.553 6	288.741 0	28.786 6	206.204 7	5.107 7	无

续附表 30

序号	排入水功能区				入河方式	污水主要来源	污水排放方式	是否开展监测	是否已批准或登记	废污水年排放量（万 t/a）	主要污染物年入河量（t/a）				
	是否划定水功能区	一级水功能区名称	二级水功能区名称	重要水功能区索引码							化学需氧量	氨氮	总氮	总磷	其他项目
42	是	祊河临沂开发利用区	浚河平邑农业用水区		明渠	工业企业直排	连续	是	否	248.608 8	48.391 2	6.232 8	45.321 4	0.189 6	无
43	是	祊河临沂开发利用区	浚河平邑农业用水区		暗管	城镇污水处理厂	间歇	是	否	633.873 6	131.683 8	7.097 2	52.763 3	1.254 2	无
44	是	祊河临沂开发利用区	浚河平邑农业用水区		明渠	工业企业直排	间歇	是	否	32.061 6	6.412 6	0.413 9	1.920 2	0.155 6	无
45	是	祊河临沂开发利用区	浚河平邑农业用水区		潜没	工业企业直排	间歇	是	否	82.519 2	19.327 9	1.095 6	8.822 4	0.299 5	无
46	是	白马河郯城开发利用区	白马河郯城农业用水区	G167–05–2–0184	明渠	工业企业直排	连续	是	否	848.055 6	714.910 1	65.099 2	245.456 3	10.468 6	无
47	是	白马河郯城开发利用区	白马河郯城农业用水区	G167–05–2–0184	涵闸	城镇污水处理厂	连续	是	否	480.924 0	323.919 4	13.721 6	68.427 9	8.669 2	无
48	是	白马河郯城开发利用区	白马河郯城农业用水区	G167–05–2–0184	明渠	生活直排	连续	是	否	1 691.380 8	1 209.151 2	324.610 8	580.897 6	36.760 4	无
49	是	沂河淄博、临沂开发利用区	沂河临沂农业用水区	G167–05–2–0181	涵闸	生活直排	连续	是	否	380.008 8	216.933 5	19.178 0	57.021 0	2.489 1	无
50	否				暗管	城镇污水处理厂	连续	是	否	432.306 0	103.348 7	13.814 0	78.347 3	1.555 3	无
51	是	沂河淄博、临沂开发利用区	沂河沂水排污控制区	G167–05–2–0176	明渠	市政直排	连续	是	否	2 477.678 4	804.449 2	39.325 3	434.089 6	7.448 1	无
52	是	沂河淄博、临沂开发利用区	沂河沂水排污控制区	G167–05–2–0176	明渠	城镇污水处理厂	连续	是	否	2 989.612 8	1 386.367 8	44.857 9	950.608 0	6.009 3	无

续附表 30

序号	排入水功能区				入河方式	污水主要来源	污水排放方式	是否开展监测	是否已批准或登记	废污水年排放量（万 t/a）	主要污染物年入河量（t/a）				
	是否划定水功能区	一级水功能区名称	二级水功能区名称	重要水功能区索引码							化学需氧量	氨氮	总氮	总磷	其他项目
53	是	沭河源头水保护区		G167–05–1–0191	暗管	生活直排	间歇	是	否	0	0	0	0	0	无
54	是	沭河源头水保护区		G167–05–1–0191	暗管	生活直排	间歇	是	否	0	0	0	0	0	无
55	是	沭河源头水保护区		G167–05–1–0191	暗管	市政直排	间歇	是	否	79.102 8	38.089 7	10.187 4	24.664 3	1.649 5	无
56	是	温凉河费县开发利用区	温凉河农业用水区		明渠	城镇污水处理厂	连续	是	否	469.360 8	121.523 5	8.067 5	85.780 0	1.254 8	无
57	是	温凉河费县开发利用区	温凉河农业用水区		明渠	工业企业直排	连续	是	否	77.526 0	21.908 1	0.842 6	23.975 5	0.281 3	无
58	是	祊河临沂开发利用区	祊河费县兰山工业用水区		明渠	工业企业直排	连续	是	否	302.745 6	187.164 6	5.452 1	23.189 7	0.380 5	无
59	是	祊河临沂开发利用区	祊河费县兰山工业用水区		暗管	城镇污水处理厂	连续	是	否	28.119 6	8.374 9	0.320 1	5.370 1	0.036 0	无
60	是	沭河日照、临沂开发利用区	沭河临沂农业用水区	G167–05–2–0218	暗管	工业企业直排	间歇	是	否	587.095 2	189.771 8	23.402 5	186.695 0	1.687 6	无
61	是	沭河日照、临沂开发利用区	沭河临沂农业用水区	G167–05–2–0218	暗管	城镇污水处理厂	间歇	是	否	220.752 0	204.601 6	3.825 3	94.162 8	0.803 4	无
62	是	新沭河临沂开发利用区	新沭河临沭农业用水区	G167–05–2–0228	暗管	城镇污水处理厂	间歇	是	否	1 192.323 6	391.887 4	26.026 5	204.134 6	3.250 7	无
63	是	石门头河鲁苏缓冲区		G167–05–1–0203	明渠	工业企业直排	间歇	是	否	621.259 2	159.236 6	19.360 2	82.356 4	4.251 9	无

续附表 30

序号	排入水功能区				入河方式	污水主要来源	污水排放方式	是否开展监测	是否已批准或登记	废污水年排放量（万 t/a）	主要污染物年入河量（t/a）				
	是否划定水功能区	一级水功能区名称	二级水功能区名称	重要水功能区索引码							化学需氧量	氨氮	总氮	总磷	其他项目
64	是	东汶河临沂开发利用区	东汶河沂南饮用水源区		明渠	工业企业直排	间歇	是	否	0	0	0	0	0	无
65	是	蒙河自然保护区			明渠	工业企业直排	间歇	是	否	0	0	0	0	0	无
66	是	沂河淄博、临沂开发利用区	沂河沂南农业用水区	G167–05–2–0178	明渠	市政直排	连续	是	否	926.632 8	676.825 9	51.455 7	181.342 2	17.331 2	无
67	是	蒙河自然保护区			明渠	工业企业直排	间歇	是	否	0	0	0	0	0	无
68	是	蒙河自然保护区			明渠	工业企业直排	连续	是	否	0	0	0	0	0	无
69	是	蒙河自然保护区			明渠	工业企业直排	连续	是	否	0	0	0	0	0	无
70	是	东汶河临沂开发利用区	东汶河沂南饮用水源区		明渠	工业企业直排	间歇	是	否	0	0	0	0	0	无
71	是	沂河淄博、临沂开发利用区	沂河沂南农业用水区	G167–05–2–0178	明渠	城镇污水处理厂	连续	是	否	3 866.576 4	783.162 4	569.985 5	1 075.101 4	31.389 7	无
72	是	东汶河临沂开发利用区	东汶河沂南饮用水源区		明渠	工业企业直排	间歇	是	否	0	0	0	0	0	无

附表31　2016年临沂市入河排污口污染物入河量

序号	入河排污口名称	所在			入河方式	污水主要来源	污水排放方式	废污水年排放量（万 t/a）	主要污染物年入河量（t/a）				
		水资源二级区	水资源三级区	河流湖库					化学需氧量	氨氮	总氮	总磷	其他项目
1	兰陵县污水处理厂混合入河排污口	沂沭泗河	中运河区	东泇河	明渠	城镇污水	连续	1 285.092 0	481.320 8	56.493 3	210.258 4	7.502 2	无
2	兰陵县兰陵美酒厂混合入河排污口	沂沭泗河	中运河区	无名河	明渠	工业企业	连续	352.152 0	249.047 7	21.839 2	62.355 3	2.311 6	无
3	临沂市河东区鲁泰鞋业混合入河排污口	沂沭泗河	沂沭河区	汤河	暗管	工业企业	连续	28.908 0	7.516 1	0.375 8	2.757 8	0.566 6	无
4	临沂市河东区疗养院混合入河排污口	沂沭泗河	沂沭河区	汤河	明渠	市政直排	连续	17.082 0	6.614 9	0.346 2	2.906 9	0.209 9	无
5	临沂市河东区大林食品混合入河排污口	沂沭泗河	沂沭河区	汤河	暗管	工业企业	间歇	119.048 4	19.110 8	6.757 8	24.023 4	2.779 1	无
6	临沂市河东区华太电池混合入河排污口	沂沭泗河	沂沭河区	李公河	明渠	工业企业	间歇	14.979 6	4.451 8	0.569 6	1.812 5	0.022 4	无
7	临沂市河东区大林集团华和食品混合入河排污口	沂沭泗河	沂沭河区	李公河	明渠	工业企业	间歇	47.829 6	13.140 0	0.762 9	6.942 4	0.123 9	无
8	临沂市河东区港华污水处理厂混合入河排污口	沂沭泗河	沂沭河区	李公河	暗管	城镇污水	连续	70.956 0	15.349 6	0.827 2	9.295 9	0.200 0	无
9	临沂市河东区临沂经济开发区污水处理厂混合入河排污口	沂沭泗河	沂沭河区	老沭河	明渠	城镇污水	连续	1 708.462 8	606.672 5	22.369 2	189.291 4	1.811 0	无
10	莒南县嘉诚水质净化有限公司入龙王河混合入河排污口	沂沭泗河	日赣区	相邸河	明渠	城镇污水	连续	1 053.828 0	391.960 9	15.088 4	188.371 4	8.562 5	无
11	莒南县嘉诚水质净化有限公司入鸡龙河混合入河排污口	沂沭泗河	沂沭河区	白马河	明渠	城镇污水	连续	1 542.636 0	831.783 0	30.690 3	420.035 9	6.459 1	无
12	莒南县鸿润食品有限公司入鸡龙河工业入河排污口	沂沭泗河	沂沭河区	官坊河	明渠	工业企业	间歇	58.078 8	19.113 7	0.661 4	23.175 0	1.102 5	无

续附表 31

序号	入河排污口名称	所在			入河方式	污水主要来源	污水排放方式	废污水年排放量（万 t/a）	主要污染物年入河量（t/a）				
		水资源二级区	水资源三级区	河流湖库					化学需氧量	氨氮	总氮	总磷	其他项目
13	莒南县庞疃纸业有限公司入沭河工业入河排污口	沂沭泗河	沂沭河区	鸡龙河	明渠	工业企业	间歇	65.700 0	25.241 9	0.685 4	12.932 4	0.031 9	无
14	莒南县临港区璟德水务有限公司混合入河排污口	沂沭泗河	沂沭河区	绣针河	明渠	城镇污水	间歇	80.942 4	28.022 4	1.096 2	12.098 8	0.318 0	无
15	临沂市兰山区义堂镇前耿家埠引祊入涑河右岸混合入河排污口	沂沭泗河	沂沭河区	北涑河	暗管	市政直排	间歇	27.594 0	15.129 1	0.937 9	2.516 7	0.057 8	无
16	临沂市兰山区义堂镇北涑河右岸耿家埠桥下游混合入河排污口	沂沭泗河	沂沭河区	北涑河	暗管	市政直排	间歇	280.144 8	60.892 9	8.948 7	18.673 3	0.537 3	无
17	临沂市兰山区义堂镇北涑河左岸尤村混合入河排污口	沂沭泗河	沂沭河区	北涑河	涵闸	市政直排	连续	37.054 8	7.395 5	1.164 5	3.898 9	0.282 1	无
18	临沂市兰山区康达环保（临沂）水务有限公司生活入河排污口	沂沭泗河	沂沭河区	沂蒙湖	明渠	城镇污水	连续	940.824 0	237.862 9	10.568 0	145.093 2	2.168 9	无
19	临沂市兰山区金锣水务柳青河污水处理厂混合入河排污口	沂沭泗河	沂沭河区	柳青河	明渠	城镇污水	连续	964.476 0	264.121 9	10.122 3	76.655 1	1.473 8	无
20	临沂市兰山区临沂大学入祊河混合入河排污口	沂沭泗河	沂沭河区	祊河	涵闸	市政直排	连续	354.780 0	62.123 3	4.334 9	56.906 7	2.288 5	无
21	临沂市兰山区义堂镇北涑河右岸耿家埠桥上游混合入河排污口	沂沭泗河	沂沭河区	北涑河	暗管	市政直排	间歇	12.614 4	7.136 1	0.755 0	1.712 4	0.048 2	无
22	临沂市兰山区临沂首创水务有限公司陷泥河生活入河排污口	沂沭泗河	中运河区	邳苍分洪	暗管	城镇污水	连续	6 091.704 0	1 236.211 2	144.430 4	808.719 2	28.545 9	无
23	临沂市兰山区义堂镇北涑河左岸高速公路桥下游混合入河排污口	沂沭泗河	沂沭河区	北涑河	涵闸	市政直排	连续	46.778 4	8.853 2	2.913 5	5.763 0	0.353 9	无

续附表 31

序号	入河排污口名称	所在			入河方式	污水主要来源	污水排放方式	废污水年排放量（万 t/a）	主要污染物年入河量（t/a）				
		水资源二级区	水资源三级区	河流湖库					化学需氧量	氨氮	总氮	总磷	其他项目
24	临沂市罗庄区污水处理厂混合入河排污口	沂沭泗河	中运河区	邳苍分洪	暗管	城镇污水	连续	1 062.763 2	289.770 4	16.629 4	154.605 0	3.219 2	无
25	临沂市罗庄区第二污水处理厂混合入河排污口	沂沭泗河	中运河区	邳苍分洪	暗管	城镇污水	连续	844.902 0	422.794 0	9.499 3	101.901 8	4.255 5	无
26	临沂市罗庄区临沂红日阿康工业入河排污口	沂沭泗河	中运河区	邳苍分洪	暗管	工业企业	间歇	64.648 8	26.619 3	5.603 0	14.223 3	1.045 3	无
27	临沂市罗庄区临沂首创博瑞水务有限公司混合入河排污口	沂沭泗河	中运河区	邳苍分洪	暗管	城镇污水	连续	2 871.090 0	754.829 9	58.857 0	639.861 2	131.887 1	无
28	临沂市罗庄区临沂高新区污水处理厂混合入河排污口	沂沭泗河	中运河区	邳苍分洪	明渠	城镇污水	连续	1 103.234 4	219.413 0	11.460 6	68.560 5	21.317 4	无
29	蒙阴县盛科污水处理有限公司混合入河排污口	沂沭泗河	沂沭河区	东汶河	暗管	城镇污水	连续	586.044 0	168.176 2	9.314 7	130.992 7	2.813 3	无
30	平邑县福泉污水处理厂混合入河排污口	沂沭泗河	沂沭河区	浚河	明渠	城镇污水	连续	1 448.553 6	288.741 0	28.786 6	206.204 7	5.107 7	无
31	平邑县丰源公司工业入河排污口	沂沭泗河	沂沭河区	浚河	明渠	工业企业	连续	248.608 8	48.391 2	6.232 8	45.321 4	0.189 6	无
32	平邑县第二污水处理厂混合入河排污口	沂沭泗河	沂沭河区	浚河	暗管	城镇污水	间歇	633.873 6	131.683 8	7.097 2	52.763 3	1.254 2	无
33	平邑县齐家沟工业入河排污口	沂沭泗河	沂沭河区	浚河	明渠	工业企业	间歇	32.061 6	6.412 6	0.413 9	1.920 2	0.155 6	无
34	平邑县康发工业入河排污口	沂沭泗河	沂沭河区	浚河	潜没	工业企业	间歇	82.519 2	19.327 9	1.095 6	8.822 4	0.299 5	无
35	郯城县安子桥工业入河排污口	沂沭泗河	沂沭河区	白马河	明渠	工业企业	连续	848.055 6	714.910 1	65.099 2	245.456 3	10.468 6	无
36	郯城县污水处理厂生活入河排污口	沂沭泗河	沂沭河区	白马河	涵闸	城镇污水	连续	480.924 0	323.919 4	13.721 6	68.427 9	8.669 2	无
37	郯城县李庄镇李庄四村西生活入河排污口	沂沭泗河	沂沭河区	白马河	明渠	生活直排	连续	1 691.380 8	1 209.151 2	324.610 8	580.897 6	36.760 4	无

续附表 31

序号	入河排污口名称	所在			入河方式	污水主要来源	污水排放方式	废污水年排放量（万 t/a）	主要污染物年入河量（t/a）				
		水资源二级区	水资源三级区	河流湖库					化学需氧量	氨氮	总氮	总磷	其他项目
38	郯城县李庄镇李庄一村西生活入河排污口	沂沭泗河	沂沭河区	沂河	涵闸	生活直排	连续	380.008 8	216.933 5	19.178 0	57.021 0	2.489 1	无
39	郯城县经济开发区污水处理厂入河排污口	沂沭泗河	沂沭河区	无名河	暗管	城镇污水	连续	432.306 0	103.348 7	13.814 0	78.347 3	1.555 3	无
40	沂水县城沂河左岸混合入河排污口	沂沭泗河	沂沭河区	沂河	明渠	市政直排	连续	2 477.678 4	804.449 2	39.325 3	434.089 6	7.448 1	无
41	沂水县临沂润达水务公司混合入河排污口	沂沭泗河	沂沭河区	沂河	明渠	城镇污水	连续	2 989.612 8	1 386.367 8	44.857 9	950.608 0	6.009 3	无
42	沂水县高桥镇混合入河排污口	沂沭泗河	沂沭河区	沭河	暗管	市政直排	间歇	79.102 8	38.089 7	10.187 4	24.664 3	1.649 5	无
43	费县富翔污水处理有限公司混合入河排污口	沂沭泗河	沂沭河区	温凉河	明渠	城镇污水	连续	469.360 8	121.523 5	8.067 5	85.780 0	1.254 8	无
44	费县山东新时代药业有限公司混合入河排污口	沂沭泗河	沂沭河区	温凉河	明渠	工业企业	连续	77.526 0	21.908 1	0.842 6	23.975 5	0.281 3	无
45	费县山东光华纸业有限公司工业入河排污口	沂沭泗河	沂沭河区	祊河	明渠	工业企业	连续	302.745 6	187.164 6	5.452 1	23.189 7	0.380 5	无
46	费县探沂镇污水处理厂混合入河排污口	沂沭泗河	沂沭河区	祊河	暗管	城镇污水	连续	28.119 6	8.374 9	0.320 1	5.370 1	0.036 0	无
47	临沭县金沂蒙集团入牛腿沟工业入河排污口	沂沭泗河	沂沭河区	牛腿沟	暗管	工业企业	间歇	587.095 2	189.771 8	23.402 5	186.695 0	1.687 6	无
48	临沭县金锣水务公司入牛腿沟工业入河排污口	沂沭泗河	沂沭河区	牛腿沟	暗管	城镇污水	间歇	220.752 0	204.601 6	3.825 3	94.162 8	0.803 4	无
49	临沭县清源污水处理厂生活入河排污口	沂沭泗河	沂沭河区	新沭河	暗管	城镇污水	间歇	1 192.323 6	391.887 4	26.026 5	204.134 6	3.250 7	无
50	临沭县华盛化工有限公司工业入河排污口	沂沭泗河	沂沭河区	石门头河	明渠	工业企业	间歇	621.259 2	159.236 6	19.360 2	82.356 4	4.251 9	无
51	沂南县东郭家庄混合入河排污口	沂沭泗河	沂沭河区	沂河	明渠	市政直排	连续	926.632 8	676.825 9	51.455 7	181.342 2	17.331 2	无
52	沂南县污水处理厂混合入河排污口	沂沭泗河	沂沭河区	莪庄河	明渠	城镇污水	连续	3 866.576 4	783.162 4	569.985 5	1 075.101 4	31.389 7	无

附表 32　2016 年临沂市入河排污口污染物入河量统计

二级区	三级区	四级区	县市名称	多年平均		20%		50%		75%		95%	
				径流深（mm）	径流量（万 m³）	径流深（mm）	径流量（万 m³）	径流深（mm）	径流量（万 m³）	径流深（mm）	径流量（万 m³）	径流深（mm）	径流量（万 m³）
山东沿海诸河				208.3	6 250.4	309.8	9 293.3	176.7	5 299.9	103.1	3 094.3	39.8	1 192.6
	潍弥白浪区			208.3	6 250.4	309.8	9 293.3	176.7	5 299.9	103.1	3 094.3	39.8	1 192.6
		潍河区		208.3	6 250.4	309.8	9 293.3	176.7	5 299.9	103.1	3 094.3	39.8	1 192.6
			沂水	208.3	6 250.4	309.8	9 293.3	176.7	5 299.9	103.1	3 094.3	39.8	1 192.6
沂沭泗河				260.2	439 337.9	363.2	613 319.6	236.5	399 366.4	159.7	269 607.1	82.3	138 931.0
	日赣区			229.1	20 065.9	328.2	28 748.4	203.3	17 810.5	130.1	11 393.8	60.4	5 292.5
		日赣区		229.1	20 065.9	328.2	28 748.4	203.3	17 810.5	130.1	11 393.8	60.4	5 292.5
			莒南	228.9	19 201.3	328.0	27 521.0	203.0	17 035.7	129.8	10 888.8	60.2	5 049.0
			临沭	233.7	864.7	334.1	1 236.3	207.9	769.1	133.6	494.2	62.6	231.6
	沂沭河区			260.3	349 071.4	363.5	487 517.4	236.5	317 193.2	159.5	213 950.3	82.1	110 073.3
		沂河区		256.3	245 052.2	363.9	347 999.0	229.4	219 380.8	149.5	142 972.4	72.1	68 903.8
			兰山	258.2	18 979.5	382.7	28 130.8	219.9	16 163.4	129.5	9 521.4	50.8	3 734.4
			河东	268.6	6 500.0	407.0	9 849.8	221.0	5 347.5	122.1	2 954.1	41.7	1 008.4
			罗庄	265.2	1 697.2	402.2	2 574.4	217.8	1 394.0	120.0	767.8	40.7	260.4
			郯城	262.4	15 898.8	395.6	23 975.7	217.6	13 185.3	122.0	7 393.4	43.0	2 605.3
			沂水	240.8	33 978.6	351.9	49 656.6	209.0	29 485.9	127.7	18 020.0	54.0	7 621.6
			沂南	270.8	42 078.8	390.5	60 680.0	238.7	37 090.2	150.6	23 398.3	68.0	10 564.5
			蒙阴	265.6	42 553.6	383.3	61 412.5	233.9	37 475.5	147.3	23 599.8	66.3	10 617.3
			平邑	227.4	41 501.1	332.6	60 695.1	197.2	35 981.7	120.3	21 948.5	50.7	9 246.5
			费县	274.7	41 864.7	394.5	60 128.5	243.2	37 063.2	154.8	23 587.0	71.1	10 840.8
		沭河区		270.4	104 019.2	369.3	142 055.2	249.9	96 150.3	175.5	67 510.9	97.6	37 543.4
			河东	292.6	17 235.0	403.9	23 792.3	268.3	15 804.9	184.9	10 888.1	99.1	5 836.4
			郯城	287.5	14 117.0	389.8	19 141.4	267.1	13 113.9	189.8	9 321.0	108.1	5 306.3
			莒南	280.7	25 628.4	386.2	35 263.3	258.0	23 559.9	178.8	16 325.5	96.9	8 850.5
			沂水	195.7	14 170.2	289.8	20 980.3	166.9	12 085.0	98.6	7 140.0	38.9	2 816.7
			沂南	256.9	4 110.2	370.7	5 931.8	226.2	3 619.7	142.5	2 279.5	64.1	1 025.5
			临沭	296.5	28 758.5	403.5	39 143.9	274.7	26 645.2	194.0	18 816.0	109.1	10 579.2

续附表 32

二级区	三级区	四级区	县市名称	多年平均		20%		50%		75%		95%	
				径流深（mm）	径流量（万 m^3）	径流深（mm）	径流量（万 m^3）	径流深（mm）	径流量（万 m^3）	径流深（mm）	径流量（万 m^3）	径流深（mm）	径流量（万 m^3）
沂沭泗河	中运河区			270.0	70 200.6	403.0	104 773.0	227.7	59 203.0	131.5	34 185.6	49.6	12 894.1
		苍山区		270.0	70 200.6	403.0	104 773.0	227.7	59 203.0	131.5	34 185.6	49.6	12 894.1
			兰山	267.3	4 089.0	405.1	6 198.3	219.8	3 362.2	121.3	1 855.5	41.3	632.1
			罗庄	264.8	13 319.7	401.4	20 190.5	217.7	109 52.0	120.2	6 044.0	40.9	2 058.9
			郯城	261.3	2 456.4	395.9	3 721.1	215.1	2 022.0	118.9	1 118.1	40.7	382.5
			兰陵	272.5	46 834.9	404.2	69 490.2	231.7	39 828.3	136.1	23 392.4	53.1	9 121.5
			费县	267.2	3 500.6	404.7	5 301.3	220.1	2 883.0	121.8	1 595.8	41.8	547.1
			全市	259.3	445 588.3	361.9	622 045.2	235.7	405 048.1	159.1	273 442.8	82.0	140 907.5
			兰山	259.8	230 68.5	386.0	34 275.3	220.5	19 579.5	129.0	11 454.1	49.9	4 431.7
			罗庄	264.8	15 016.9	401.5	22 763.2	217.8	12 347.5	120.2	6 814.2	40.9	2 321.2
			河东	285.6	23 734.9	396.9	32 982.4	260.6	21 655.8	177.4	14 744.3	93.0	7 724.3
			郯城	272.6	32 472.1	386.7	46 054.7	244.4	29 103.8	159.7	19 019.2	77.4	9 214.5
			兰陵	272.5	46 834.9	404.2	69 490.2	231.7	39 828.3	136.1	23 392.4	53.1	9 121.5
			莒南	255.9	44 829.6	354.9	62 179.0	233.8	40 962.4	159.7	27 983.4	84.2	14 757.1
			沂水	223.4	54 399.1	324.9	79 112.7	195.0	47 476.7	120.6	29 369.6	52.3	12 741.7
			沂南	269.5	46 189.0	388.3	66 555.1	237.7	40 749.1	150.2	25 751.8	68.1	11 668.7
			蒙阴	265.6	42 553.6	383.3	61 412.5	233.9	37 475.5	147.3	23 599.8	66.3	10 617.3
			平邑	227.4	41 501.1	332.6	60 695.1	197.2	35 981.7	120.3	21 948.5	50.7	9 246.5
			费县	274.1	45 365.3	392.6	64 967.7	243.4	40 283.3	155.8	25 792.7	72.5	12 001.8
			临沭	294.2	29 623.2	400.6	40 340.1	272.5	27 437.2	192.2	19 359.5	107.9	10 867.8

参考文献

[1] 临沂市水利局，临沂水文水资源勘测局．临沂市水资源评价 [M]. 山东省地图出版社，2006.

[2] 曹剑峰，迟宝明，王文科．专门水文地质学 [M]. 北京：科学出版社 ,2006.

[3] 薛禹群．中国地下水数值模拟的现状与展望 [J]. 高校地质学报 ,2010,16(1)：1–6.

[4] 郭晓东，田辉，张梅桂，等．我国地下水数值模拟软件应用进展 [J]. 地下水 ,2010,32(4)：5–7.

[5] 刘柱，孙霞，李楠．国内外水资源评价的研究现状 [J]. 科技创新与应用 ,2020(17)：53–54.

[6] 伍立群，王超，李学辉，等．云南省水资源综合规划水资源调查评价专题报告 [R]. 昆明：云南省水利厅，2007.

[7] 王志刚，温永左，董惠民，等．松辽流域地下水资源 [J]．东北水利水电，2003, 21(7)：29–31.

[8] 刘福兴．三江平原土壤因子及其环境地质问题 [J]．黑龙江水专学报，2004, 31(3).

[9] 邢贞相，付强，孙兵．三江平原水土流失现状影响因素和防治措施 [J]．农机化研究，2004(3)：64–66.

[10] 陶月赞 .2001 年淮河干流蚌埠闸上水质性缺水评价 [J]. 水资源保护 ,2002(2)： 30–31.

[11] 杨洁，林年丰．内蒙古河套平原砷中毒病区砷的环境地球化学研究 [J]．水文地质工程地质，1996,23(1)：49–54.

[12] 李志萍，冯翠红，沈照理，等．长期排污河中的 COD 对其相邻浅层地下水的影响研究 [J]．灌溉排水学报，2004, 23(1)：47–51.